国家级技工教育规划教材
全国技工院校化工类专业教材

化工仪表及自动化

李　政　主编

中国劳动社会保障出版社

图书在版编目（CIP）数据

化工仪表及自动化 / 李政主编. --北京：中国劳动社会保障出版社，2024
全国技工院校化工类专业教材
ISBN 978-7-5167-6376-6

Ⅰ. ①化… Ⅱ. ①李… Ⅲ. ①化工仪表-技工学校-教材②化工过程-自动控制系统-技工学校-教材 Ⅳ. ①TQ056

中国国家版本馆 CIP 数据核字（2024）第 096518 号

中国劳动社会保障出版社出版发行
（北京市惠新东街 1 号 邮政编码：100029）
*
北京市科星印刷有限责任公司印刷装订 新华书店经销

787 毫米×1092 毫米 16 开本 14.25 印张 308 千字
2024 年 7 月第 1 版 2024 年 7 月第 1 次印刷
定价：43.00 元

营销中心电话：400-606-6496
出版社网址：http://www.class.com.cn

《化工仪表及自动化》编审委员会

主　　编 李　政

副 主 编 黄晓华　阳志锋

编　　者 **（以姓氏笔画为序）**

王　庚（浙江中控科教仪器设备有限公司）

王希超（北京欧倍尔软件技术开发有限公司）

丘志洪（乳源东阳光电化厂）

李　政（广东省南方技师学院）

阳志锋（乳源东阳光电化厂）

邱星群（广东省粤东技师学院）

黄晓华（广东省南方技师学院）

主　　审 吴志坚（乳源东阳光电化厂）

杨建平（山东化工技师学院）

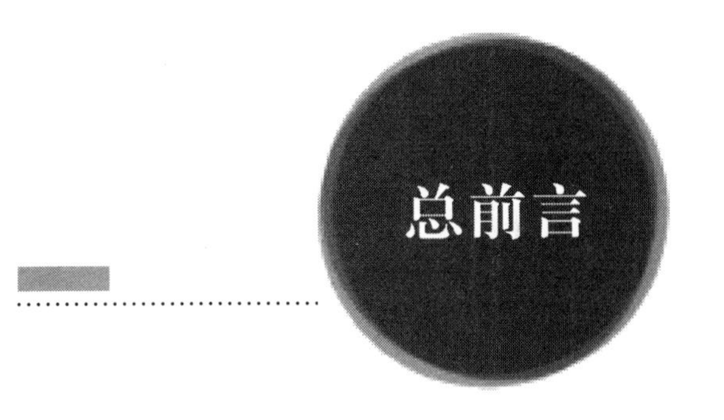

总前言

为了深入贯彻党的二十大精神和习近平总书记关于大力发展技工教育的重要指示精神，落实中共中央办公厅、国务院办公厅印发的《关于推动现代职业教育高质量发展的意见》，推进技工教育高质量发展，全面推进技工院校工学一体化人才培养模式改革，适应技工院校教学模式改革创新，同时为更好地适应技工院校化工类专业的教学要求，全面提升教学质量，我们组织有关学校的一线教师和行业、企业专家，在充分调研企业生产和学校教学情况、广泛听取教师意见的基础上，吸收和借鉴各地技工院校教学改革的成功经验，组织编写了本套全国技工院校化工类专业教材。

总体来看，本套教材具有以下特色：

第一，坚持知识性、准确性、适用性、先进性，体现专业特点。教材编写过程中，努力做到以市场需求为导向，根据化工行业发展现状和趋势，合理选择教材内容，做到"适用、管用、够用"。同时，在严格执行国家有关技术标准的基础上，尽可能多地在教材中介绍化工行业的新知识、新技术、新工艺和新设备，突出教材的先进性。

第二，突出职业教育特色，重视实践能力的培养。以职业能力为本位，根据化工专业毕业生所从事职业的实际需要，适当调整专业知识的深度和难度，合理确定学生应具备的知识结构和能力结构。同时，进一步加强实践性教学的内容，以满足企业对技能型人才的要求。

第三，创新教材编写模式，激发学生学习兴趣。按照教学规律和学生的认知规律，合理安排教材内容，并注重利用图表、实物照片辅助讲解知识点和技能点，为学生营造生动、直观的学习环境。部分教材采用工作手册式、新型活页式，全流程体现产教融合、校企合作，实现理论知识与企业岗位标准、技能要求的高度融合。部分教材在印刷工艺上采用了四色印刷，增强了教材的表现力。

本套教材配有习题册和多媒体电子课件等教学资源，方便教师上课使用，可以通过技工教育网（http://jg.class.com.cn）下载。另外，在部分教材中针对教学重点和难点制作了演示视频、音频等多媒体素材，学生可扫描二维码在线观看或收听相应内容。

本套教材的编写工作得到了北京、河南、山东、云南、江苏、江西、四川、广西、广东等省（自治区、直辖市）人力资源社会保障厅及有关学校的大力支持，教材编审人员做了大量的工作，在此我们表示诚挚的谢意。同时，恳切希望广大读者对教材提出宝贵的意见和建议。

本书前言

本书以化工总控工、有机合成工、无机化学反应工等化工操作类职业工种三级工层次对化工仪表及自动化知识和技能要求为主线，按照任务驱动的课程设计思路，以主流商品化化工仪表及自动化教学实训装置及仿真实训平台为任务载体，结合技工院校学生认知能力和特点编写。

本书共分为检测仪表、控制器、执行器、管道仪表流程图（PID）、常规控制系统、可编程控制系统（PLC）、集散控制系统（DCS）、先进控制系统（APC）、安全仪表系统（SIS）及典型化工单元的控制方案10个课题。

本书由李政主编，参与全书的编写；黄晓华参与课题五、课题六、课题七、课题八的编写；阳志锋参与课题一、课题二、课题三、课题九、课题十的编写；邱星群参与课题二、课题三、课题四的编写；丘志洪参与课题一的编写；王庚参与课题一、课题五、课题六、任务实施部分的编写；王希超参与课题四、课题七、课题十任务实施部分的编写。本书由吴志坚、杨建平主审。

本书可作为技工院校初中起点五年制和高中起点三年制化工类专业相关课程的教材，也可作为化工企业相关岗位员工的培训教材。

书中相关技术内容及符号均采用最新国家标准和行业标准，但难免有不妥之处，恳请读者批评指正。

编者

2024年6月

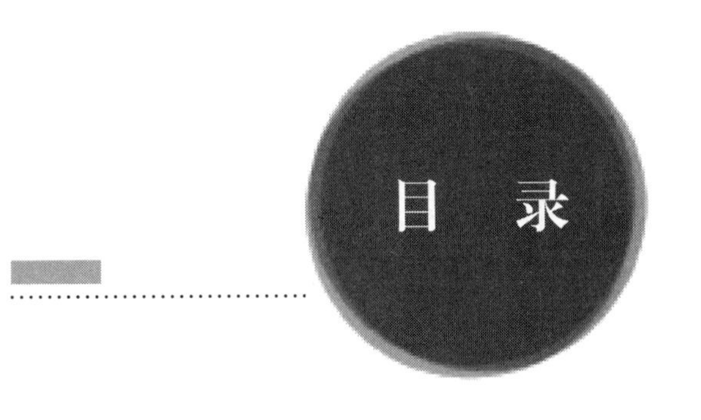
目 录

绪 论

工业生产过程自动化泛指石油、化工、冶金、纺织、制药、环境工程等行业中连续的或按一定周期程序进行的生产过程自动控制，其研究开发和应用水平是衡量一个国家发达程度的重要标志。化工仪表及自动化是自动化技术在化工行业中的具体应用。

任务 认识化工仪表及自动化

学习目标

1. 通过社会生活中的具体案例，能够理解自动化技术的重大意义。

2. 通过化工生产实景图片和微视频，能够了解化工仪表及自动化系统的基本概念、分类和特点。

任务引入

自动纯水制备系统在生产生活中应用广泛，某单位纯水制备系统装置如图 0 - 1 所示，请列出其中使用了哪些生产过程仪表？

相关知识

一、化工生产过程自动化

化工生产过程自动化（简称化工自动化）是指对化工生产过程中的各种工艺参数实行

图0-1　某单位纯水制备系统装置

自动检测、调节和对整个生产过程进行最优控制和管理，是机器设备、系统或过程（生产、管理过程）在没有人或较少人的直接参与下，按照人的要求，经过自动检测、信息处理、分析判断、操纵控制，实现预期目标的过程。

1. 意义及目的

（1）可使生产过程及其工艺数据可视化，提高生产效率，提高产品产量和质量。

（2）减少操作人员，减轻劳动强度，改善劳动条件。把人从繁重的体力劳动、部分脑力劳动以及恶劣、危险的工作环境中解放出来，而且能扩展人的器官功能，极大地提高劳动生产率，增强人类认识世界和改造世界的能力。

（3）加强安全生产，避免生产安全事故。

2. 发展概况

化工自动化的发展经历了以下几个阶段：

（1）手动控制阶段。最早的化工生产过程是由人工操作完成的，生产效率低下，存在生产安全事故隐患。

（2）传统控制阶段。随着电气技术的发展，化工生产过程逐渐引入了电气控制设备，如继电器、计时器等。这种方式虽然在一定程度上提高了生产效率，但仍然依赖于人工操作。

（3）数字控制阶段。随着计算机技术的发展，化工生产过程逐渐实现了数字化控制。计算机控制系统可以实时监测和控制化工生产过程中的各个参数，提高了生产效率和产品质量。

（4）智能化控制阶段。随着人工智能技术的发展，化工自动化进入了智能化控制阶段。

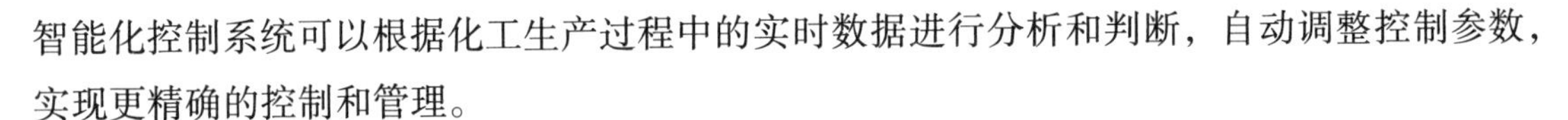
智能化控制系统可以根据化工生产过程中的实时数据进行分析和判断，自动调整控制参数，实现更精确的控制和管理。

3. 发展趋势

（1）智能化。随着人工智能技术的不断发展，化工自动化将向智能化方向发展。智能化化工设备能够通过采集和分析大量的数据，实现自主决策和优化控制，提高生产效率和产品质量。同时，智能化化工设备还能够实现远程监控和远程操作，提高工作的便捷性和安全性。

（2）数据化。随着大数据技术的快速发展，化工自动化将更加注重数据的采集和分析。通过对大量的生产数据进行分析，可以发现化工生产过程中的潜在问题，并及时采取相应的措施进行调整和优化。数据化的化工自动化还可以实现生产过程的可视化，使管理人员能够更加清晰地了解生产状况，作出更准确的决策。

（3）网络化。随着互联网技术的广泛应用，化工自动化将向网络化方向发展。通过网络化的化工自动化系统，不同的设备和工艺单元可以实现信息的共享和交互，提高生产协同效率。同时，网络化的化工自动化还可以实现远程监控和远程操作，减少人力资源的浪费和风险。

（4）安全化。化工行业的安全问题一直是一个重要的关注点。化工自动化的发展趋势之一是更加注重安全性。通过引入安全控制系统和安全监测设备，化工自动化可以实现对生产过程的全面监测和控制，及时发现和处理生产安全事故隐患。同时，化工自动化还可以提供实时的安全报警和应急处置措施，最大限度保障生产安全。

（5）环保化。随着环境保护意识的不断提高，化工自动化将越来越注重环保性能。化工自动化系统可以实现对废气、废水和废物的在线监测和控制，减少对环境的污染。同时，化工自动化还可以通过优化生产过程，降低能源消耗和废弃物产生，实现绿色化工生产。

（6）灵活化。化工自动化的发展趋势之一是更加注重生产的灵活性。传统的化工生产往往需要投入大量的人力和物力，而化工自动化可以实现生产过程的灵活调整和快速响应。通过引入灵活的自动化设备和控制系统，化工生产可以实现快速转换和快速调整，提高生产效率和市场竞争力。

二、化工自动化仪表的分类

化工自动化仪表按功能不同分为4类，各类仪表之间的关系如图0－2所示。

1. 检测仪表

检测仪表包括工艺参数的测量，物料成分、特性在线分析检测。

2. 显示仪表

显示仪表包括现场显示仪表和后台显示仪表。

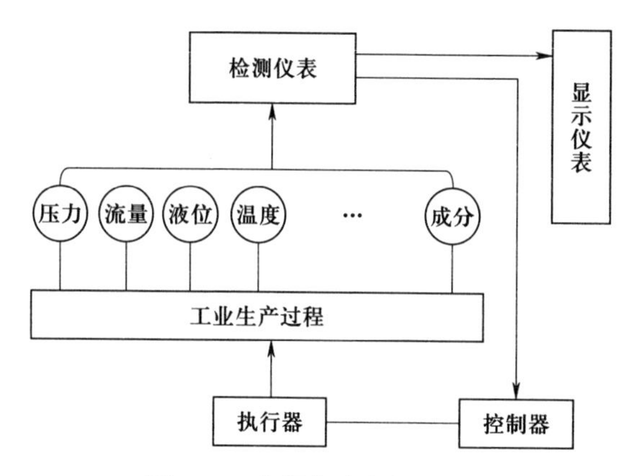

图 0-2　各类仪表之间的关系

3. 控制器

控制器包括气动、电动控制仪表及数字式控制器。

4. 执行器

执行器包括气动、电动、液动等执行器。

三、化工自动化系统的分类

1. 自动检测系统

自动检测系统是指利用各种仪表对生产过程中主要工艺参数进行测量、显示、存储、传输的部分。

2. 联锁保护系统

联锁保护系统分工艺生产联锁系统及安全生产联锁系统。根据化工生产具体类型及国家标准、规范的要求不同，配置的硬件和软件有显著区别。

3. 自动操纵及自动开停车系统

自动操纵系统可以根据预先规定的步骤自动对生产设备进行周期性操作。自动开停车系统可以按照预先规定好的步骤，将生产设备自动投入运行或自动停车。

4. 自动控制系统

对生产中某些关键性参数进行自动控制，使它们在受到外界干扰的影响而偏离正常状态时，能自动调回到规定的数值范围内。

任务实施

一、熟悉纯水制备工艺流程

请认真查看某单位纯水制备工艺流程，如图 0-3 所示，熟悉该纯水制备工艺流程。

二、纯水制备装置现场认知

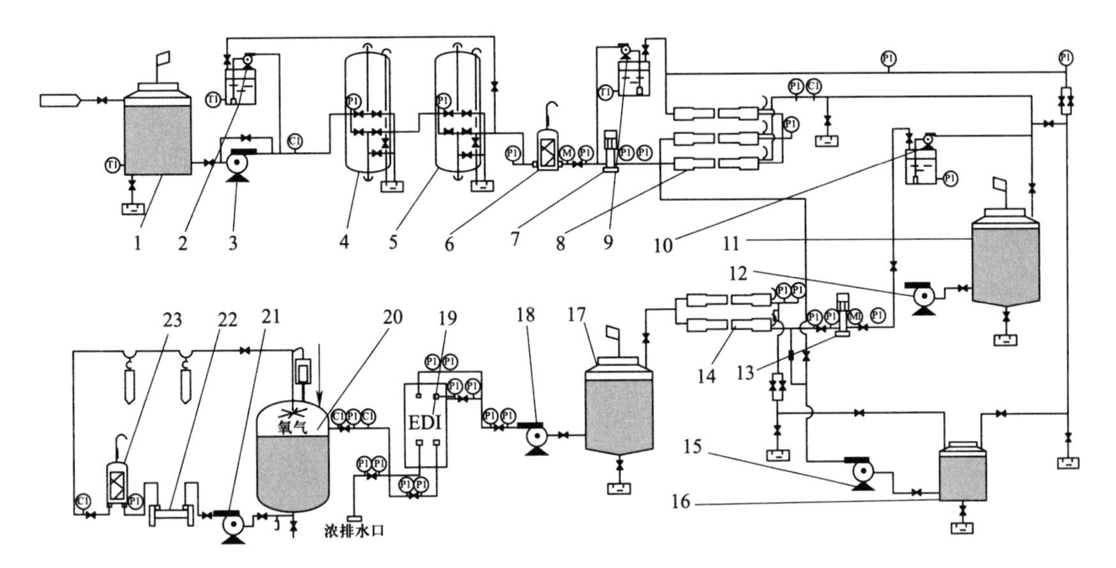

图 0－3 纯水制备工艺流程

1—原水箱 2—计量泵 1 3—原水泵 4—机械过滤器 5—活性炭过滤器 6—保安过滤器 7—一级高压泵 8—一级反渗透 9—计量泵 2 10—计量泵 3 11—中间水箱 12—增压泵 13—二级高压泵 14—二级反渗透 15—清洗水泵 16—清洗水箱 17—纯水水箱 18—纯水泵 19—电去离子（EDI）水处理系统 20—超纯水箱 21—超纯水泵 22—紫外杀菌器 23—微孔过滤器

三、列出纯水制备工艺流程中涉及的自动化仪表

1. 检测仪表

2. 显示仪表

3. 控制器

4. 执行器

四、描述纯水制备工艺流程中涉及的自动化系统

课题一

检测仪表

在化工生产过程中，通过检测仪表监控压力、温度、流量、液位等生产工艺参数。本课题主要介绍化工生产过程中的相关工艺参数的检测方法及其检测仪表。

任务一　认识检测仪表基本概念

学习目标

1. 熟悉化工测量过程涉及的基本术语，能够理解测量误差。

2. 通过实物或实景图片、微视频，能够了解化工检测仪表的基本参数、信号类型、信号传递及分类。

任务引入

使用化工检测仪表，首先要学会阅读仪表说明书，了解检测仪表的主要技术指标和性能。某企业生产压力表配套说明书中的部分截图如图 1－1 所示，请解释其中技术指标的含义。

相关知识

一、测量过程与测量误差

化工生产过程中工艺参数检测的基本过程如图 1－2 所示。

<table>
<tr><td>型号
(model)</td><td>Y-60
Y-60-Z
Y-60T
Y-60ZT</td><td>Y-100
Y-100T
Y-100ZT</td><td>Y-150
Y-150T
Y-150ZT</td></tr>
<tr><td>精度等级
(grade of precision)</td><td>2.5</td><td colspan="2">1.0、1.6</td></tr>
<tr><td rowspan="3">测量范围/MPa
(grade of precision)</td><td colspan="3">0～0.1，0.16，0.25，0.4，0.6，1，1.6，2.5，4，6</td></tr>
<tr><td>0～10，16，25，40</td><td colspan="2">0～10，16，25，40，60，100</td></tr>
<tr><td colspan="3">−0.1～0.06，0.15，0.3，0.5，0.9，1.5，2.4</td></tr>
</table>

图 1－1　某企业生产压力表配套说明书中的部分截图

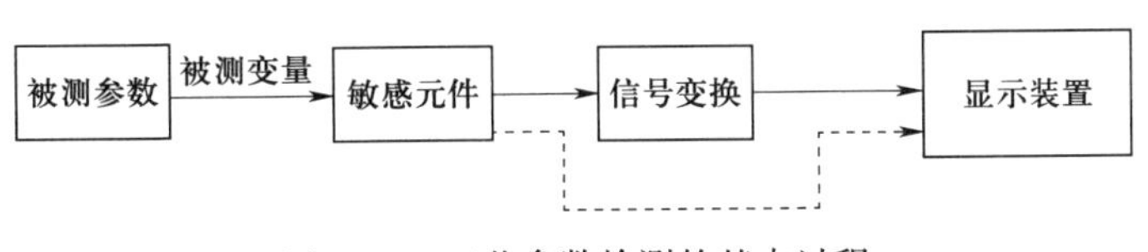

图 1－2　工艺参数检测的基本过程

1. 测量过程

测量过程实质上是将被测参数与其相应的测量单位进行比较的过程，而检测仪表就是实现这种比较的工具。

（1）传感器。传感器又称为检测元件或敏感元件，它直接响应被测变量，经能量转换并转化为一个与被测变量成对应关系的便于传送的输出信号，如 mV、V、mA、Ω、Hz 等。例如，压力敏感元件——石英、压电陶瓷都是在受到压力时会在材料表面上产生一定的电荷；气敏元件——气敏电阻则是当其接触不同浓度被测气体时会表现出电阻不同的性质。

（2）变送器。由于传感器的输出信号种类很多，而且信号往往很微弱，一般都需要经过变送环节的进一步处理，将其转换成如 0～10 mA、4～20 mA 等标准统一的模拟量信号或者满足特定标准的数字量信号。将传感器的输出信号转换为可被控制器识别的信号（或将传感器输入的非电信号转换成电信号，同时将其放大，以供远方测量和控制的信号源）的转换器称为变送器。传感器和变送器一同构成化工自动化系统的监测信号源，生产厂家一般将它们做成一体。

（3）标准信号。标准信号是指物理量的形式和数值范围都符合国际标准的信号值。仪表上使用的标准信号分为以下两类：

1）电信号。DDZ－Ⅲ标准信号是指 4～20 mA DC 的电流信号、1～5 V DC 的电压信号；DDZ－Ⅱ标准信号是指 0～10 mA DC 的电流信号、0～10 V DC 的电压信号。现在 DDZ－Ⅱ、DDZ－Ⅲ仪表几乎被淘汰了，只是延用 DDZ－Ⅲ标准信号。标准电信号在传输过程中同时载有通信信号，方便现场手动操作进行仪表设定、校正等调试，或传输给后台计算机做其他高级开发等。

2）气信号。气信号是指20～100 kPa（即0.02～0.1 MPa）标准气压信号。

2. 测量误差

测量误差是指由仪表读得的被测值与被测量真值之间的差距。通常有两种表示方法，即绝对表示法和相对表示法。

（1）示值误差Δ（又称绝对误差）。

$$\Delta = \chi_i - \chi_t \tag{1-1}$$

式中 χ_i——仪表指示值；

χ_t——被测量的真值。

由于真值在实际检测中是无法真正获取的，因此，测量误差就是指检测仪表（精度较低）和标准仪表（精度较高）在同一时刻对同一被测变量进行测量所得到的2个读数之差，即：

$$\Delta = \chi - \chi_0 \tag{1-2}$$

式中 χ——被校仪表的读数值；

χ_0——标准仪表的读数值。

（2）相对误差Λ。检测仪表的示值误差除以被测量的（约定）真值，并以百分数表示。

1）实际相对误差Λ_t。

$$\Lambda_t = \frac{\Delta}{\chi_t} \times 100\% \tag{1-3}$$

2）标称相对误差Λ_0。

$$\Lambda_0 = \frac{\Delta}{\chi_0} \times 100\% \tag{1-4}$$

（3）引用误差δ（又称相对百分误差）。仪表的示值误差除以规定值，并以百分数表示。规定值常称为引用值，它可以是仪表的输入或输出量程、范围上限值、标尺长度等。

$$\delta = \frac{\Delta}{\text{引用值}} \times 100\% \tag{1-5}$$

二、检测仪表的品质指标

1. 准确度

在化工测量仪表中，通常是以最大相对百分误差来衡量仪表的准确度（习惯上称为精确度，简称精度），用来定义仪表的精确度等级。

（1）最大相对百分误差δ。

$$\delta = \frac{\text{最大绝对误差}}{\text{量程}} \times 100\% = \frac{\Delta_{max}}{\chi_{max} - \chi_{min}} \times 100\% \tag{1-6}$$

所以检测仪表精确度等级不仅与绝对误差有关，而且与仪表的测量范围有关。

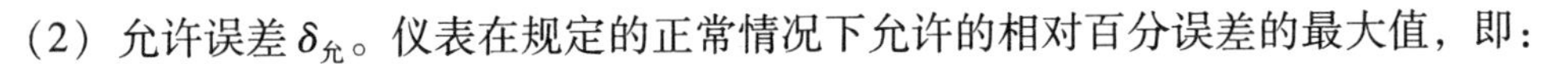

（2）允许误差 $\delta_{允}$。仪表在规定的正常情况下允许的相对百分误差的最大值，即：

$$\delta_{允} = \pm \frac{\text{仪表允许的最大绝对误差值}}{\text{测量范围上限值} - \text{测量范围下限值}} \times 100\% \tag{1-7}$$

（3）仪表的精确度等级。仪表的精确度等级是指符合一定的计量要求，使误差保持在规定极限以内的仪表的等别、级别。精确度等级通常以约定的数字或符号表示，称为等级指标。《工业过程测量和控制用检测仪表和显示仪表精确度等级》（GB/T 13283—2008）规定，仪表常用的精确度等级有：0.01、0.02、0.05、0.1、0.2、0.5、1.0、1.5、2.5、4.0、5.0 等。

仪表的精确度等级代表了仪表在规定的工作条件下允许的最大相对百分误差，例如，0.5 级仪表表示该仪表允许的最大相对百分误差为 ±0.5%，以此类推。

精确度等级一般用一定的符号形式标示在仪表面板上，如：

1.0　　1.5

仪表的精确度等级是衡量仪表质量优劣的重要指标之一。精确度等级数值越小，表示仪表的精确度越高。精确度等级数值小于或等于 0.05 的仪表通常用来作为标准表，而工业用表的精确度等级数值一般大于或等于 0.5。

（4）仪表的精确度等级的确定。计算出仪表的最大相对百分误差，去掉“ ± ”号及“%”号，便可以用来确定仪表的精确度等级。

例 1.1　某台压力变送器测量范围为 0 ~ 400 kPa，在校验该变送器时测得的最大绝对误差为 −5 kPa，请确定该仪表的精确度等级。

解　先求最大相对百分误差：

$$\delta = \frac{\Delta_{max}}{\text{量程}} \times 100\% = \frac{-5}{400-0} \times 100\% = -1.25\%$$

如果将该仪表的 δ 去掉“ ± ”号与“%”号，其数值为 1.25。由于国家规定的精确度等级中没有 1.25 级仪表，同时，该仪表的误差超过了 1.0 级仪表所允许的最大误差，所以，这台压力变送器的精确度等级为 1.5 级。

例 1.2　某台测温仪表的测温值为 0 ~ 1 000 ℃。根据工艺要求，温度指示值的误差不允许超过 ±7 ℃，应如何选择仪表的精确度等级才能满足以上要求？

解　根据工艺上的要求，仪表的允许误差为：

$$\delta_{允} = \frac{\Delta_{max}}{\text{量程}} \times 100\% = \frac{\pm 7}{1\,000-0} \times 100\% = \pm 0.7\%$$

如果将仪表的允许误差去掉“ ± ”号与“%”号，其数值为 0.5 ~ 1.0，如果选择精度等级为 1.0 级的仪表，其允许的误差为 ±1.0%，超过了工艺上允许的数值，故应选择 0.5 级仪表才能满足工艺要求。

注意：根据仪表校验数据来确定仪表精确度等级和根据工艺要求来选择仪表精确度等级，情况是不一样的。根据仪表校验数据来确定仪表精确度等级时，仪表的允许误差应该大于（至少等于）仪表校验所得的相对百分误差；根据工艺要求来选择仪表精度等级时，仪表的允许误差应该小于（至多等于）工艺上所允许的最大相对百分误差。

仪表的精确度等级在仪表安装使用前必须经专业机构或人员进行校验确认。特殊设备或场所使用的仪表，按国家规定及标准的要求，需要强制定期送交专业机构校验检定。

（5）其他表示方法精确度等级。不宜用引用误差或相对误差表示与精确度有关因素的仪表（如热电偶、铂热电阻等），一般可用英文字母或罗马数字等约定的符号或数字表示精确度等级，如 A、B、C…，Ⅰ、Ⅱ、Ⅲ…，或 1、2、3…，按英文字母或罗马数字的先后次序表示精确度等级的高低。

2. 变差

变差是指在外界条件不变的情况下，用同一仪表对被测量在仪表全部测量范围内进行正反行程（即被测参数逐渐由小到大和逐渐由大到小）测量时，被测量值正行和反行所得到的两条特性曲线之间的最大偏差，如图 1-3 所示。

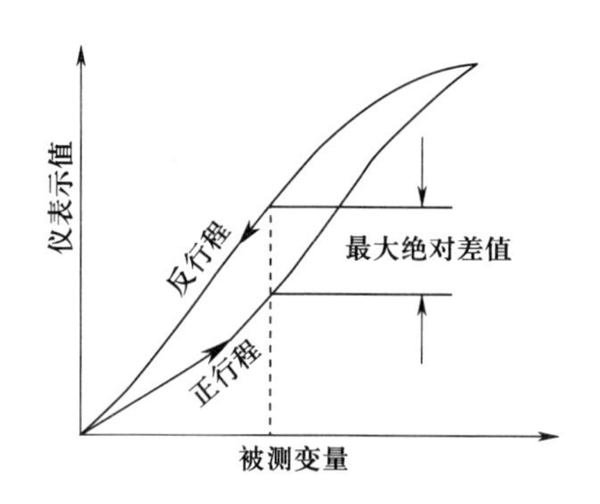

图 1-3　检测仪表的变差

$$变差=\frac{最大绝对差值}{测量范围上限值-测量范围下限值}\times 100\% \tag{1-8}$$

产生变差的原因有很多，例如，仪表传动机构的间隙、运动部件的摩擦、弹性元件滞后等。

仪表的变差不能超出仪表的允许误差，否则应及时检修。

3. 灵敏度和分辨率

（1）灵敏度 S。灵敏度是指仪表指针的线位移或角位移与引起此位移的被测参数变化量的比值。

$$S=\frac{\Delta\alpha}{\Delta\chi} \tag{1-9}$$

式中　$\Delta\alpha$——指针的线位移或角位移；

$\Delta\chi$——引起$\Delta\alpha$所需的被测参数变化量。

仪表的灵敏限是指能引起仪表指针发生动作的被测参数的最小变化量。通常仪表灵敏限的数值应不大于仪表允许绝对误差的一半。

注意：上述指标仅适用于指针式仪表。在数字式仪表中，往往用分辨力表示。

（2）分辨力。对于数字式仪表，分辨力是指数字显示器的最末位数字间隔所代表的被测参数变化量。

不同量程的分辨力是不同的，相应于最低量程的分辨力称为该表的最高分辨力，也叫灵敏度。通常以最高分辨力作为数字式仪表的分辨力指标。分辨力与仪表的有效数字位数有关。

三、检测仪表的常见信号类型

作用于检测仪表输入端的被测信号，要转换成以下几种便于传输和显示的信号类型：

1. 位移信号

位移信号是一种机械信号，包括直线位移和角位移。在测量压力、质量等物理量时，要先把它们转换成位移量再处理。

2. 压力信号

压力信号包括气压信号和液压信号，在化工生产检测中主要应用气压信号。

3. 电气信号

电气信号有电压信号、电流信号、阻抗信号和频率信号等，其特点是传送快、滞后小、可远距离传递、便于和计算机连接等。

4. 光信号

光信号包括光通量信号、干涉条纹信号、衍射条纹信号、莫尔条纹信号等，可以是连续的，也可以是断续（脉冲）式的。

四、检测仪表信号的传递形式

检测仪表信号的传递形式主要分为以下 3 类：

1. 模拟信号

模拟信号是指在时间上是连续变化的，在任何瞬时都可以确定其数值的信号。模拟信号可以变换为电信号，即平滑地、连续地变化的电压或电流信号。例如，连续变化的温度信号可以利用热电偶转换为与之成比例的连续变化的电压信号。

2. 数字信号

数字信号是一种以离散形式出现的不连续信号，通常用二进制数“0”和“1”组合的代码序列来表示。数字信号变换成电信号就是一连串的窄脉冲和高低电平交替变化的电压信号。连续变化的工艺参数（模拟信号）可以通过数字式传感器直接转换成数字信号。然而，大多数情况是首先把这些参数变换成电形式的模拟信号，然后再利用模拟－数字（A/D）转换技术把电模拟量转换成数字量。

3. 开关信号

开关信号是指用两种状态或用两个数值范围表示的不连续信号。例如，用水银触点温度计检测温度的变化时，可利用水银触点的“断开”与“闭合”判断温度是否达到给定值。在自动检测技术中，利用开关式传感器（如干簧管、电触点式传感器）可以将模拟信号变换成开关信号。

五、检测仪表的分类

化工生产中使用的检测仪表种类繁多、结构复杂，因而分类方法也较多，常见的几种分类方法如下：

1. 按仪表测量参数的不同分类

分成压力（差压、负压）测量仪表、流量测量仪表、物位（液位）测量仪表、温度测量仪表、物质成分分析仪表及物性检测仪表等。

2. 按仪表表达示数的方式不同分类

分成指示型、记录型、信号型、远传指示型、累积型等。

3. 按仪表安装形式分类

分为现场仪表、盘装仪表和架装仪表。

4. 按仪表精确度等级及使用场合的不同分类

分成实用仪表、范型仪表和标准仪表，分别使用在现场、实验室、标定室。

5. 按仪表信号形式分类

分为模拟仪表、数字仪表、现场总线仪表。

6. 按仪表的组成形式分类

分为基地式仪表和单元组合仪表。

（1）基地式仪表的特点是将测量、显示、控制等各部分集中组装在一个表壳里，形成一个整体。这种仪表比较适于在现场就地检测和控制，但不能实现多种参数的集中显示与控制，这在一定程度上限制了基地式仪表的使用范围。

（2）单元组合仪表是将对参数的测量及其变送、显示、控制等各部分，分别制成能独立工作的单元仪表（简称单元，如变送单元、显示单元、控制单元等）。这些单元之间以统一的标准信号互相联系，可以根据不同要求，方便地将各单元任意组合成各种控制系统，适用性和灵活性都很好。

注意：化工生产中的单元组合仪表有电动单元组合仪表和气动单元组合仪表两种。国产

的电动单元组合仪表简称 DDZ 仪表，气动单元组合仪表简称 QDZ 仪表。

7. 其他仪表分类方法

（1）一次仪表与二次仪表。在生产过程中，对测量仪表往往按能量转换次数定性，能量转换一次的称为一次仪表，转换两次的称为二次仪表，能量转换的次数超过两次的往往都按两次。

1）一次仪表。一次仪表是指直接安装在工艺管道或设备上，或者安装在测量点附近，但与被测介质有接触，测量并显示过程工艺参数或者发送参数信号至二次仪表的仪表。一次仪表是自动检测装置的部件（元件）之一。其带有感受元件，用以感受被测介质参数的变化。一次仪表或具有标尺，指示读数；或没有标尺，本身不指示读数。

2）二次仪表。二次仪表是指接收由变送器、转换器、传感器（包括热电偶、热电阻）等送来的电或气信号，并指示所检测的过程工艺参数值的仪表。二次仪表是自动检测装置的部件（元件）之一，用以指示、记录或积算来自一次仪表的测量结果。

（2）就地仪表与远传仪表。

1）就地仪表是指在化工设备附近、在工艺区域内安装的仪表，典型的如压力表、玻璃管液位计等。

2）远传仪表是指安装在现场，能够将现场信号以电或者气的形式从现场变送远传至控制室的仪表，如一体化的压力变送器等。

》任务实施

一、仔细观察化工检测仪表实物。

二、阅读化工检测仪表使用说明书，解读其主要技术指标。

任务二　认识温度检测仪表

》学习目标

1. 掌握温度检测的基本概念，能够理解常用温度检测仪表的工作原理。
2. 通过温度检测系统实训装置，完成温度检测元件的认识、选型及安装实训。

》任务引入

温度检测系统实训装置如图 1－4 所示，请结合实训装置实验指导书，完成温度检测元件的认识、选型及安装实训，熟悉温度检测信号的传输方式和路径。

图1－4　温度检测系统实训装置

相关知识

一、温度检测的基本概念

1. 温度的定义

温度是表征物体冷热程度的物理量，是物体分子运动平均动能大小的标志，也是国际单位制（SI）7个基本物理量之一。温度是化工生产中最普遍且重要的操作参数之一，它显示反应的能量变化，决定反应的进程与程度。

2. 温标

为了客观地计量物体的温度，必须建立一个衡量温度的标尺，简称温标。建立温标就是规定温度的起点及其基本单位。

（1）华氏温标 t_F。冰点为32 ℉，水沸点为212 ℉，两者中间分180等份。

（2）摄氏温标 t。冰点为0 ℃，水沸点为100 ℃，两者中间分100等份。

（3）热力学温度（又称绝对温度）。用符号 T 表示，单位为开尔文，符号为K。开尔文的大小为水的三相点热力学温度的1/273.15。

3种温度按式1－10换算。

$$t_F = 32 + \frac{9}{5}t$$

$$t = T - 273.15 \qquad (1-10)$$

3. 温度检测方法及仪表

温度不能直接测量。温度的测量都是通过温度传递到敏感元件后，其物理性质随温度变化而进行的。常用温度检测方法及仪表见表1－1。

表1－1　　常用温度检测方法及仪表

测温方式	温度计种类		测温范围/℃	优点	缺点
接触式	膨胀式	玻璃液体	－50～600	结构简单，使用方便，测量准确，价格低廉	测量上限和精度受玻璃质量的限制，易碎，不能记录远传
		双金属	－80～600	结构紧凑，牢固可靠	精度低，量程和使用范围有限
	压力式	液体、 气体、蒸气	－30～600 －20～350 0～250	结构简单，耐震，防爆，能记录、报警，价格低廉	精度低，测温距离短，滞后大
	热电偶	铂铑－铂镍铬－ 镍硅镍铬－ 锰白铜（考铜）	0～1 600 －50～1 000 －50～600	测温范围广，精度高，便于远距离、多点、集中测量和自动控制	需冷端温度补偿，在低温段测量精度较低
	热电阻	铂铜	－200～600 －50～150	测量精度高，便于远距离、多点、集中测量和自动控制	不能测高温，需注意环境温度的影响
非接触式	辐射式	辐射式 光学式 比色式	400～2 000 700～3 200 900～1 700	测温时，不破坏被测温度场	低温段测量不准，环境条件会影响测温精度
	红外线	光电探测 热电探测	0～3 500 200～2 000	测温范围大，适于测量温度分布，不破坏被测温度场，响应快	易受外界干扰，标定困难

二、常用温度检测仪表

1. 膨胀式温度计

膨胀式温度计是基于物体受热时体积膨胀的性质而制成的。

（1）玻璃液体温度计。利用液体受热膨胀并沿玻璃毛细管延伸而直接显示温度。

（2）双金属温度计。不同金属受热膨胀程度不同，双金属片在受热情况下发生弯曲而显示温度，如图1－5所示。

2. 压力式温度计

应用压力随温度的变化来测温的仪表叫压力式温度计。它是根据在封闭系统中的液体、气体或低沸点液体的饱和蒸气受热后体积膨胀或压力变化这一原理而制成的，用压力表测量这种变化可测得温度。压力式温度计的结构如图1－6所示。

3. 热电偶温度计

热电偶温度计是以热电效应为基础的测温仪表。

图1-5 双金属温度计

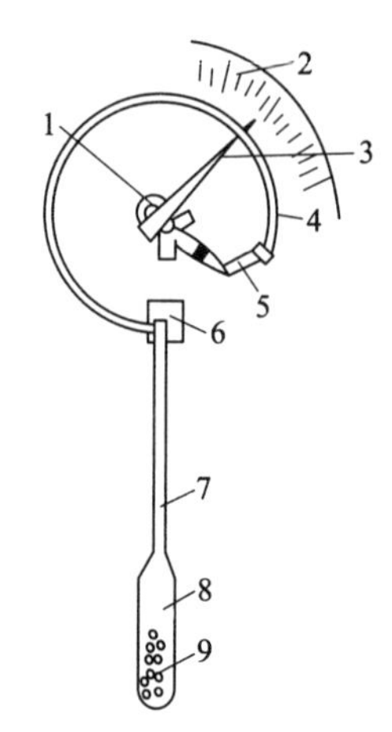

图1-6 压力式温度计的结构

1—传动机构 2—刻度盘 3—指针 4—弹簧管 5—连杆 6—接头 7—毛细管 8—温包 9—工作物质

热电效应是将两种不同的导体或半导体连成闭合回路，当两个接点处的温度不同时，回路中将产生热电势，这种现象称为热电效应。热电势大小只与热电极材料及两端温度有关，与热偶丝的粗细和长短无关。

（1）热电偶温度计的基本结构如图1-7所示。热电偶是最常用的一种测温元件（感温元件），如图1-8所示。它由两种不同材料的导体A和B焊接而成，焊接的一端插入被测介质中，感受到被测温度，称为热电偶的工作端或热端，另一端与导线连接，称为冷端或参考端。导体A、B称为热电极。

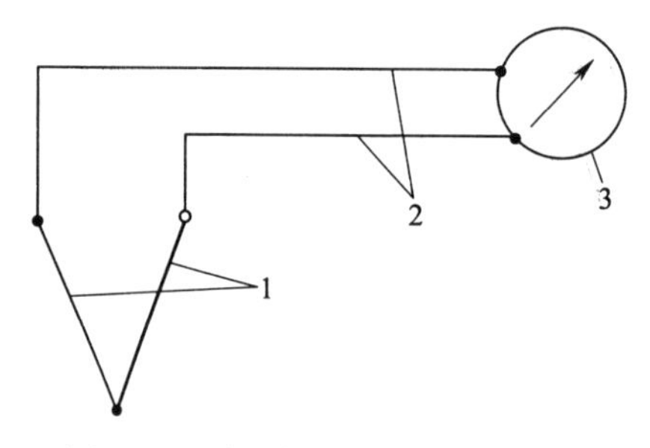

图1-7 热电偶温度计的基本结构

1—热电偶（感温元件） 2—连接热电偶和测量仪表的导线（补偿导线或铜导线） 3—测量仪表（动圈仪表或电位差计）

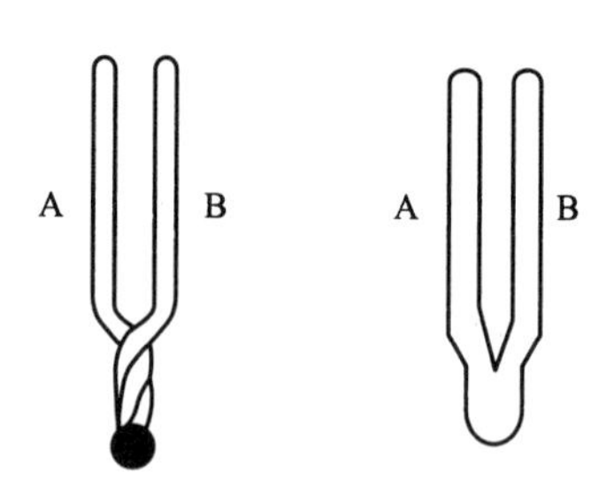

图1-8 热电偶

（2）常用热电偶的种类

1）标准化热电偶。目前，国际上已有8种类型标准化热电偶作为工业热电偶，在不同场合中均有使用。标准化热电偶已列入工业化标准文件，具有统一的分度表，标准文件对同一型号的标准化热电偶规定了统一的热电极材料及其化学成分、热电性质和允许偏差，所以同一型号的标准化热电偶具有良好的互换性。通常用一组热电极材料表示热电偶的类型时，前者为正极、后者为负极。8种类型标准化热电偶具体信息见表1-2。

表 1－2　　**8 种类型标准化热电偶**

热电偶类型	分度号	特点
铂铑$_{10}$－铂	S	抗氧化性能强，宜在氧化性、惰性气体使用环境中连续使用，长期使用温度为 1 400 ℃、短期使用温度为 1 600 ℃。在所有热电偶中，S 分度号的精确度等级最高，通常用作标准热电偶
铂铑$_{13}$－铂	R	与 S 分度号相比，除热电动势大 15% 左右，其他性能几乎完全相同
铂铑$_{30}$－铂铑$_{6}$	B	在室温下热电动势极小，故在测量时一般不用补偿导线。它的长期使用温度为 1 600 ℃，短期使用温度为 1 800 ℃。可在氧化性或中性气体使用环境中使用，也可在真空条件下短期使用
镍铬－镍铝（镍硅）	K	抗氧化性能强，宜在氧化性、惰性气体使用环境中连续使用，长期使用温度为 1 000 ℃，短期使用温度为 1 200 ℃。它在所有热电偶中使用最广泛
镍铬硅－镍硅	N	1 300 ℃温度下高温抗氧化能力强，热电动势的长期稳定性及短期热循环的复现性好，耐核辐射及耐低温性能也好，可以部分代替 S 分度号热电偶
镍铬－铜镍（康铜）	E	在常用热电偶中，其热电动势最大，即灵敏度最高，宜在氧化性、惰性气体使用环境中连续使用，使用温度为 0～800 ℃
铁－铜镍	J	其既可用于氧化性气体使用环境（使用温度上限 750 ℃），也可用于还原性气体使用环境（使用温度上限 950 ℃），并且耐氢气及一氧化碳气体腐蚀，多用于炼油及化工生产
铜－铜镍	T	在所有廉价金属热电偶中精确度等级最高，通常用来测量 300 ℃以下的温度

2）工业热电偶按整体结构分类。根据《工业热电偶》（GB/T 30429—2013），工业热电偶按整体结构分为可拆卸工业热电偶（热电偶组件可以从保护管中取出）、不可拆卸工业热电偶（分实体工业热电偶和铠装工业热电偶两种）、柔性电缆热电偶（用有机或无机纤维材料绝缘的热电偶，在测量端附近可有一截金属材料保护的工作段）3 类。

如图 1－9 所示，从左至右依次为防水式、圆接插式、扁接插式、补偿导线式铠装热电偶。铠装热电偶是由铠装热电偶电缆（用氧化物将热电偶丝绝缘，置于金属套管内经压实制成的可挠的坚实组合体）制成的热电偶。

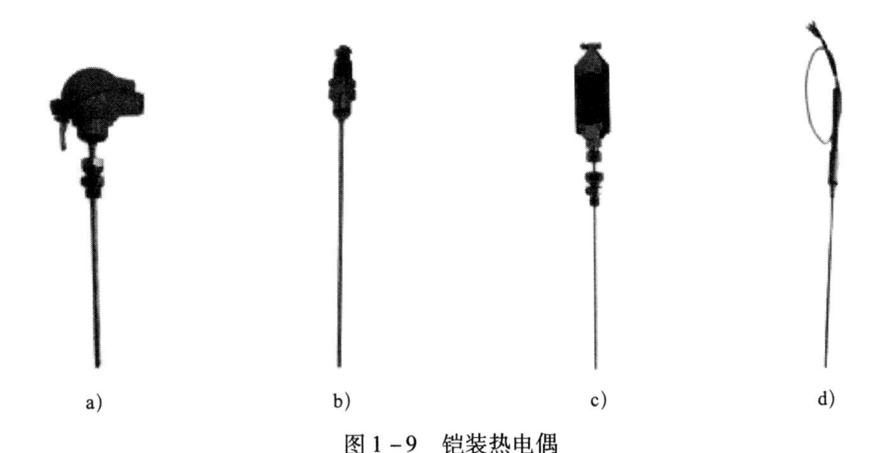

a)　　b)　　c)　　d)

图 1－9　铠装热电偶

a）防水式　b）圆接插式　c）扁接插式　d）补偿导线式

（3）补偿导线。采用一种专用导线，将热电偶的冷端延伸出来，能保证热电偶冷端温度保持不变。它是由两种不同性质的金属材料制成的，在一定温度范围内（0～100 ℃）与所连接的热电偶具有相同的热电特性，其材料所用金属价格低廉。补偿导线接线如图 1－10 所示。

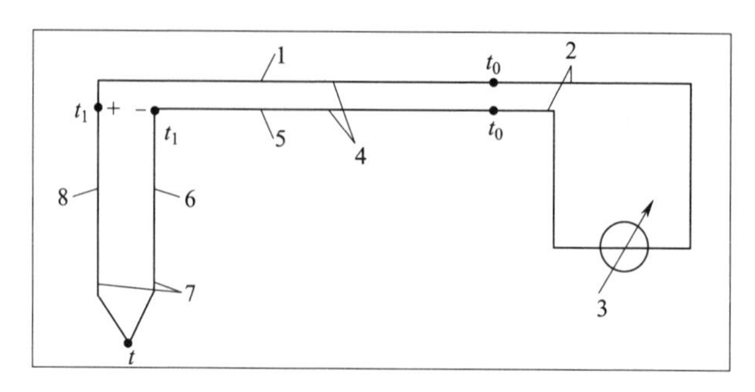

图 1－10　补偿导线接线

1—铜　2—铜导线　3—测温毫伏计　4—补偿导线　5—康铜　6—镍铝　7—热电偶　8—镍铬

注意：①补偿导线应与热电偶的电极材料配合使用。

②由于补偿导线的材质不同，接线时应特别注意不能接错。

（4）冷端温度补偿。

1）概念。在应用热电偶测温时，只有将冷端温度保持为 0 ℃或进行一定的修正才能得出准确的测量结果，称为热电偶的冷端温度补偿。

2）方法。冷端温度补偿的方法包括冰浴法（如图 1－11 所示）、冷端温度计算修正法（只适用于实验室或临时测温）、校正仪表零点法（只能在测温要求不高的场合下应用）、补偿电桥法（最常用，如图 1－12 所示）及补偿热电偶法。

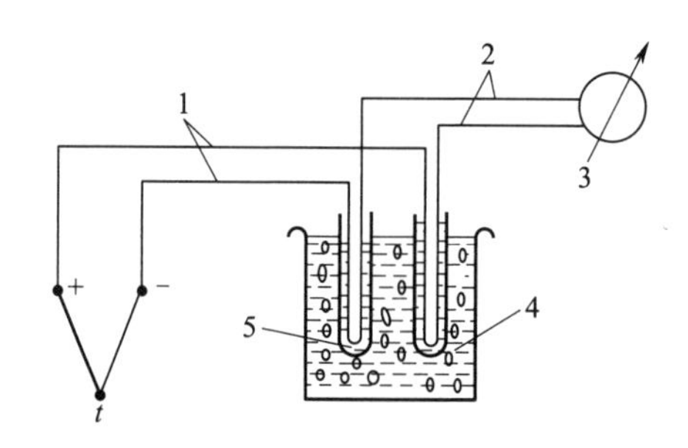

图 1－11　冰浴法（热电偶冷端温度保持 0 ℃的方法）

1—补偿导线　2—铜导线　3—测温毫伏计　4—冰水混合物　5—油

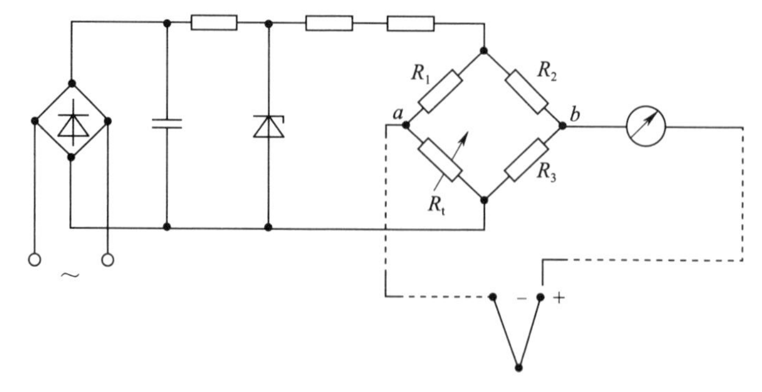

图 1－12　具有补偿电桥的热电偶测温线路

4. 热电阻温度计

（1）测温原理。热电阻温度计是利用金属导体的电阻值随温度变化而变化的特性（电阻温度效应）来进行温度测量的，适用于测量温度为 -200 ~ +500 ℃的液体、气体、蒸气及固体表面。

（2）工业常用热电阻。对于热电阻材料的一般要求是：电阻温度系数、电阻率要大；热容量要小；在整个测温范围内，应具有稳定的物理性质、化学性质和良好的复制性；电阻值随温度的变化关系，最好呈线性。

1）铂电阻。工业上常用的铂电阻有两种：一种是 $R_0=10\ \Omega$，对应分度号为 Pt10；另一种是 $R_0=100\ \Omega$，对应分度号为 Pt100。

2）铜电阻。工业上常用的铜电阻有两种：一种是 $R_0=50\ \Omega$，对应的分度号为 Cu50；另一种是 $R_0=100\ \Omega$，对应的分度号为 Cu100。

（3）热电阻的结构。热电阻实物如图 1 - 13 所示。

图 1 - 13　热电阻实物

1）普通型热电阻。普通型热电阻主要由电阻体、保护套管和接线盒等主要部件组成。将电阻丝绕制（采用双线无感绕法）在具有一定形状的支架上，这个整体称为电阻体。

2）铠装热电阻。将电阻体预先拉制成型并与绝缘材料和保护套管连成一体为铠装热电阻。这种热电阻体积小、抗展性强、可弯曲、热惯性小、使用寿命长。

3）薄膜热电阻。将热电阻材料通过真空镀膜法，直接蒸镀到绝缘基底上为薄膜热电阻。这种热电阻的体积很小、热惯性也小、灵敏度高。

5. 辐射式温度计

辐射式温度计是基于物体热辐射原理测量温度的仪表，通过特定波长光波的强度或热辐射强度来确定光源温度，目前已被广泛地用来测量高于 800 ℃的温度。常见的辐射式温度计有 3 类。

（1）全辐射式温度计。测定热辐射强度。

（2）光学温度计。采用光学分频法，测定不同频率光波的强度比值。

（3）比色高温计。直接通过可见光颜色的对比，确定光源温度。

6. 温度变送器

（1）作用。温度变送器的作用是将来自热电偶或热电阻的温度信号转换为统一标准的信号（4～20 mA DC 或 1～5 V DC），以实现对温度的显示、记录或自动控制。其工作原理如图 1－14 所示。

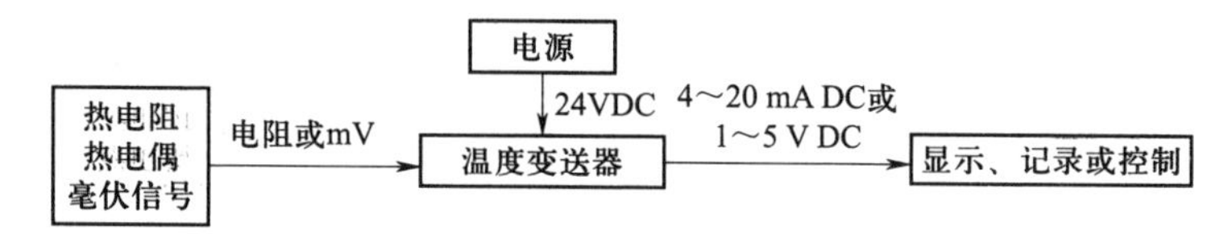

图 1－14　温度变送器工作原理

（2）分类。温度变送器有两线制和四线制之分，主要有两个品种，即热电偶温度变送器和热电阻温度变送器。

7. 一体化温度变送器

如图 1－15 所示，一体化温度变送器是指将变送器模块安装在测温元件接线盒或专用接线盒内的一种温度变送器，实物如图 1－16 所示。

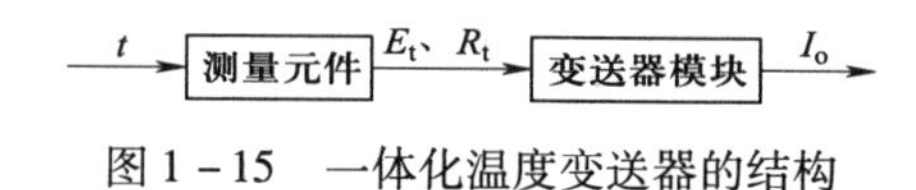

图 1－15　一体化温度变送器的结构

图 1－16　一体化温度变送器实物图

任务实施

一、测温元件的安装

1. 测温元件的安装要求

（1）在测量管道温度时，应保证测温元件与流体充分接触，以减少测量误差。测温元件的安装方式一如图 1－17 所示。

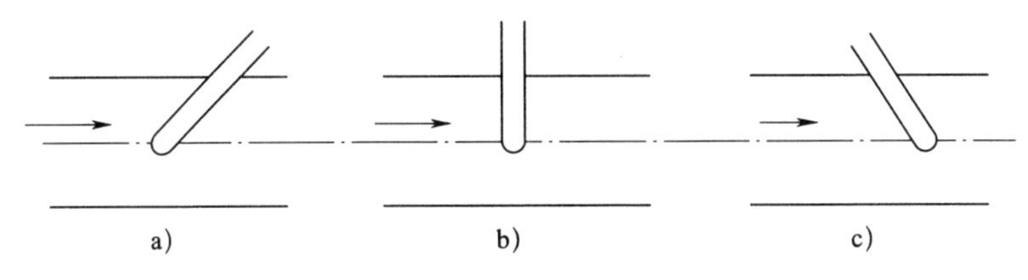

图 1－17　测温元件安装方式一

a）逆流　b）正交　c）顺流

（2）测温元件的感温点应处于管道中流速最大处。

（3）测温元件应有足够的插入深度，以减小测量误差。最好斜插安装或在弯头处安装。测温元件的安装方式二如图 1－18 所示。

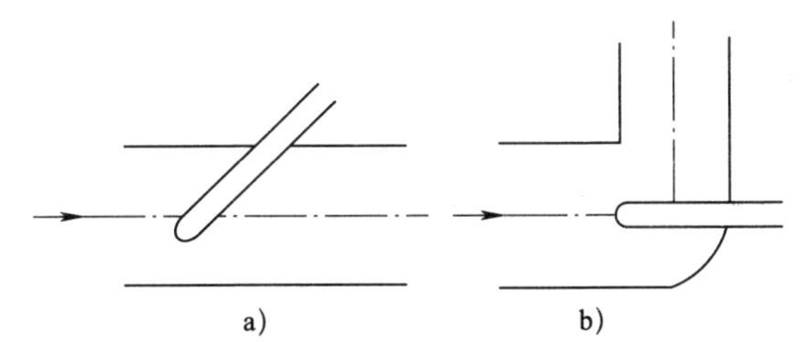

图 1－18　测温元件安装方式二

a）斜插　b）插入弯头处

（4）若工艺管道过小（直径小于 80 mm），安装测温元件处应接装扩大管，如图 1－19 所示。

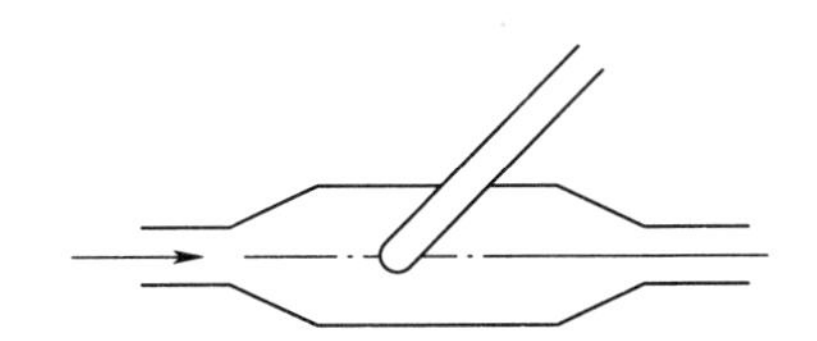

图 1－19　小工艺管道上测温元件安装方式

（5）热电偶、热电阻的接线盒面盖应向上，以避免雨水或其他液体、脏物进入接线盒影响测量，如图 1－20 所示。

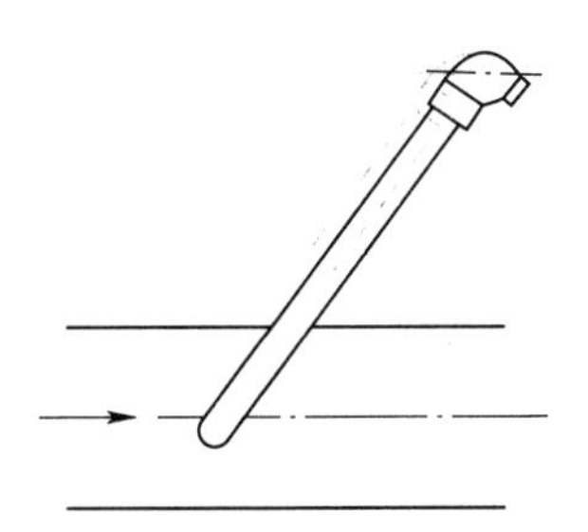

图 1－20　热电偶或热电阻安装方式

（6）为了防止热量散失，测温元件应插在有保温层的管道或设备处。

（7）测温元件安装在负压管道中时，必须保证其密封性，以防外界冷空气进入，使读数降低。

2. 布线要求

（1）按照规定的型号配用热电偶的补偿导线，注意热电偶的正负极与补偿导线的正负极相连接，不能接错。

（2）热电阻的线路电阻一定要符合所配二次仪表的要求。

（3）为了保护连接导线与补偿导线不受外来的机械损伤，应把连接导线或补偿导线穿入钢管内或在槽板内敷设。

（4）导线应尽量避免有接头；应有良好的绝缘；禁止与交流输电线合用一根穿线管，以免引起感应。

（5）导线应尽量避开交流动力电线。

（6）补偿导线不应有中间接头，否则应加装接线盒。另外，补偿导线最好与其他导线分开敷设。

二、阅读温度检测系统实训装置实验说明书，完成实验装置的基本操作实训

1. 实验设备结构认识。

2. 温度检测元件认识、选型、安装。

3. 信号的传输方式和路径。

任务三　认识压力检测仪表

学习目标

1. 掌握压力检测的基本概念，能够理解常用压力检测仪表的工作原理。

2. 通过压力检测系统实训装置，完成压力检测元件认识、选型及安装实训。

任务引入

压力检测系统实训装置如图 1－21 所示，请结合实训装置实验指导书，完成压力检测元件认识、选型及安装实训，熟悉压力变送器选型及三阀组的使用。

相关知识

一、压力检测的基本概念

1. 压力的定义

压力（p）是指垂直地作用于单位面积上的力，化工生产中的压力在物理学上是压强的概念。

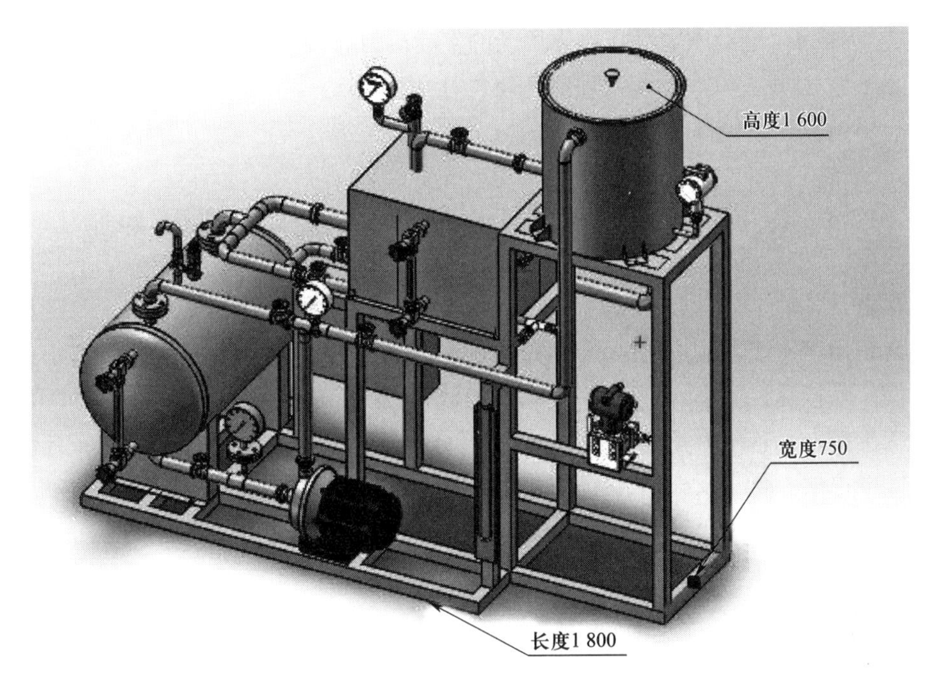

图 1－21　压力检测系统装置

$$p = \frac{F}{S} \tag{1-11}$$

式中　p——压力，Pa；

F——垂直作用力，N；

S——受力面积，m^2。

2. 压力的单位

国际单位制中的压力单位为帕斯卡，简称帕（Pa）。

工程上经常使用兆帕（MPa）、巴（bar）和千帕（kPa），$1\ MPa = 10\ bar = 10^3\ kPa = 10^6\ Pa$。

工程上还习惯使用每平方厘米千克力（kgf/cm^2）表示压力，其与兆帕的换算关系为：$1\ MPa = 10.197\ kgf/cm^2 \approx 10\ kgf/cm^2$。

3. 压力的表示方法及相互关系

压力有 3 种表示方法：绝对压力 p_a、表压力 p、负压或真空度 p_h。各种压力关系如图 1－22 所示。

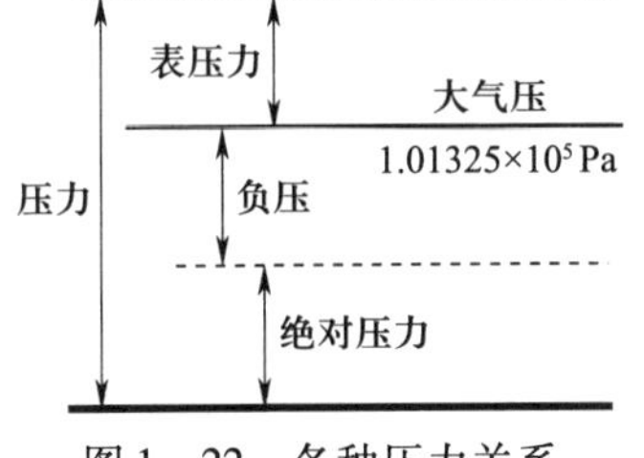

图 1－22　各种压力关系

（1）绝对压力。绝对压力是指物体所受的实际压力。

（2）表压。表压是指一般压力表所测得的压力，它是高于大气压力的绝对压力与大气压力之差。即：

$$p = p_a - p_0 \tag{1-12}$$

（3）真空度。真空度是指大气压力与低于大气压力的绝对压力之差，也称为负压。即：

$$p_h = p_0 - p_a \tag{1-13}$$

注意：由于各种工艺设备和检测仪表通常处于大气之中，本身就承受着大气压力，因此工程上通常采用表压或者真空度表示压力的大小，一般的压力检测仪表所指的压力也是表压或者真空度。除特殊说明之外，本书所提及的压力均指表压。

在化工生产中，若压力不符合要求，不仅会影响生产效率、降低产品质量，还会造成严重的生产安全事故。化学反应中，压力既影响物料平衡关系，也影响化学反应速度。所以，压力的测量与控制对保证生产过程正常进行，达到高产、优质、低耗和安全十分重要。

4. 压力的等级划分

（1）低压。$0.1 \leqslant p < 1.6$ MPa。

（2）中压。$1.6 \leqslant p < 10$ MPa。

（3）高压。$10 \leqslant p < 100$ MPa。

（4）超高压。$p \geqslant 100$ MPa。

二、压力检测仪表

目前，工业上常用的压力检测方法和压力检测仪表很多，根据敏感元件和转换原理的不同，压力检测仪表一般分为 4 类，即液柱式压力计、活塞式压力计、弹性式压力计和电气式压力计。其中活塞式压力计用作标准压力计量仪器，这里不做详细介绍，下面主要介绍生产中常用的 3 种压力检测仪表。

1. 液柱式压力计

液柱式压力计以液体静力学原理为基础，一般采用水银或水作为工作液，用 U 形管进行测量，常用于较低压力、负压或压力差的检测。按其结构形式的不同分为 U 形管压力计、单管压力计等。

这类压力计的特点是结构简单、使用方便，但其精度受工作液的毛细管作用、密度及视差等因素的影响，测量范围较窄。

2. 弹性式压力计

弹性式压力计是用弹性元件把压力转换为弹性元件位移的一种检测方法。根据敏感元件形式的不同，弹性式压力计可以分为 3 类，即弹簧管式压力计、波纹管式压力计和薄膜式压力计，其所使用的各种弹性元件如图 1-23 所示。

（1）弹簧管式压力计。弹簧管式弹性元件如图 1-23a 和图 1-23b 所示，弹簧管结构简单、使用方便、价格低廉，它使用范围广，测量范围宽，可以测量负压、微压、低压、中压和高压，应用十分广泛。根据制造的要求，仪表精度最高可达 0.1 级。

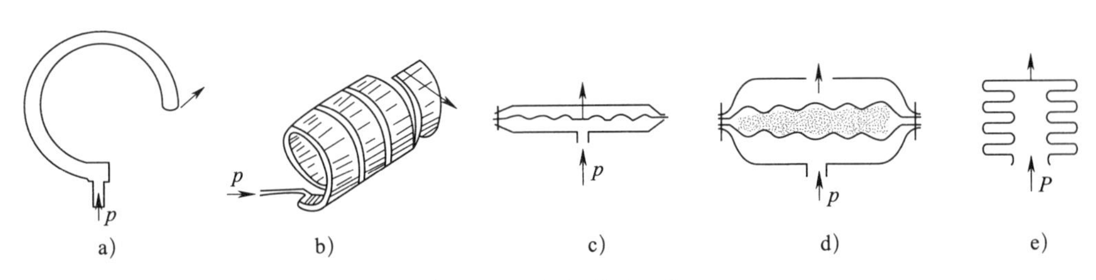

图 1－23　各种弹性元件

a)、b）弹簧管式　c)、d）薄膜式　e）波纹管式

弹簧管式压力计的结构及实物如图 1－24、图 1－25 所示。

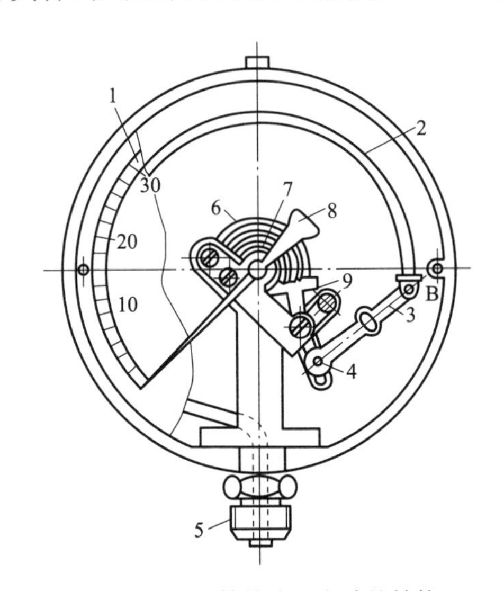

图 1－24　弹簧管式压力计的结构

1—面板　2—弹簧管　3—拉杆　4—调整螺杠　5—接头

6—游丝　7—中心齿轮　8—指针　9—扇形齿轮

图 1－25　弹簧管式压力计实物

（2）波纹管式压力计。波纹管式弹性元件如图 1－23e 所示，波纹管的位移相对较大，一般可在其顶端安装传动机构，带动指针直接读数。其特点是灵敏高（特别是在低压区），常用于检测较低的压力（$1.0 \sim 10^6$ Pa），但波纹管迟滞误差较大，精度一般只能达到 1.5 级。

（3）薄膜式压力计。薄膜式弹性元件如图 1－23c 和图 1－23d 所示。膜片受压力作用产生位移，可直接带动传动机构指针。但因膜片的位移较小，灵敏度低，指示精度不高，一般为 2.5 级。膜片更多是和其他转换元件组合使用，通过膜片和转换元件把压力转换为电信号。

3. 电气式压力计

电气式压力计是一种能将压力转换成电信号进行传输及显示的仪表。实际上是将弹性元件、液柱式压力计所产生的微小位移或活塞式压力计所产生的力转换为电信号输出的一类压力计。

电气式压力计通常由两部分组成，一次仪表（压力探头）将压力转换为微弱电参数，二次仪表将微弱电参数转换为标准电信号。

常用电参数有电阻、电感、电容、电压。

常见压力变换器（压力探头）有应变式压力传感器、压电电阻式压力传感器、电感式压力变送器、电容式差压变送器、霍尔片式压力传感器。

（1）应变式压力传感器。应变式压力传感器利用电阻应变原理构成。金属或半导体材料电阻体的阻值与长度、截面积等相关，当电阻体受外力作用时，电阻体的长度、截面积或电阻率会发生变化，其阻值也会发生变化。这种因尺寸变化引起阻值变化的情况称为应变效应。

如图 1－26 所示，应变筒的上端与外壳固定在一起，下端与不锈钢密封膜片 3 紧密接触，应变片 r_1 和 r_2 用胶合剂贴紧在应变筒的外壁，与筒体之间不发生相对滑动。r_1 沿应变筒轴向贴放，作为测量片；r_2 沿径向贴放，作为温度补偿片。

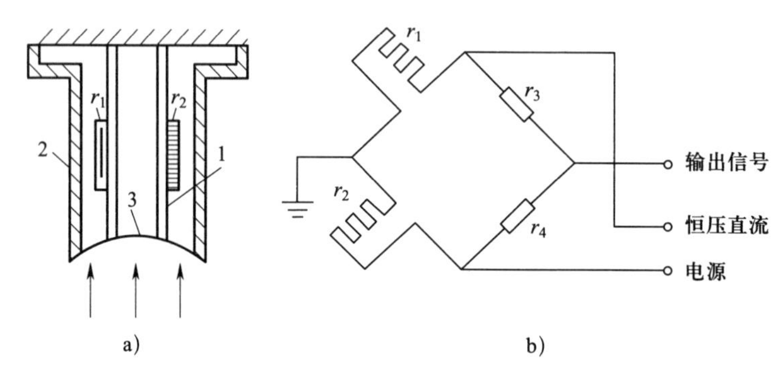

图 1－26　应变式压力传感器的结构

a）传感筒　b）测量桥路

1—应变筒　2—外壳　3—密封膜片

当应变片产生压缩（拉伸）应变时，其阻值减小（增加），再通过桥式电路获得相应的毫伏级电势输出，并用毫伏计或其他记录仪表显示出被测压力，从而组成应变式压力计。

应变式压力检测仪表具有较大的测量范围，被测压力可达几百兆帕，并具有良好的动态性能，适用于快速变化的压力测量。但是，尽管测量电桥具有一定的温度补偿作用，应变式压力检测仪表仍有比较明显的温漂和时漂，因此，这种压力检测仪表较多地用于一般要求的动态压力检测，测量精度一般为 0.5%～1.0%。

（2）压电电阻式压力传感器。压电电阻式压力传感器是指利用单晶硅材料的压阻效应和集成电路技术制成的传感器。因电阻率变化引起阻值变化称为压阻效应，半导体材料的压阻效应比较明显。

压电电阻式压力传感器采用单晶硅片为弹性元件，在单晶硅片上利用集成电路工艺，将压敏电阻以惠司通电桥形式与应变材料结合在一起，制成压阻式芯体，置于传感器腔内。如图 1－27 所示。

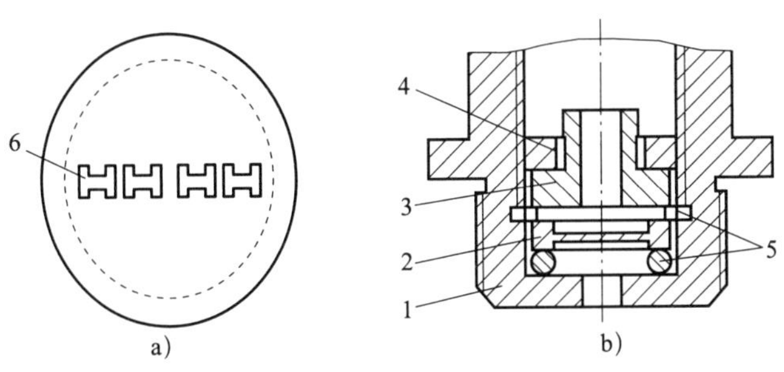

图 1-27　压电电阻式压力传感器

a）单晶硅片　b）结构

1—基座　2—单晶硅片　3—导环　4—螺母　5—密封垫圈　6—等效电阻

当压力发生变化时，单晶硅产生应变，使直接扩散在上面的应变电阻产生与被测压力成比例的变化，再由桥式电路获得相应的电压输出信号。

压电电阻式压力传感器精度高、工作可靠、频率响应高、迟滞小、尺寸小、质量轻、结构简单；便于实现显示数字化；可以测量压力，稍加改变，还可以测量差压、高度、速度、加速度等参数。

（3）电感式压力变送器。电感式压力变送器主要由压力测量体、电路板、金属壳体等部件组成。压力测量体包括弹性变形测量元件、辅助设备和连接管端口。电路板主要是起信号调理和电气隔离的作用，包括放大电路、稳压电路、调零电路等。电感式压力变送器利用压力测量体的变形量作为测量信号，通过电路板的调理将变形信号转化为电信号输出。

（4）电容式差压变送器。先将压力的变化转换为电容量的变化，然后进行测量。电容式差压变送器是一种开环检测仪表，具有结构简单、过载能力强、可靠性好、测量精度高等优点，其输出信号是标准的 4 ~ 20 mA（DC）电流信号。

电容式差压变送器有左右固定极板，在两个固定极板之间是弹性材料制成的测量膜片，作为电容的中央动极板，在测量膜片两侧的空腔中充满硅油。如图 1-28 所示。

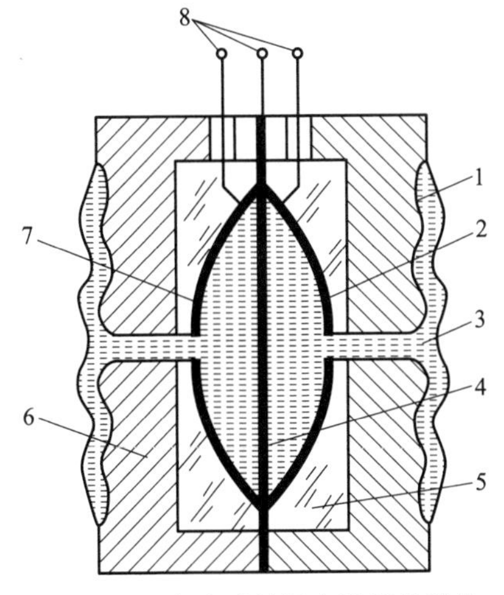

图 1-28　电容式差压变送器的结构

1—隔离膜片　2、7—固定电极　3—硅油　4—测量膜片　5—玻璃层　6—底座　8—引线电容式差压变送器的结构可以有效地保护测量膜片，当差压过大并超过允许测量范围时，测量膜片将平滑地贴靠在玻璃凹球面上，因此不易损坏，过载后的恢复特性很好，大大提高了过载承受能力。电容式差压变送器尺寸紧凑，密封性与抗振性好，测量精度相应提高，可达0.2级。

（5）霍尔片式压力传感器。霍尔片式压力传感器是根据霍尔效应制成的，即利用霍尔元件将由压力所引起的弹性元件的位移转换为霍尔电压，从而实现压力的测量。将霍尔元件与弹簧管配合，就可组成霍尔片式弹簧管压力传感器。

当被测压力引入后，在被测压力作用下，弹簧管自由端产生位移，因而改变了霍尔片在非均匀磁场中的位置，使所产生的霍尔电压与被测压力成比例。利用这一电势即可实现远距离显示和自动控制。如图1－29所示。

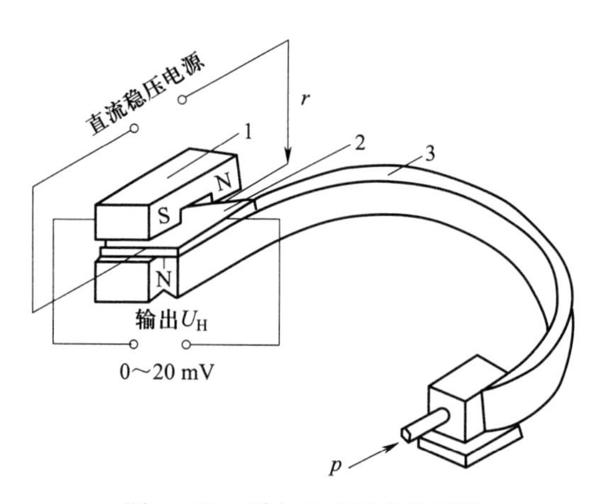

图1－29　霍尔片式压力传感器

1—磁钢　2—霍尔片　3—弹簧管

任务实施

一、压力计的选用和安装

1. 压力计的选用

压力计应根据工艺生产过程对压力测量的要求选用，并结合其他各方面的情况加以全面考虑和具体的分析，一般应考虑以下几个问题：

（1）仪表类型。

1）功能。显示、报警、记录、传送（数字、模拟）。

2）介质条件。温度、腐蚀性、黏度、脏污程度等，如氨气表防腐、氧气表禁油。

3）环境条件。温度、振动、电磁场等。

（2）仪表测量范围（量程）。根据操作中需要测量的参数的大小来确定。同时必须考虑到被测对象可能发生的异常超压情况，对仪表的量程选择必须留有足够的余地。一般情况下，仪表的量程选择如下：

1）测量稳定压力。最大工作压力 P_{max} 不超过上限值的3/4。

2）测量脉动压力。最大工作压力 P_{max} 不超过上限值 P_{max} 的2/3。

3）测量高压压力。最大工作压力 P_{max} 不超过上限值 P_{max} 的3/5。

4）最小工作压力 P_{min} 不低于上限值 P_{max} 的1/3。

（3）仪表精确度等级。根据生产工艺允许的最大误差来确定，即要求实际被测压力允许的最大绝对误差应小于仪表的基本误差；在选择时应坚持节约的原则，只要测量精度能满足生产工艺的要求，就不必追求使用过高精度的仪表。

2. 压力计的安装

（1）测压点的选择。测压点应能反映被测压力的真实大小，要选在被测介质直线流动的管段部分，不要选在管路拐弯、分叉、死角或其他易形成漩涡的地方；测量液体的压力时，应使取压点与流动方向垂直，取压管内端面与生产设备连接处的内壁应保持平齐，不应有凸出物或毛刺；测量气体压力时，取压点应在管道上部，使导压管内不积存气体。

（2）导压管铺设。

1）导压管粗细要适中，一般内径为6～10 mm，长度应尽可能短，最长不得超过50 m，以减少压力指示的迟缓。如超过50 m，应选用能远距离传送的压力计。

2）导压管水平安装时应保证有1∶10～1∶20的倾斜度，以利于积存其中的液体（气体）的排出。

3）当被测介质易冷凝或冻结时，必须加设保温伴热管线。

4）取压口到压力计之间应装有切断阀，以备检修压力计时使用。切断阀应装设在靠近取压口的地方。

（3）压力计的安装。

1）压力计应安装在易观察和检修的地方。

2）安装地点应避免振动和高温影响。

3）测量蒸汽压力时，应加装凝液管，以防止高温蒸汽直接与测压元件接触，如图1－30a所示；测量腐蚀性介质的压力，应加装有中性介质的隔离罐。图1－30b表示被测介质密度 ρ_2 大于和小于隔离液密度 ρ_1 的两种情况。

4）压力计的连接处，应根据被测压力的高低和介质性质，选择适当的材料作为密封垫片，以防泄漏。

5）当被测压力较小，而压力计与取压口又不在同一高度时，对由此高度而引起的测量误差应按 $\Delta p = \pm H\rho g$ 进行修正。其中，H 为高度差、ρ 为导压管中介质的密度、g 为重力加速度。

6）为安全起见，测量高压的压力计除选用有通气孔的外，安装时表壳应面向墙壁或无人通过之处，以防发生意外。

二、阅读压力检测系统实训装置实验指导书，完成实验装置的基本操作实训

1. 实验设备结构认识。

2. 压力检测元件认识、选型、安装。

3. 压力变送器选型及三阀组的使用。

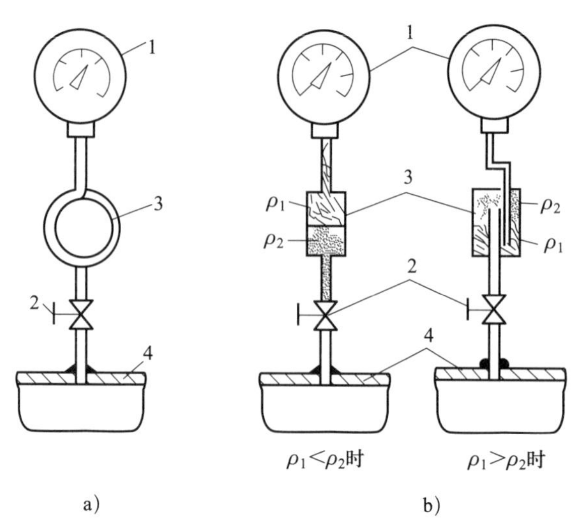

图 1-30 压力计安装示意图

a) 测量蒸汽 b) 测量腐蚀性介质

1—压力计 2—切断阀 3—凝液管 4—取压容器

任务四 认识物位检测仪表

学习目标

1. 掌握物位检测的基本概念，能够理解常用物位检测仪表的工作原理。
2. 通过液位检测系统实训装置，完成液位检测元件认识、选型及安装实训。

任务引入

液位检测系统实训装置如图 1-31 所示，请结合实训装置实验指导书，完成液位检测元件认识、选型及安装实训，熟悉液位检测信号的传输方式和路径。

相关知识

一、物位检测的基本概念

1. 相关概念

（1）液位。容器中液体表面的位置，其检测仪表称为液位计。

（2）料位。容器中固体的堆积高度，其检测仪表称为料位计。

（3）界面。两相物质的交界面，其检测仪表称为界面计。

图 1－31　液位检测系统实训装置

液位、料位、界面统称为物位，液位计、料位计、界面计统称为物位计。

2. 物位检测的单位

物位检测的单位一般用长度单位或百分数来表示。

3. 物位检测的目的

监控生产的全运行状态以及经济核算。

二、物位检测仪表

物位检测仪表按其工作原理分为直读式物位仪表、差压式物位仪表、浮力式物位仪表、电磁式物位仪表、核辐射式物位仪表、声波式物位仪表、光学式物位仪表等类型。下面介绍几种典型的物位计。

1. 差压式液位计

利用物料内静压力与物料深度或堆积高度成正比的关系进行测量。

（1）工作原理。如图 1－32 所示，将差压式液位计的一端接液相，另一端接气相，则：

$$p_B = p_A + H\rho g$$

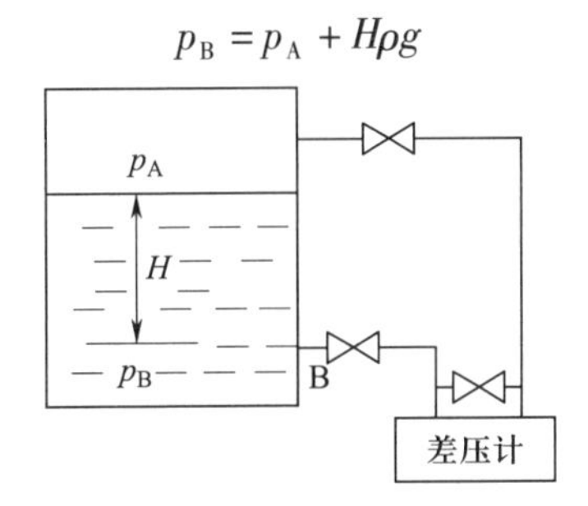

图 1－32　差压式液位计原理图

$$\Delta p = p_B - p_A = H\rho g$$

因此

当用差压式液位计测量液位时，若被测容器是敞口的，气相压力为大气压，则差压式液位计的负压室通大气就可以了，这时也可以用压力计直接测量液位的高低；若容器是受压的，则需将差压计的负压室与容器的气相相连接，以平衡气相压力 p_A 的静压作用。

（2）零点迁移问题。在使用差压变送器测量液位时，一般来说 $\Delta p = H\rho g$，但在实际应用中，由于需要考虑设备安装位置和便于维护等，测量仪表不一定都能与取压点在同一水平面上，但是仍然需要正确地测量液位的高度，这就无法避免地需要迁移了。在实际测量中，为了正确选择变送器的量程大小，提高测量准确度，经常需要将测量的起点迁移到某一数值（正值或负值），这就是所谓零点迁移。智能差压变送器测量的对象需考虑采用零点迁移的情况如下：

1）在开口容器的液位测量中，变送器安装地点比低液位低时，应采用正迁移。

2）在封闭容器液位的测量中，当容器内外温差较大，气相容易凝结时，应采用平衡容器并对智能差压变送器作零点迁移。

3）参数的测量从某一正值开始，这时变送器采用零点正迁移，迁移量等于测量的初始值。

4）被测参数从负值到正值的范围内变化时，这时智能差压变送器采用零点负迁移，迁移量即等于测量的初始值。如图 1－33 所示，正、负室压力 p_1、p_2 分别为：

$$p_1 = h_1\rho_2 g + H\rho_1 g + p_0$$

$$p_2 = h_2\rho_2 g + p_0$$

$$p_1 - p_2 = H\rho_1 g + h_1\rho_2 g - h_2\rho_2 g$$

$$\Delta p = H\rho_1 g - (h_2 - h_1)\rho_2 g$$

（3）法兰式差压变送器。为了解决测量具有腐蚀性或含有结晶颗粒以及黏度大、易凝固等液体液位时引压管线被腐蚀、被堵塞的问题，应使用在导压管入口处加隔离膜盒的法兰式差压变送器，如图 1－34 所示。

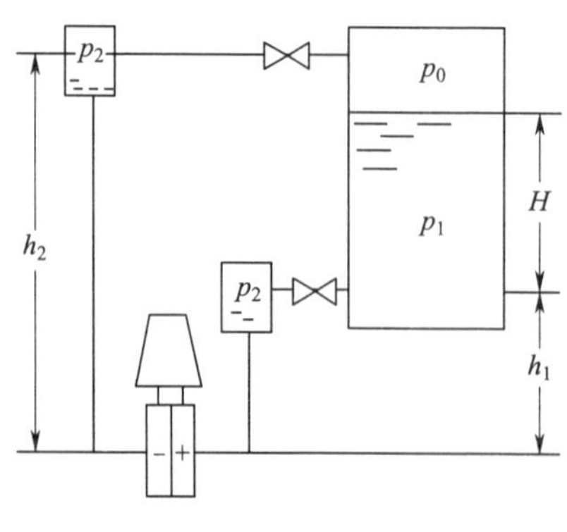

图 1－33　负迁移示意图

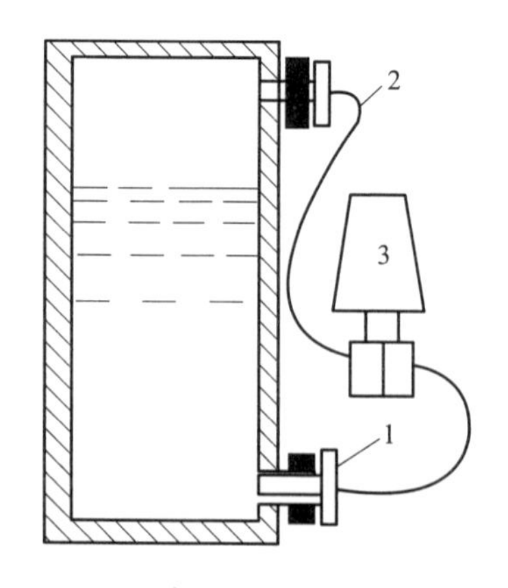

图 1－34　法兰式差压变送器测量液位示意图

1—法兰式测量头　2—毛细管　3—变送器

法兰式差压变送器按其结构形式分为单法兰式和双法兰式。

2. 电容式物位计

（1）测量原理。通过测量电容量的变化可以用来检测液位、料位和两种不同液体的分界面。两圆筒间的电容量 C 按式 1－14 计算：

$$C=\frac{2\pi\varepsilon L}{\ln\frac{D}{d}} \tag{1-14}$$

式中　C——电容量；

ε——介质的介电常数；

L——极板的长度；

D、d——外电极、内电极直径。

当 D 和 d 一定时，电容量 C 的大小与极板的长度 L 和介质的介电常数 ε 的乘积成比例。如图 1－35 所示。

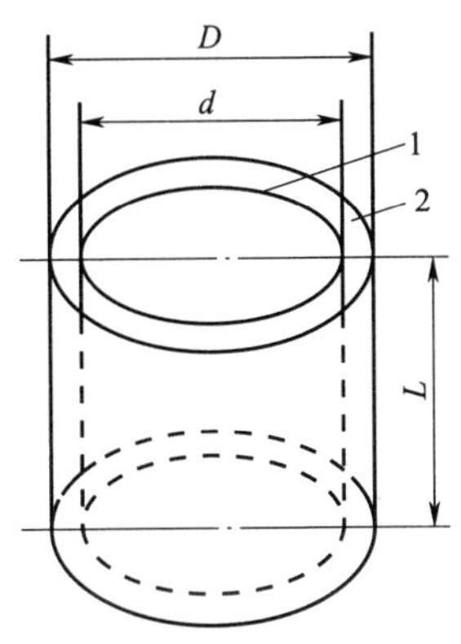

图 1－35　电容器的组成

1—内电极　2—外电极

（2）液位的测量。

1）非导电介质液位测量。如图 1－36 所示，当液位为零时，仪表调整零点，其零点的电容量为：

$$C_0=\frac{2\pi\varepsilon_0 L}{\ln\frac{D}{d}}$$

当液位上升为 H 时，电容量变为：

$$C=\frac{2\pi\varepsilon H}{\ln\frac{D}{d}}+\frac{2\pi\varepsilon_0(L-H)}{\ln\frac{D}{d}}$$

电容量的变化为：

$$C_X=C-C_0=\frac{2\pi(\varepsilon-\varepsilon_0)H}{\ln\frac{D}{d}}=K_iH$$

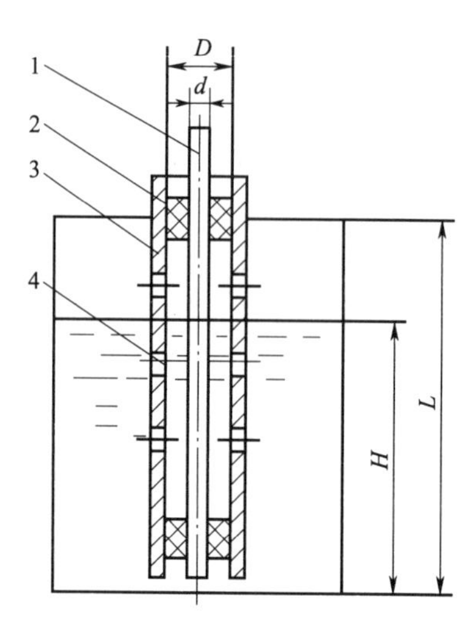

图 1－36　非导电介质的液位测量

1—内电极　2—绝缘套　3—外电极　4—流通小孔

电容量的变化与液位高度 H 成正比。该法是利用被测介质的介电系数 ε 与空气介电系数 ε_0 不等的原理进行测量，（$\varepsilon-\varepsilon_0$）的值越大，仪表越灵敏。电容器两极间的距离越小，仪表越灵敏。

2）导电介质液位测量。内电极为直径 d 的不锈钢或紫铜棒，外套聚四氟乙烯塑料绝缘管或涂以搪瓷绝缘层，如图 1－37 所示。当被测液体的液面上升时，棒状电极与导电液体之间的电容变大。

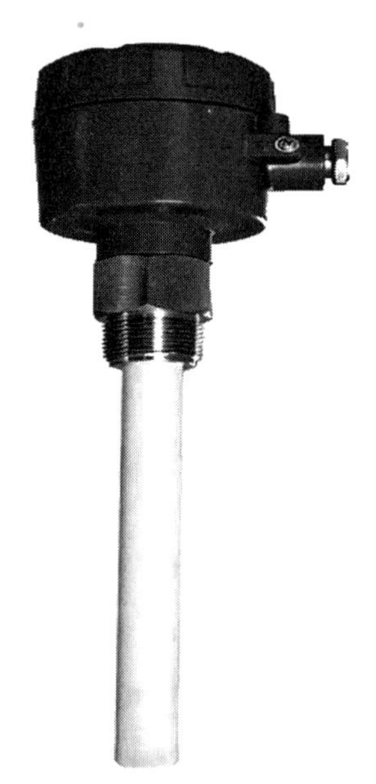

图 1－37　电容式物位计

3）料位测量。用电容法可以测量固体块状颗粒体及粉料的料位。由于固体间磨损较大，容易“滞留”，可用电极棒及容器壁组成电容器的两极来测量非导电固体料位。

4）优缺点

①优点。电容式物位计的传感部分结构简单、使用方便。

②缺点。需借助较复杂的电子线路；介质浓度、温度变化时，其介电系数也将发生变化。

3. 核辐射式物位计

（1）测量原理。如图 1－38 所示，射线的透射强度随着通过介质层厚度的增加而减弱，具体关系见式 1－15。

$$I = I_0 e^{-\mu H} \tag{1-15}$$

式中　I——穿过物质后的射线强度；

I_0——穿过物质前的射线强度；

μ——吸收系数；

H——物质的厚度（或高度）。

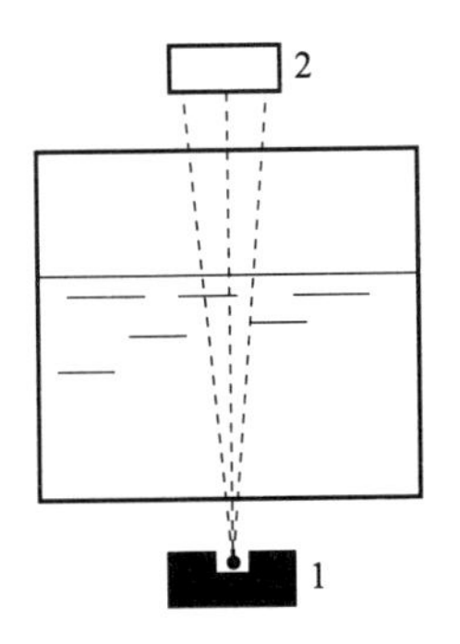

图 1－38　核辐射式物位计示意图

1—辐射源　2—接收器

目前，工业上使用的核辐射式物位计有连续式和间断式两种。

（2）特点。

1）适用于高温、高压容器，也可用于强腐蚀、剧毒、爆炸性、黏滞性、易结晶或沸腾状态的介质的物位测量，还可以测量高温融熔金属的液位。

2）可在高温、烟雾等环境下工作。

3）但由于放射线对人体有害，使用范围受到一些限制。

4. 雷达式液位计

（1）测量原理。雷达式液位计是一种采用微波技术的液位检测仪表。

如图 1－39 所示，雷达波由天线发出到接收到由液面传回的反射波的时间 t 由式 1－16 确定：

$$t = \frac{2H_0}{c} \tag{1-16}$$

由于

$$H = L - H_0$$

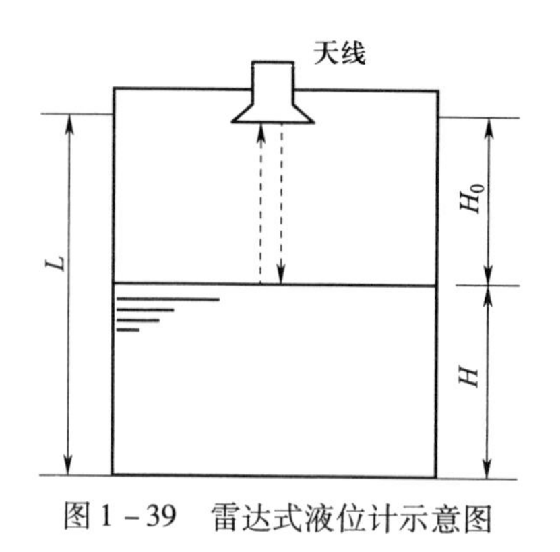

图 1-39　雷达式液位计示意图

故

$$H = L - \frac{c}{2}t$$

式中　H_0——雷达天线到液面的距离；

H——物质的厚度（或高度）；

L——空罐高度；

c——光速；

t——雷达波由天线发出到接收到由液面来的反射波的时间。

雷达式液位计对时间的测量有微波脉冲法及连续波调频法两种方式。

（2）特点。

1）可以用来连续测量腐蚀性液体、高黏度液体和有毒液体的液位。

2）它没有可动部件、不接触介质、没有测量盲区，而且测量精度几乎不受被测介质的温度、压力、相对介电常数的影响，在易燃易爆等恶劣工况下仍能使用。

5. 磁性翻柱液位计

（1）测量原理。根据浮力原理和磁性耦合作用原理工作。如图 1-40 所示，当被测容器中的液位升降时，液位计本体管中的磁性浮子也随之升降，浮子内的永久磁钢通过磁耦合传递到磁翻柱指示器，驱动红、白翻柱翻转 180°，当液位上升时翻柱由白色转变为红色，

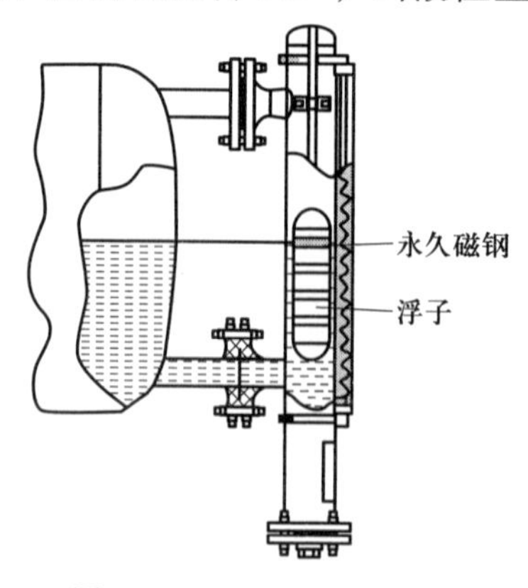

图 1-40　磁性翻柱液位计

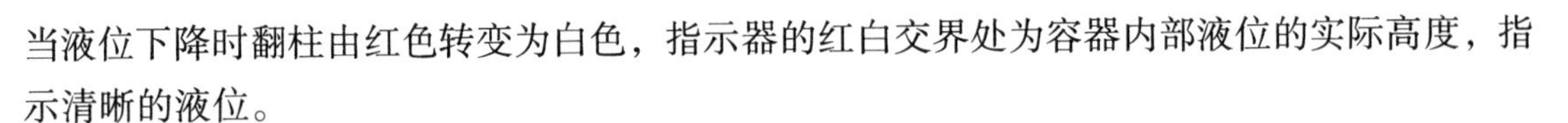

当液位下降时翻柱由红色转变为白色，指示器的红白交界处为容器内部液位的实际高度，指示清晰的液位。

（2）特点

1）适合容器内液体介质的液位、界位的测量。除现场指示外，还可配远传变送器、报警开关、控制开关，检测功能齐全。

2）指示新颖，读数直观、醒目，观察指示器的方向可根据用户需要改变角度。

3）测量范围大，不受储槽高度限制。

4）指示机构与被测介质完全隔离，因而密封性好、可靠性高、使用安全。

5）结构简单、安装方便、维护费用低。

6）耐腐蚀、无需电源、防爆。

6. 超声波物位计

（1）测量原理。超声波物位计由超声波换能器、处理单元、输出单元3部分组成。所谓超声波一般是指频率高于可听频率极限（20 000 Hz以上频段）的弹性振动，这种振动以波动的形式在介质中的传播过程就形成超声波。超声波可以在气体、液体、固体中传播，并具有一定的传播速度。超声波在穿过介质时会被吸收而产生衰减，气体吸收最强、衰减最大，液体次之，固体吸收最少、衰减最小。超声波在穿过不同介质的分界面时会产生反射，反射波的强弱决定于分界面两边介质的声阻抗，两介质的声阻抗差别越大，反射波越强。声阻抗即介质的密度与声速的乘积。根据超声波从发射至接收到反射回波的时间间隔与物位高度之间的关系，就可以进行物位的测量。超声波物位计测定原理如图1－41所示。

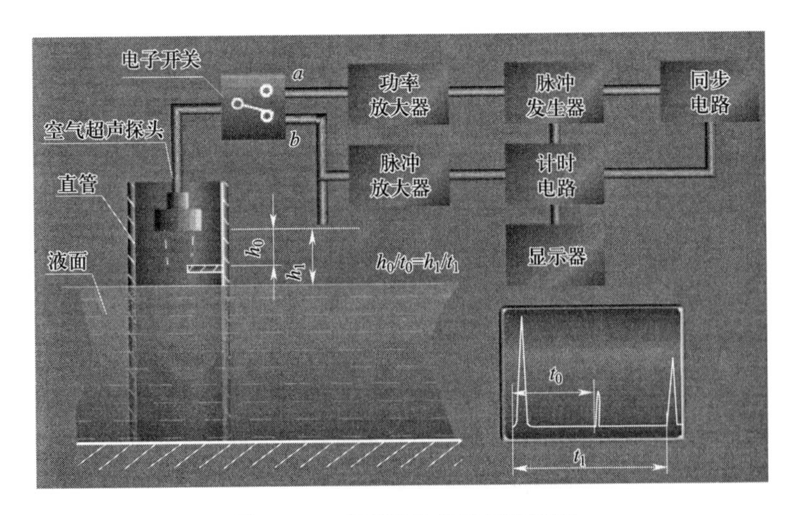

图1－41　超声波物位计测定原理

（2）特点。超声波物位计发出人耳听不到的高频高能声波，用来检测液位和料位。由于采用非接触式测量方法，被测介质几乎不受限制，因此可广泛用于各种液体、固体物料高度的测量。

任务实施

阅读液位检测系统实训装置实验指导书，完成实训装置的基本操作实训。

1. 实验设备结构认识。
2. 液位检测元件认识、选型及安装。
3. 信号的传输方式和路径。

任务五　认识流量检测仪表

学习目标

1. 掌握流量检测的基本概念，能够理解常用流量检测仪表的工作原理。

2. 通过流量检测系统实训装置，完成节流元件的认识、选型、安装及流量变送器选型实训。

任务引入

介质流量是控制生产过程达到优质高产和安全生产以及进行经济核算所必需的一个重要参数。流量检测系统实训装置如图 1－42 所示，请结合实训装置实验指导书，完成节流元件认识、选型、安装及流量变送器选型实训。

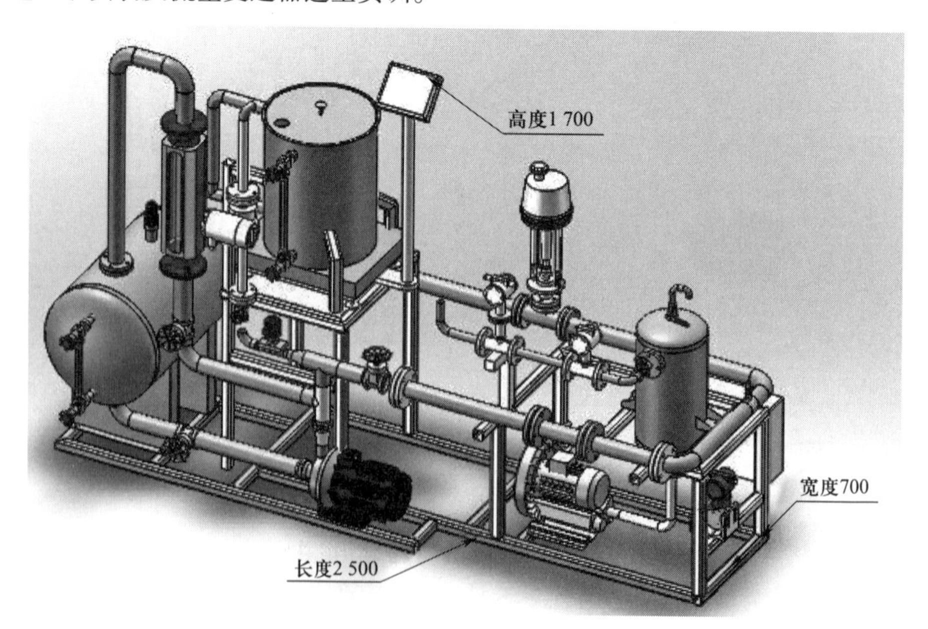

图 1－42　流量检测系统实训装置

相关知识

一、流量检测的基本概念

1. 流量的定义

（1）流量。流量是指单位时间内流过管道某一截面的流体数量的多少，即瞬时流量。流量有体积流量 Q 和质量流量 M 两种表示方式，二者的关系是：

$$M=Q\rho \quad 或 \quad Q=\frac{M}{\rho} \tag{1-17}$$

式中　ρ——流体介质的密度。

（2）总量。在某一段时间内流过管道的流体流量的总和，即瞬时流量在某一段时间内的累计值。

2. 流量和总量的常用单位

体积流量 Q 的单位有：m^3/h、m^3/min、L/min、L/s 等。

质量流量 M 的单位有：t/h、t/min、kg/min、kg/s 等。

体积总量 $Q_{总}$ 的单位有：m^3、L 等。

质量总量 $M_{总}$ 的单位有：t、kg 等。

3. 流量检测仪表分类

流量检测仪表按工作原理可分为差压式流量计、转子流量计、容积式流量计、电磁流量计、涡街流量计、超声流量计、涡轮流量计、科里奥利质量流量计等。

二、流量检测仪表

1. 差压式流量计

（1）测量原理。差压式（也称节流式）流量计是基于流体流动的节流原理，利用流体流经节流装置时产生的压力差而实现流量测量的，如图 1-43 所示。

图 1-43　差压式流量计

差压式流量计由一次装置（检测件）和二次装置（差压转换和流量显示仪表）组成。通常以检测件形式对差压式流量计进行分类，如孔板流量计、文丘里流量计、均速管流量计等。

（2）分类。

1）标准化差压式流量计。国内外把最常用的节流装置孔板、喷嘴、文丘里管等标准化，并称为标准节流装置。采用标准节流装置进行设计计算时都有统一标准的规定、要求和计算所需要的通用化实验数据资料。标准节流装置按照规定的技术要求和试验数据来设计、加工、安装，无需检测和标定，可以直接投产使用，并可保证流量测量的精度。如图 1－44 所示。

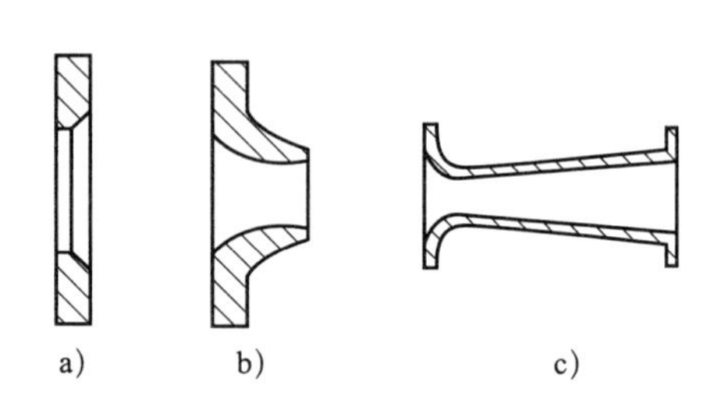

图 1－44　标准节流装置

a）孔板　b）喷嘴　c）文丘里管

2）非标准化差压式流量计。常见的有以下几种：①低雷诺数用差压式流量计。1/4 圆孔板、锥形入口孔板、双重孔板、双斜孔板、半圆孔板等。②脏污介质用差压式流量计。圆缺孔板、偏心孔板、环状孔板、楔形孔板、弯管节流件等。③低压损用差压式流量计。罗洛斯管、道尔管、道尔孔板、双重文丘里喷嘴、通用文丘里管等。④小管径用差压式流量计。整体（内藏）孔板。⑤端头节流装置。端头孔板、端头喷嘴等。⑥宽范围度节流装置。弹性加载可变面积可变压头流量计（线性孔板）。⑦毛细管节流件。层流流量计。⑧临界流节流装置。音速文丘里喷嘴。⑨插入式差压式流量计。圆形截面检测杆、棱形截面检测杆、T 形截面检测杆、弹头形截面检测杆。

（3）特点。

1）优点。优异的稳定性、可靠性和抗振动能力；简单牢固、性能稳定可靠、价格低廉；口径从小到大、系列齐全；变更量程方便；只要按照标准设计、制造、安装和使用，无需实流标定就能获得规定的准确度，因而给用户带来方便。

2）缺点及局限性。①测量精确度在流量计中属中等水平。由于众多因素的影响，精确度难以提高。②范围度窄，由于仪表信号（差压）与流量为平方关系，一般范围度较小。③现场安装条件要求较高，比如需要较长的直管段（孔板、喷嘴）。④节流装置与差压显示仪表之间引压管线为薄弱环节，易产生泄漏、堵塞及冻结、信号失真等故障。

2. 转子流量计

转子流量计又称浮子流量计，是变面积式流量计的一种。

（1）测量原理。转子流量计是以压降不变，利用节流面积的变化来测量流量的大小，即采用恒压降、变节流面积的流量测量方法。

如图 1－45 所示为转子流量计的工作原理和实物图，在流量计的垂直测量管中，圆形横截面的浮子的重力是由液体动力承受的，浮子可以在管内自由地上升和下降。在流速和浮力作用下上下运动，与浮子质量平衡后，通过磁耦合将位置的信息传递到外部指示器。

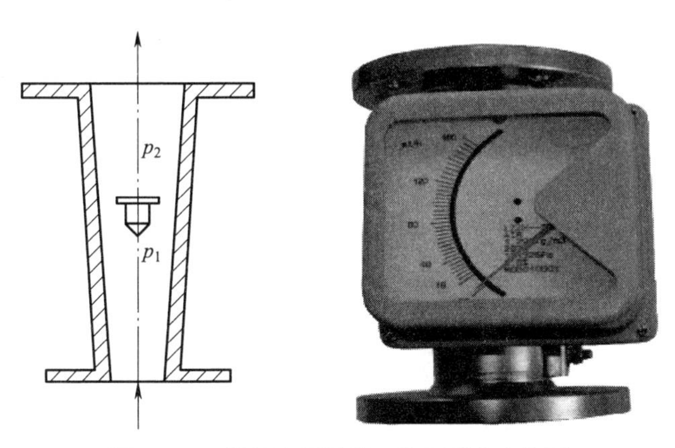

图 1－45　转子流量计的工作原理和实物图

转子流量计中的电远传型是在指针指示流量的同时再通过角位移传感器及电变送器，把流量值精确地转换为 4～20 mA 标准信号。

（2）分类。根据垂直测量管的材质可将转子流量计分为玻璃和金属管转子流量计，化工生产中一般使用金属管转子流量计。

（3）特点。

1）优点。结构简单，使用方便；适用于小管径和低流速；压力损失较低；不受液体中所含的各种杂音（电气杂音、化学杂音及流体杂音等）的影响；容易安装。

2）缺点。其中玻璃管材质的转子流量计耐压低，有易碎风险；不能测量有杂质的介质，易堵塞；易受外界磁场影响。

3. 容积式流量计

容积式流量计又称定排量流量计（简称 PD 流量计），在流量仪表中是精度最高的一类。它利用机械测量元件把流体连续不断地分割成单个已知的体积，根据测量室逐次重复地充满和排放该体积部分流体的次数来测量流体体积总量。

容积式流量计按其测量元件可分为椭圆齿轮流量计、腰轮流量计、刮板流量计、双转子流量计、旋转活塞流量计、往复活塞流量计、圆盘流量计、液封转筒式流量计、湿式气量计及膜式气量计等。下面介绍 3 种典型的容积式流量计。

（1）椭圆齿轮流量计。如图 1－46 所示。

1）工作原理。安装在计量腔内的一对相互啮合的椭圆齿轮，在流体的作用下交替相互驱动，各自绕轴旋转。齿轮与壳体之间有一新月形计量室，齿轮每转一周就排出 4 份固定的体积，因此由齿轮的转动次数可计算出流体流过的总量。如图 1－47 所示。

图 1-46 椭圆齿轮流量计

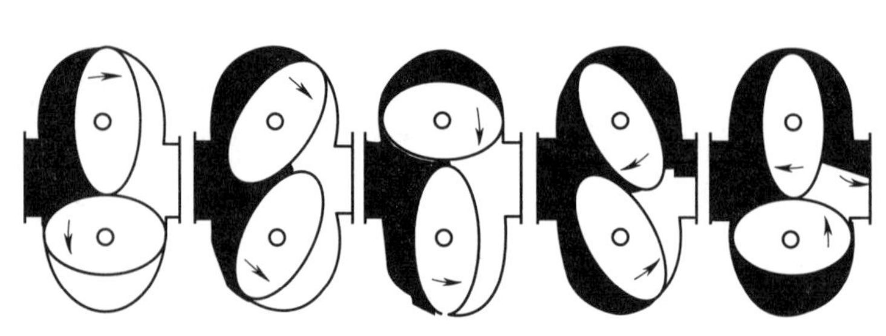

图 1-47 椭圆齿轮流量计工作原理

2）特点。适用于高黏度介质的流量测量；测量精度较高，压力损失较小，安装使用也较方便；入口端必须加装过滤器；使用温度有一定范围；结构复杂，加工成本较高。

（2）腰轮流量计。如图 1-48 所示。

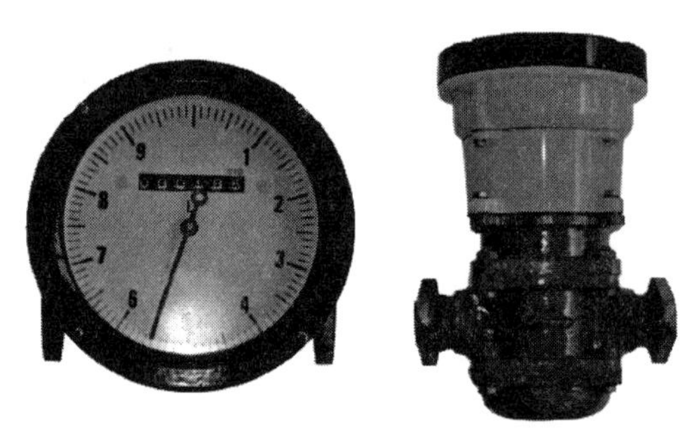

图 1-48 腰轮流量计

1）工作原理。腰轮流量计是腰轮与壳体所组成的计量室和腰轮转数实现计量的目的。根据力学关系，主动轮对从动轮的驱动，驱动力由驱动轮传递，两个腰轮之间无明显摩擦，所以腰轮磨损极微小。由于同计量精确度密切相关的是腰轮，因此，驱动齿轮的磨损不影响计量精确度，并能长期保持较高的测量精确度。

2）特点。具有质量轻、精度高、安装使用方便等特点。但被测介质黏度对计量精度有明显影响。

（3）旋转活塞流量计。如图 1-49 所示。

图 1-49 旋转活塞流量计

1）工作原理。流体由壳体的进口处进入计量室，驱动旋转活塞转动。旋转活塞的转轮通过拔叉、连接磁钢传递到齿轮机构，进行器差修正，再传到计数机构进行流量计算。同时，旋转活塞的转动通过锥形齿轮传到转数输出轴，以便在需要电信号输出时在连接头处装上电脉冲转换器，实现电信号输出。如图 1－50 所示。

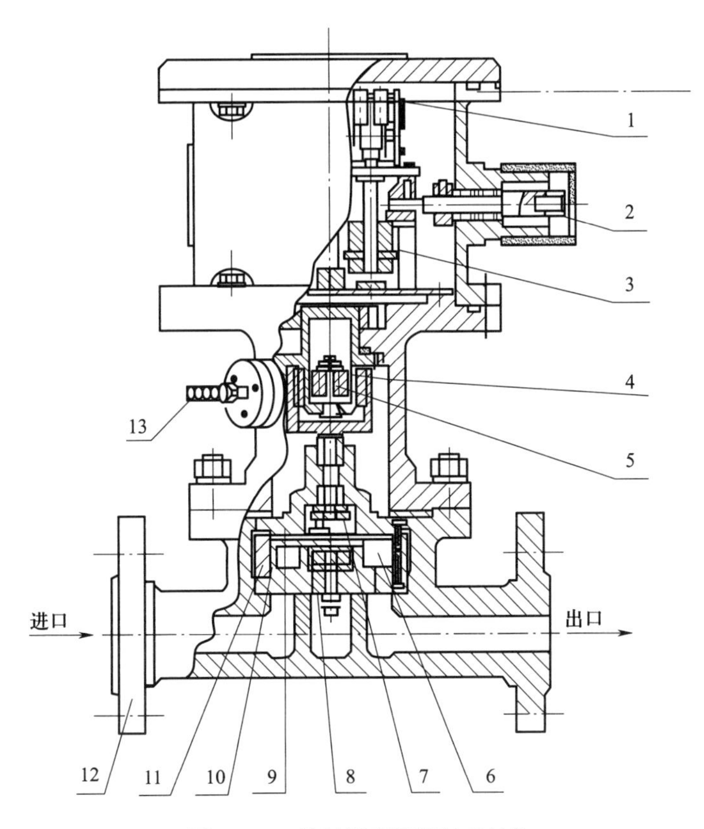

图 1－50　旋转活塞流量计的结构

1—计数机构　2—轮数输出轴　3—齿轮机构　4、5—连接磁钢　6—隔板　7—拔叉　8—偏心轮　9—计量室盖　10—旋转活塞　11—计量室　12—壳体　13—排气螺塞

2）特点。适用于含微小颗粒、高黏度等多种介质；耐高温、耐高压、精度高、运行可靠；结构简单，拆装便捷。

4. 电磁流量计

电磁流量计如图 1－51 所示。

（1）测量原理。基于法拉第电磁感应定律。在电磁流量计中，测量管内的导电介质相当于法拉第试验中的导电金属杆，上下两端的两个电磁线圈产生恒定磁场，当有导电介质流过时，则会产生感应电压。如图 1－52 所示。

根据法拉第电磁感应定律（右手定则）：

$$E = K \cdot B \cdot V \cdot D \tag{1-18}$$

式中　E——感应电压，V；

图 1-51　电磁流量计

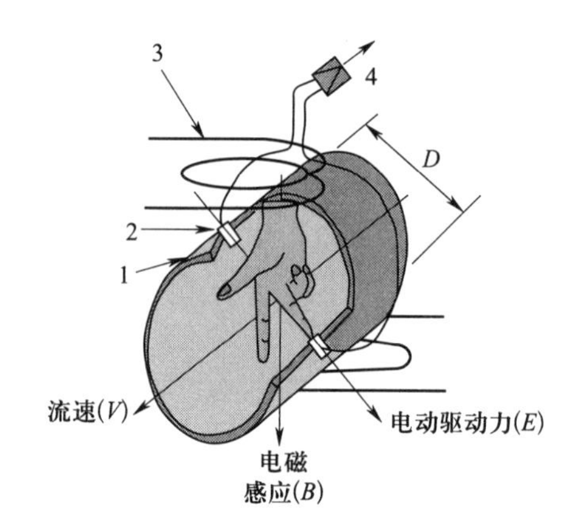

图 1-52　电磁流量计的测量原理

1—测量管　2—电极　3—线圈　4—转换器

K——仪表常数；

B——磁感应强度，T；

V——导电液体平均流速，m/s；

D——测量管内径（电极间距），m。

除电源以外，常规的电磁流量计结构通常包括了传感器以及转换器两个部分。其中传感器将流经介质的流量转换成感应电压，接着感应电压交由转换器转换成标准电流信号（4～20 mA）进行输出显示或者控制。测量管道通过不导电的内衬（橡胶、特氟隆等）实现与流体和测量电极的电磁隔离。

（2）特点。

1）优点。管道为光滑直管，直通无阻塞、压损小、节能效果好；测量体积流量不受密度、温度、压力、黏度、电导率（需大于最小电导率）等物理参数影响；流量测量范围大，根据现场需要改变流量量程，无需离线实流标定；线性好，精度高，可达 0.2% 示值；可测正反向流量、脉冲流和多相流；与流体接触的电极和内衬材料有多种选择；可掩埋安装和长期沉浸安装；使用寿命长，性价比高。

2）缺点及局限性。不能测量电导率很低的液体，如石油制品；不能测量气体、蒸气和含有较大气泡的液体；不能用于较高温度，最高可承受温度 160 ℃。

5. 涡街流量计

（1）测量原理。基于流体振荡原理（卡门涡街）。如图 1-53 所示，在流体中安放一个非流线型旋涡发生体，使流体在发生体两侧交替地分离，释放出两串规则地交错排列的旋涡，且在一定范围内旋涡分离频率与流量成正比。

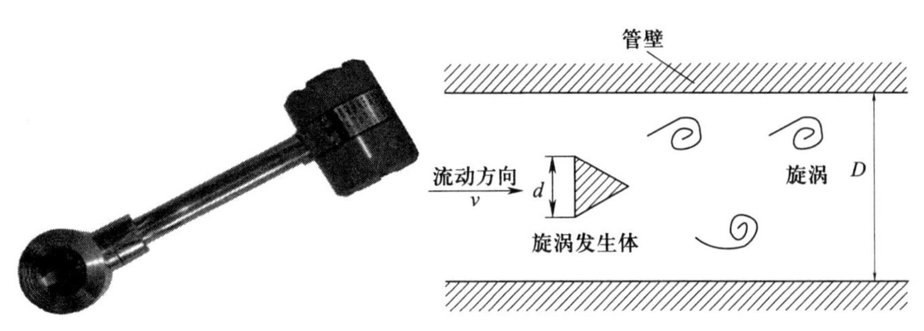

图 1－53　涡街流量计及其测量原理

涡街流量计按频率检出方式可分为应力式、应变式、电容式、热敏式、振动体式、光电式及超声式等。

（2）特点。

1）优点。结构简单、牢固，安装维护方便，相比节流装置无需导压管和三阀组等，减少泄漏、堵塞和冻结；精确度较高，误差一般为±（1～1.5）%；测量范围宽，合理确定口径，范围度可达 20∶1；压损小，约为节流式差压流量计的 1/4～1/2；输出与流量成正比的脉冲信号，无零点漂移；在一定雷诺数范围内，输出频率不受流体物性（密度、黏度）和组成的影响，即仪表系数仅与旋涡发生体及管道的形状、尺寸有关。

2）缺点及局限性。对管道机械振动较敏感，不宜用于强振动场所；口径越大，分辨率越低，一般满管式流量计用于 DN400 以下；流体温度太高时，涡街流量计误差较大，一般用于流体温度≤420 ℃的场合；当流体有压力脉动或流量脉动时，示值大幅度偏高，影响较大，因此不适用于脉动流。

需慎用涡街流量计的情况：振动和干扰较强的场所、稳定性要求高的场合；低静压低流速场合；低密度流体；高黏度流体；流体介质含杂质。

6. 超声流量计

超声波流量计如图 1－54 所示。

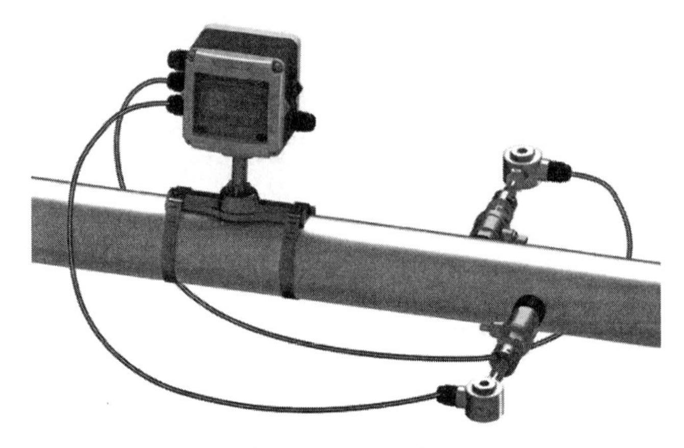

图 1－54　超声流量计

（1）测量原理。通过检测流体流动对超声波产生的影响来对液体流量进行测量。根据对信号检测的原理，超声流量计可分为传播速度差法（直接时差法、时差法、相位差法和频差法）、波束偏移法、多普勒法、互相关法、空间滤法及噪声法等。

（2）特点。

1）优点。

①可作非接触测量，夹装式换能器安装无需断流，因此可作便携式流量测量工作。由于仪表不与流体接触，流体的高压、腐蚀、结晶不对仪表构成威胁。

②仪表对流体不会产生妨碍，无压损。

③测量精度高、测量范围宽，可适应不同流速和流量的应用需求。

④快速响应和实时测量，可以实时监测流体的流速和流量变化。

2）缺点及局限性。

①时差法超声流量计只能用于清洁液体和气体。悬浮颗粒和气泡超过某一范围的流体不能使用。

②夹装式换能器不能用于衬里或结垢太厚的管道，也不能用于衬里（或锈层）与内管壁剥离（若夹层夹有气体会严重衰减超声信号）或锈蚀严重（改变超声传播路径）的管道。

③管径太小时不能使用。

7. 涡轮流量计

涡轮流量计是速度式流量计中的主要仪表，它是通过采用多叶片的转子（涡轮）感受流体平均流速，从而推导出流量或总量的流量测量仪表。一般它由传感器和显示仪两部分组成，也可做成整体式。如图 1－55 所示。

图 1－55　涡轮流量计

涡轮流量计、容积式流量计及质量流量计是流量计中测量精度较高的 3 类产品。

（1）测量原理。如图 1－56 所示，在管道中心安放一个涡轮，当流体通过管道时，冲击涡轮叶片，使涡轮旋转。涡轮的旋转角速度与流体流速成正比。因此，可以通过计算涡轮旋转的角速度得到流体流速。

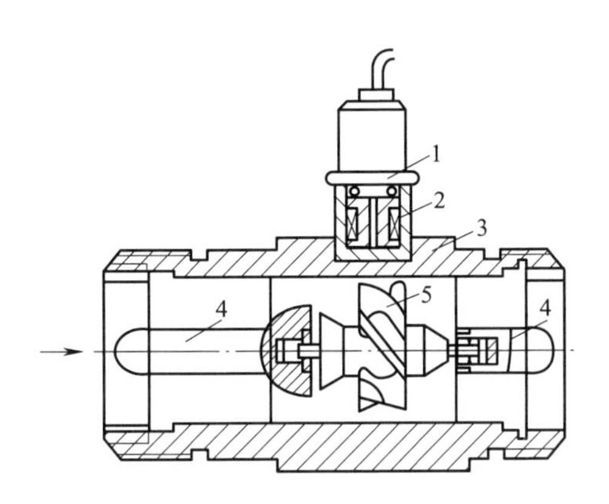

图 1－56　涡轮流量计的结构

1—前置放大器　2—磁电感应转换器　3—外壳　4—导流器　5—涡轮

涡轮的转速通过装在机壳外的传感线圈来检测。当涡轮叶片切割由壳体内永磁体产生的磁力线时，会引起传感线圈中的磁通变化，导致传感线圈中产生感生电动势。将检测到的周期变化信号经过放大、整形，生成与流速成正比的脉冲信号。

（2）特点。

1）优点。高精度，在所有流量计中，属于最精确的流量计之一；重复性好；无零点漂移，抗干扰能力好；范围度宽；结构紧凑。

2）缺点及局限性。不能长期保持校准特性；流体物性对流量特性有较大影响。

8. 科里奥利质量流量计

科里奥利质量流量计的结构如图 1－57 所示。

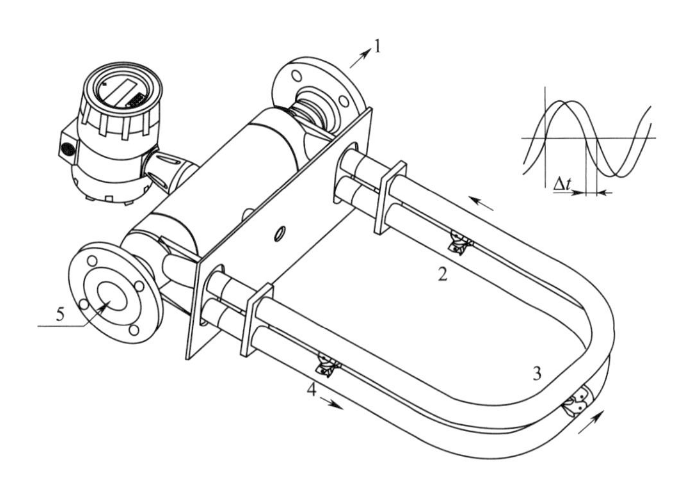

图 1－57　科里奥利质量流量计的结构

1—介质流出　2—拾振器 B　3—驱动器　4—拾振器 A　5—介质流入

（1）测量原理。基于流体在振动管中流动时，将产生与质量流量成正比的科里奥利力（简称科氏力），通过直接或者间接地测量出在旋转管道中流动的流体作用于管道上的科氏力，可以测得流体通过管道的质量流量。

（2）特点。

1）优点。①直接测量质量流量，有很高的测量精确度；②可测量流体范围广泛，包括高黏度流体、液固二相流体、含有微量气体的液—气两相流体以及密度足够高的中高压气体；③上、下游管路引起的旋涡流和非均匀流速分布对仪表性能无影响，通常不要求配置专门长度的直管段；④流体黏度变化对测量值影响不显著，流体密度变化对测量值影响也极微小；⑤有多路输出，可同时分别输出瞬时质量流量或体积流量、流体密度、流体温度等信号；⑥有双向流量测量功能。

2）缺点及局限性。①零点稳定性差，影响其精确度的进一步提高；②不能用于测量密度较低的介质，如低压气体；③液体中含气量稍高就会使测量误差显著增大；④对外界振动干扰较为敏感；⑤不能用于较大管径，目前只能做到用于管径 DN300；⑥测量管内壁磨损、腐蚀、沉积结垢会影响测量精确度；⑦压力损失大，尤其是测量饱和蒸气压较高的液体时，压损易导致液体汽化，出现气穴，导致误差增大甚至无法测量。

任务实施

阅读流量检测系统实训装置实验指导书，完成实验装置的基本操作实训。

1. 实验设备结构认识。
2. 节流元件认识、选型及安装。
3. 流量变送器选型。

任务六　认识其他在线分析仪表

学习目标

1. 掌握在线分析仪表的基本概念，了解常用的化工在线分析仪表。
2. 通过生产实例，了解在线分析仪表在化工生产过程中的具体应用。

任务引入

红外气体分析仪常用来连续测定各种混合气体中的 CO、CO_2、CH_4、SO_2、NO_X 和气体烃类等的含量，是在线分析仪表中非常重要的一类仪器，可以用来分析各种多原子气体，如 C_2H_2、C_2H_4、C_2H_5OH、C_3H_6、C_2H_6、C_3H_8、NH_3、CO_2、CO、CH_4、SO_2 等，根据需要，部分气体可实现量程自动切换功能。某品牌在线红外气体分析仪结构如图 1－58 所示，请根据仪器使用说明书描述其主要技术指标和操作要点。

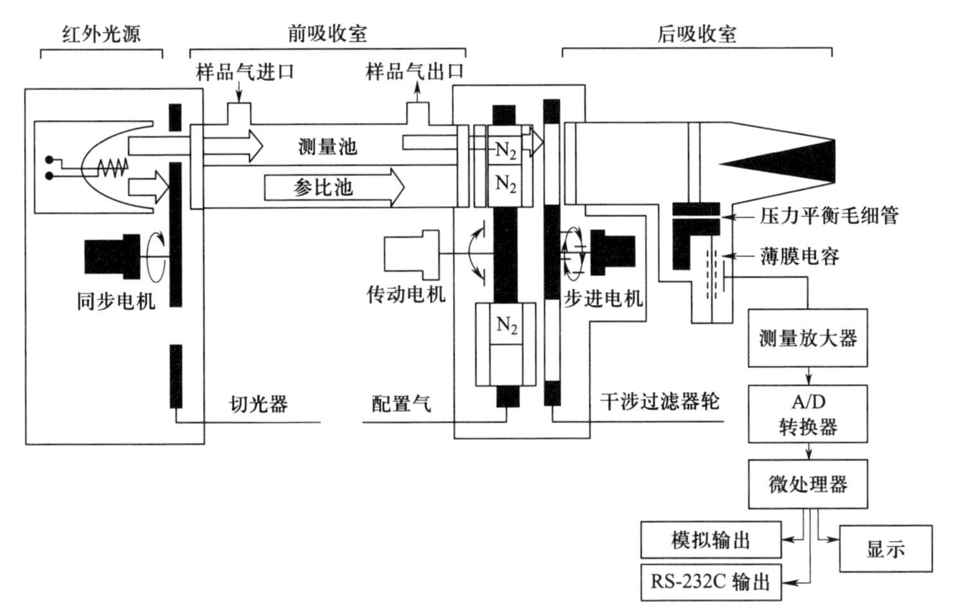

图 1－58　在线红外气体分析仪的结构

相关知识

一、基本概念

1. 在线分析仪表的定义

在线分析仪表是一种化工生产用仪器，是用于化工生产流程中（即在线）连续或周期性检测物质化学成分或某些物性的自动分析仪表。

2. 基本构成

在线分析仪表基本结构如图 1－59 所示。

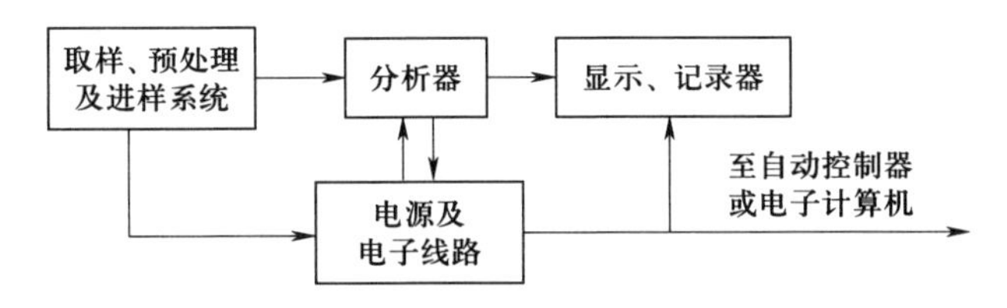

图 1－59　在线分析仪表基本结构

（1）取样、预处理及进样系统。从流程中取出具有代表性的样品，并使之符合分析器对样品状态或条件的要求。

（2）分析器。将样品的成分量或物性量转换为可测量的电信号。

（3）电源和电子线路。对仪表各部分供电，控制仪表各部分的工作，将分析器送来的电信号放大后，输出至显示、记录器，或同时送至自动控制器或计算机。

（4）显示、记录器。用来显示、记录代表成分量或物性量的电信号。

3. 分类

在线分析仪表按原理可分为:

(1) 热学式分析仪表，如热导式和热化学式气体分析器等。

(2) 电化学式分析仪表，如 pH 计、电导仪、盐量计、电磁浓度计、原电池式分析仪、极谱式分析仪和氧化锆氧分析器等。

(3) 磁式分析仪表，如热磁式和磁力机械式氧分析器等。

(4) 光学式分析仪表，如红外线气体分析器、紫外线分析器和流程光电比色计等。

(5) 色谱分析仪，如流程气相色谱仪和流程液相色谱仪。

(6) 其他分析仪表，如密度计、湿度计、水分仪和黏度计等。

任务实施

1. 仔细观察化工在线分析仪表实物。
2. 阅读化工在线分析仪表使用说明书。
3. 解读化工在线分析仪表主要技术指标和操作要点。

思考与练习

一、选择题

1. 仪表的变差不能超出仪表的（　　）。

A. 相对误差　　B. 引用误差　　C. 允许误差　　D. 绝对误差

2. 测量某设备的温度，温度为 400 ℃，要求误差不大于 4 ℃，（　　）温度计最合适。

A. 0～600 ℃、1.5 级　　B. 0～1 500 ℃、0.5 级

C. 0～800 ℃、0.5 级　　D. 0～400 ℃、0.2 级

3. 仪表的精确度等级指的是仪表的（　　）。

A. 引用误差　　B. 最大误差

C. 允许误差　　D. 引用误差的最大允许值

4. 变化范围为 320～360 kPa 的压力，选择（　　）压力变送器测量准确度比较高。

A. 1 级、0～600 kPa　　B. 1 级、250～500 kPa

C. 1.5 级、0～600 kPa　　D. 1.5 级、250～500 kPa

5. 当热电阻短路时，自动平衡电桥应指示（　　）。

A. 0 ℃　　B. 最上限温度

C. 最下限温度　　D. 错误

6. 与热电偶配用的自动电位差计，当输入端短路时，应显示（　　）。

A. 下限值　　B. 环境温度（室温）

C. 上限值　　D. 0

7. 热电偶测温时，采用补偿导线是为了（　　）。

A. 冷端补偿　　B. 消除导线电阻的影响

C. 将冷端延伸至其他地方　　D. 降低费用

8. 补偿导线的正确敷设，应该从热电偶起敷到（　　）为止。

A. 就地接线盒　　B. 仪表盘端子板

C. 二次仪表　　D. 与冷端温度补偿装置同温的地方

9. 用电子电位差计测热电偶温度，如果热端温度升高 2 ℃，室温（冷端温度）下降 2 ℃，则仪表的指示（　　）。

A. 升高 2 ℃　　B. 下降 2 ℃　　C. 不变　　D. 升高 4 ℃

10. 在用热电阻测量温度时，若出现热电阻断路，与之配套的显示仪表（　　）。

A. 指示值最小　　B. 指示值最大

C. 指示值不变　　D. 指示室温

11. 用 K 分度号的热电偶和与其匹配的补偿导线测量温度。但在接线中把补偿导线的极性接反了，则仪表的指示（　　）。

A. 偏大

B. 偏小

C. 可能大，也可能小，要视具体情况而定

D. 正常

12. 为了正常测取管道（设备）内的压力，取压管线与管道（设备）连接处的内壁应（　　）。

A. 平齐　　B. 插入其内

C. 插入其内并弯向介质来流方向　　D. 斜插

13. 某容器内的压力为 0.8 MPa。为了测量它，应选用的量程为（　　）MPa。

A. 0 ~ 1　　B. 0 ~ 1.6　　C. 0 ~ 3.0　　D. 0 ~ 4.0

14. 某压力变送器的输出是电流信号，它相当于一个（　　）。

A. 受压力控制的电压源　　B. 受压力控制的电流源

C. 受电压控制的电流源　　D. 受电流控制的电压源

15. 测量高黏度、易结晶介质的液位，应选用（　　）液位计。

A. 浮筒式液位计　　B. 差压式液位计

C. 法兰式差压液位计　　D. 磁翻板液位计

16. 采用差压式液位计测量液位，其差压变送器的零点（　　）。

A. 需要进行正迁移　　B. 需要进行负迁移

C. 视安装情况而定　　D. 不变

17. 浮筒式液位计是基于（　　）工作原理工作的。

A. 恒浮力　　B. 变浮力　　C. 差压式　　D. 电磁感应

18. 用单法兰液位计测量开口容器液位。液位计已经校好，后因维护需要，仪表安装位置下移了一段位移，则仪表的指示（　　）。

A. 上升　　B. 下降　　C. 不变　　D. 绝对误差

19. 选择用压力法测量开口容器液位时，液位的高低取决于（　　）。

A. 取压点位置和容器横截面　　B. 取压点位置和介质密度

C. 介质密度和横截面　　D. 横截面和介质密度

20. 浮球式液位计适合于（　　）的使用条件。

A. 介质黏度高、压力低、温度高　　B. 介质黏度高、压力低、温度低

C. 介质黏度低、压力高、温度低　　D. 介质黏度高、压力高、温度低

21. 下列（　　）与被测介质的密度无关。

A. 差压式流量计　　B. 涡街流量计　　C. 转子流量计　　D. 涡轮流量计

22. 在管道上安装孔板时，如果将方向装反了会造成（　　）。

A. 差压计倒指示　　B. 对差压计指示无影响

C. 差压计指示变大　　D. 差压计指示变小

23. 罗茨流量计很适合对（　　）的测量。

A. 低黏度流体　　B. 高雷诺数流体

C. 含沙子等杂质的流体　　D. 高黏度流体

24. 测量天然气流量不可以采用（　　）。

A. 电磁流量计　　B. 差压式流量计

C. 转子流量计　　D. 涡轮流量计

25. 下列说法错误的是（　　）。

A. 转子流量计的环形流通截面是变化的，基本上同流量大小成正比，但流过环形间隙的流速变化不大

B. 转子流量计的压力损失大，并且随流量大小而变化

C. 转子流量计的锥管必须垂直安装，不可倾斜

D. 转子流量计是根据节流原理测量流体流量的

二、简答题

1. 如何评价测量仪表性能？常用哪些指标来评价仪表性能？

2. 测量范围为 0～450 ℃的温度计，校验时某点上的绝对误差为 3.5 ℃，变（回）差为 5 ℃，其他各点均小于此值，问此表的实际精度应是多少？若原精度为 1.0 级，现在该仪表是否合格？

3. 简述热电偶测量原理和补偿导线的作用。

4. 在热电阻使用过程中，经常出现如下问题，请分析其产生的原因：（1）显示仪表指示值低于实际值或指示不稳定；（2）显示仪表指示无穷大；（3）显示仪表显示负值；

（4）阻值与温度的关系有变化。

5. 简述弹簧管压力表原理和游丝的作用。

6. 某测量范围为0～1.6 MPa的压力表，校验时发现在真实值1.2 MPa处的绝对误差最大，为0.18 MPa。试计算并判断该表是否符合精度1.5级的要求。

7. 差压式液位计使用中为何经常需要进行迁移？如何判断迁移方向？

8. 简述差压式流量计的工作原理及其特点。

9. 简述科氏力质量流量计的工作原理及其特点。

10. 简述节流现象中流体动压能与静压能之间的变化关系。标准化节流装置由哪几个部分组成？

课题二

控制器

本课题在认识基本控制规律的基础上，分别简要介绍模拟式控制器和数字式控制器。

任务一　认识基本控制规律

学习目标

1. 了解几种基本控制规律，掌握各个控制规律的特点和联系。
2. 通过 PID 温度控制试验装置熟悉 PID 调节的具体方法和操作。

任务引入

基本控制规律有位式控制（其中以双位控制比较常用）、比例控制（P）、积分控制（I）、微分控制（D）及它们的组合形式，如比例积分控制（PI）、比例微分控制（PD）、比例积分微分控制（PID）。某型号实训装置 PID 温度控制示意图如图 2－1 所示，请按照操作规程完成 PID 调节实验。在实验过程中，分别采用 P、PI、PID 等不同的控制策略，通过观察过渡过程的控制曲线来观察不同的 P、I、D 参数值的控制效果，认识相应的控制规律。

相关知识

一、控制仪表概况

控制仪表简称控制器，也习惯称之为调节器，它将被控变量测量值与给定值相比较后产生的偏差，进行一定的运算，并将运算结果以一定信号形式送往执行器，以实现对被控变量

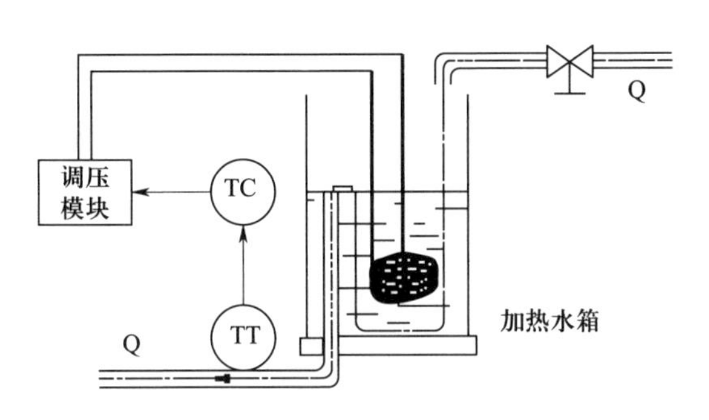

图 2－1　PID 温度控制示意图

的自动控制。

1. 控制仪表 3 个发展阶段

（1）基地式控制仪表。它与检测、显示等仪表组装在一起，结构简单、方便，但通用性差，只在特定场所或小化工厂使用。

（2）单元组合式控制仪表中的控制单元。它是单元（变送单元、定值单元、控制单元、显示单元）组合式，各单元间以统一的标准信号相互联系。

（3）以微处理器为基元的控制装置。其控制功能丰富、操作方便，容易构成各种复杂控制系统。目前，有单回路数字控制器、可编程数字控制器（PLC）和微计算机系统等。

2. 控制仪表分类

（1）根据控制仪表的结构形式分类。

1）基地式控制仪表。将测量、变送、显示及控制等功能集于一身的一种控制仪表。其结构比较简单，常用于单机控制系统。

2）单元组合式控制仪表。把整套仪表按照其功能和使用要求，分成若干独立作用的单元，各单元之间用统一的标准信号联系。使用时，针对不同的要求，将各单元以不同的形式组合，可以组成各种各样的自动检测和控制系统。其具有以下优点：

①可以用有限的单元组成各种各样的控制系统，具有高度的通用性和灵活性。

②可以通过转换单元，把气动表、电动表甚至液动表联系起来，混合使用。

③由于各单元独立作用，所以在布局、安装、维护上也更合理、更方便。

④仪表大都采用力平衡或力矩平衡原理，工作位移小、无机械摩擦、精度高、使用寿命长、性能较好。

⑤由于零部件的标准化、系列化，有利于大规模生产，降低了成本，提高了产量和质量。

⑥有利于发展新品种，采用新工艺、新技术。

（2）根据控制仪表使用能源的不同分类。

1）气动单元组合式控制仪表。气动单元组合式控制仪表以 0.14 MPa 压缩空气为能源，各单元之间以统一的 0.02 ~0.1 MPa 气压标准信号相联系。

2）电动单元组合式控制仪表。电动单元组合式控制仪表经历了 3 个发展阶段：

DDZ - Ⅰ型——电子管器件为主要器件；DDZ - Ⅱ型——晶体管等分立元件为主要器件；DDZ - Ⅲ型——线性集成电路作为核心器件。

（3）根据控制仪表的信号形式分类。

1）模拟式控制仪表。

2）数字式控制仪表。

二、基本控制规律

1. 概论

控制器的控制规律是指控制器的输出信号与输入信号之间的关系。

$$p = f(e) \tag{2-1}$$

式中 p——控制器的输出信号；

e——偏差信号。

偏差是设定值与测量值之差，控制器的控制规律就是对人工操作执行器方式的一种模拟。在自动控制系统中，被控对象受到种种干扰作用后，被控变量将偏离工艺所要求的设定值，即产生偏差；控制器接收偏差信号，按一定的控制规律输出相应的控制信号，去操纵执行器产生相应的动作，以消除干扰对被控变量的影响，从而使被控变量回到设定值。因此，控制器的特性即控制规律对自动控制系统的质量有很大的影响，研究其特性是非常重要的。控制器的基本控制规律有位式控制（其中以双位控制比较常用）、比例控制（P）、积分控制（I）、微分控制（D）及其组合形式。

2. 双位控制

双位控制系统的规律是当测量值大于给定值时，控制器输出为最小（或最大）；当测量值小于给定值时，则输出为最大（或最小），即控制器只有两个输出值，又称为开关控制。

双位控制只有两个输出值，相应执行器的调节机构也只有开和关两个极限位置，而且从一个位置变换到另一个位置在时间上是很快的。理想双位控制特性示意图如图 2 - 2b 所示，其输出 p 与输入偏差额 e 之间的关系为：

$$p = \begin{cases} p_{max}, & e > 0(\text{或} e < 0) \\ p_{min}, & e < 0(\text{或} e > 0) \end{cases}$$

采用双位控制的水箱液位控制系统如图 2 - 2a 所示。它利用电极式液位计控制水箱的液位，箱内装有一根电极作为测量液位的装置，电极的一端与继电器 J 的线圈相接，另一端调整在液位设定值的位置，导电的流体水经装有电磁阀 V 的管道进入水箱。由下部出水管流出，水箱外壳接地。当液位低于设定值 H_0时，流体未接触电极，继电器 J 断路，此时电磁阀 V 全开，流体流入水箱使液位上升；当液位上升至稍大于设定值时，流体与电极接触，继电器接通，从而使电磁阀 V 全关，流体不再进入水箱。但箱内流体仍在继续往外排出，故液位下降。当液位下降至稍小于设定值时，流体与电极脱离，于是电磁阀 V 又开启，如此反复循环，液位被维持在设定位上下很小的范围内波动。由于执行器的动作非常频繁，经常会使系统中的部件（如继电器、电磁阀等）因动作频繁而损坏。

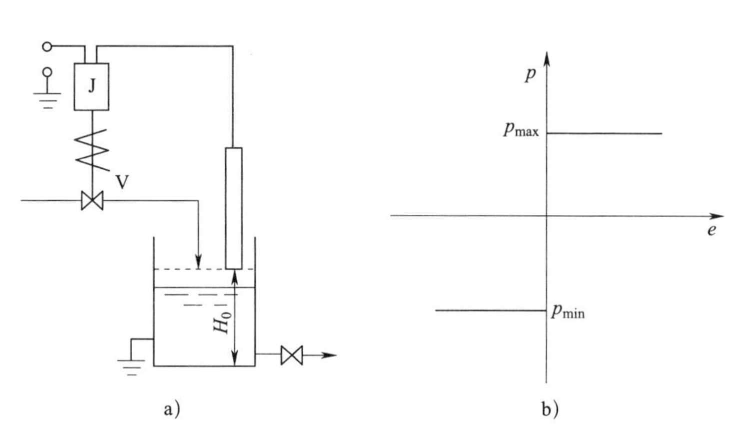

图 2－2　双位控制示例及理想双位控制特性

双位控制是最简单的控制形式，它的作用是不连续的，调节机构只有开和关两个位置，对象中的物料量或能量总是处于不平衡状态。也就是说，被控变量始终不能真正稳定在设定值上，而是在设定值附近上下波动，因此实际的双位调节器都有一个中间区。实际的双位控制规律如图 2－3a 所示，当被控变量在中间区内时，调节器输出状态不变化，调节机构不动作。当偏差上升至高于设定值的某一数值后，调节器输出状态变化，调节机构开启；当偏差下降至低于设定值的某一数值后，调节器输出状态变化，调节机构关闭。这样，调节机构开关的频繁程度便大为降低，减少了器件的损坏。

实际双位调节器中间区称为呆滞区，所谓呆滞区是指不致引起调节器输出状态改变的被控变量对设定值的偏差区间。换句话说，如果被控变量对设定值的偏差不超出呆滞区，调节器的输出状态将保持不变。

实际的双位控制过程如图 2－3b 所示。当被控变量液位 h 低于下限值 h_L时，电磁阀开启，流体流入水箱，由于流入量大于流出量，故液位上升。当液位升至上限值 h_H 以上时，电磁阀关闭，流体停止流入。由于此时流体仍然在流出，故液位下降。直到液位下降至下限值 h_L下时，电磁阀又开启，液位又开始上升。图 2－3b 中上面的曲线表示调节机构阀值与时间的关系，下面的曲线是被控变量（液位）在呆滞区内随时间变化的曲线，是一个等幅振荡过程。

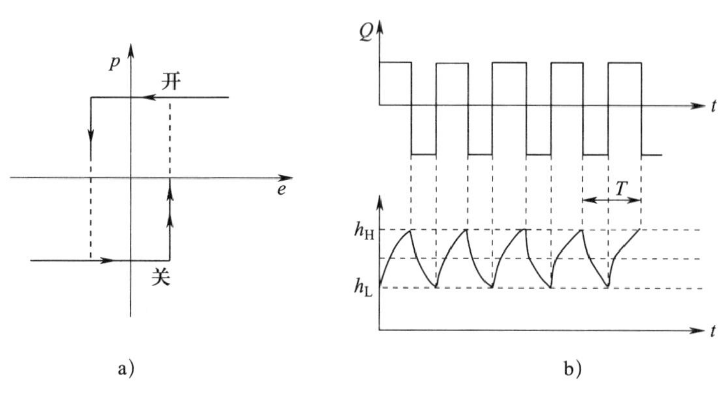

图 2－3　实际的双位控制规律及具有中间区的双位控制过程

双位控制过程中一般采用振幅与周期作为品质指标，在图 2-3b 中振幅为 $h_H - h_L$，T 表示周期。被控变量波动的上、下限在允许范围内，使周期长些比较有利，可以减少动作次数，减小了磨损。双位控制器结构简单、成本较低、易于实现，因而应用很普遍，如恒温炉、管式炉的温度控制等。

3. 比例控制

（1）定义。比例控制是指比例控制器的输出变化量与输入偏差成比例的控制规律，即：

$$\Delta p = K_p e \tag{2-2}$$

式中　Δp——比例控制器的输出变化量；

　　K_p——放大倍数。

K_p 值可以大于 1，也可以小于 1。

（2）实例。如图 2-4 所示是一个采用浮球式控制器的水位自动控制系统，其中的杠杆机构就相当于比例控制器。

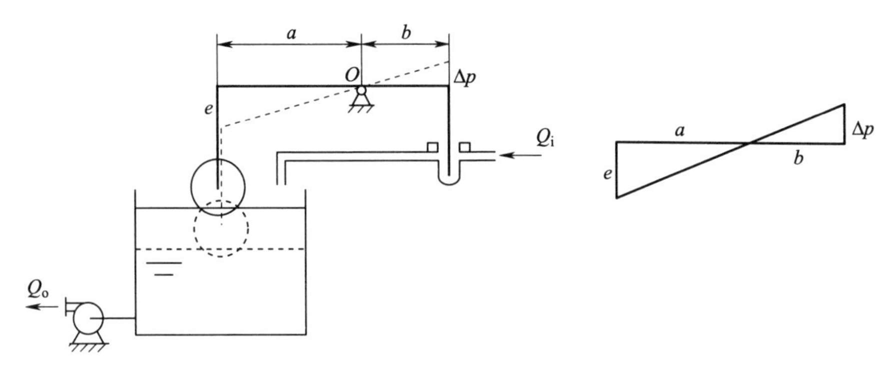

图 2-4　简单比例控制系统示意图

当出水流量增加时，液位下降，浮球也随之下降，阀门杆通过杠杆的作用向上移动，开大阀门；反之，当出水流量减少时，阀门杆向下移动，关小阀门。通过如此调节，完成水位的自动控制。

由上图相似三角形的关系可得：

$$\frac{\Delta p}{e} = \frac{a}{b}$$

则：

$$\Delta p = \frac{a}{b} e = K_p e$$

式中，$K_p = \frac{a}{b}$，为控制器的放大倍数。

从上面的分析可以看出，水位自动控制系统在不同的出水流量情况下，被控变量水位的稳态值是不同的，即控制结束时，被控变量有稳态偏差，又叫余差。所以比例控制也称为有差控制。比例控制结束存在余差是它的固有特点。由于 $\Delta p = K_p e$，只有当输入偏差 e 存在时，Δp 才能存在。

（3）比例度δ。比例度是指控制器输入的变化相对值与相应的输出变化相对值之比的百分数。

$$\delta = \left(\frac{e}{x_{max} - x_{min}} / \frac{\Delta p}{p_{max} - p_{min}} \right) \times 100\% \tag{2-3}$$

式中　$x_{max} - x_{min}$——输入的最大变化量，通常为测量仪表的量程；

$p_{max} - p_{min}$——输出的最大变化量，通常为控制器的输出范围。

将式（2-3）改写后得：

$$\delta = \frac{e}{\Delta p} \times \left(\frac{p_{max} - p_{min}}{x_{max} - x_{min}} \right) \times 100\%,$$

即：

$$\delta = \frac{1}{K_p} \times \left(\frac{p_{max} - p_{min}}{x_{max} - x_{min}} \right) \times 100\%$$

对于一个具体的比例控制器，仪表的量程和控制器的输出范围都是固定的，令：

$$K = \frac{p_{max} - p_{min}}{x_{max} - x_{min}}$$

K为固定常数，得：

$$\delta = \frac{K}{K_p} \times 100\%$$

在单元组合式仪表中$K=1$，则：

$$\delta = \frac{1}{K_p} \times 100\%$$

对一个具体比例控制器，放大倍数K_p与比例度δ成反比，K_p越大，δ越小，它将偏差（控制器的输入）放大的能力越强，这种放大能力称为控制作用的强弱。即K_p越大，表示控制作用越强，而δ越大，表示控制作用越弱。

（4）比例度δ对过渡过程的影响。不同的比例度δ，在受到干扰后，被控变量y过渡过程的走势曲线如图2-5所示。

由图2-5可见，比例度δ越大，即K_p越小，过渡过程曲线越平稳，但余差很大。当比例度δ太大时，即放大倍数K_p太小，在干扰产生后，调节器的输出变化很小，调节阀开度改变很小，被控变量的变化缓慢，比例控制作用太小（如曲线6所示）。当比例度δ偏大时，K_p偏小，在同样的偏差下，调节器输出也较大，调节阀开度改变亦较大，被控变量变化也比较灵敏，开始有些震荡，余差不大（如曲线5所示）。当比例度δ偏小，调节阀开度改变更大，大到有点过分时，被控变量也就跟着过分地变化，再拉回来时又拉过头，结果会出现激烈的振荡（如曲线3所示）。当比例度δ继续减小某一数值时，系统出现等幅振荡，这时的比例度称为临界比例度δ_K（如曲线2所示）。当比例度δ小于临界值时，比例控制作用太强，在干扰产生后，被控变量将出现发散振荡（如曲线1所示），这是很危险的。生产工艺通常要求比较平稳而余差又不太大的控制过程（如曲线4所示），因此选择合适的比例度δ，比例控制作用适当，被控变量的最大偏差和余差都不太大，过渡过程较快稳定，一般只有两个波，控制时间短。

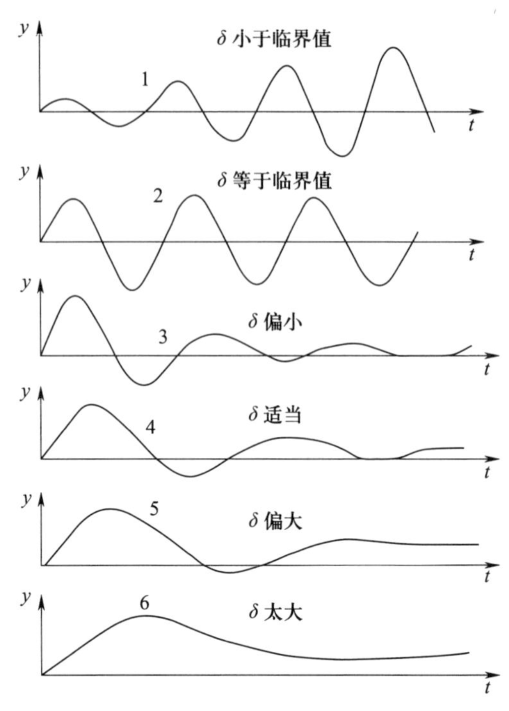

图 2－5　比例度 δ 的大小对过渡过程的影响

（5）比例控制的特点。

1）优点。比较简单，反应快，控制及时。

2）缺点。控制存在余差，适用于控制精度要求不高的场合。

4. 积分控制

控制器的输出变化量 Δp 与输入偏差 e 的积分成正比的控制规律，它其实是偏差信号随时间的累积，用 I 表示，即：

$$\Delta p = \frac{1}{T_I}\int e\mathrm{d}t = K_I\int e\mathrm{d}t \tag{2-4}$$

式中　T_I——积分时间；

K_I——积分比例系数，称为积分速度。

当输入偏差是常数 A 时：

$$\Delta p = K_I\int e\mathrm{d}t = K_I A t$$

对上式微分，可得：

$$\frac{\mathrm{d}\Delta p}{\mathrm{d}t} = K_I e \tag{2-5}$$

由式（2－5）及图 2－6 可知：积分控制输出信号的大小不仅取决于偏差信号的大小，而且主要取决于偏差存在的时间长短；积分控制器输出的变化速度与偏差成正比；积分控制作用在最后达到稳定时，偏差等于零，即积分控制器组成的控制系统可以达到无余差。

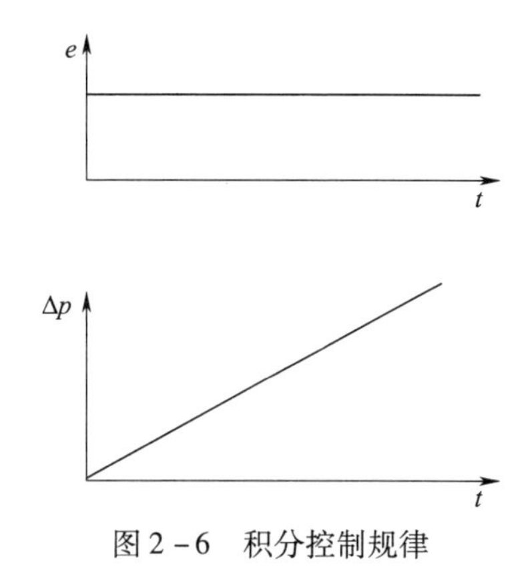

图 2－6　积分控制规律

积分控制的控制作用是随时间积累才逐渐增强的，这导致控制动作缓慢，会出现控制不及时的情况，所以积分控制规律一般不单独使用。

（1）比例积分控制规律。比例积分控制规律是利用比例控制较及时和稳定，积分控制无余差的特点，是两种控制规律的结合，用 PI 表示，即：

$$\Delta p = K_{\mathrm{p}}\left(e + K_{\mathrm{I}}\int e\mathrm{d}t\right) = K_{\mathrm{p}}\left(e + \frac{1}{T_{\mathrm{I}}}\int e\mathrm{d}t\right) \tag{2-6}$$

若转入偏差 e 的具体值为 A，则：

$$\Delta p = K_{\mathrm{p}}A + \frac{K_{\mathrm{p}}}{T_{\mathrm{I}}} \cdot At$$

在时间 $t = T_{\mathrm{I}}$时，有

$$\Delta p = K_{\mathrm{p}}A + K_{\mathrm{p}}A = 2\Delta p_{\mathrm{p}}$$

（2）积分时间对比例积分控制系统过渡过程的影响。

在同一比例度下，不同积分时间 T_{I}，在受干扰后，被控变量 y 过渡过程的走势曲线如图 2－7 所示。

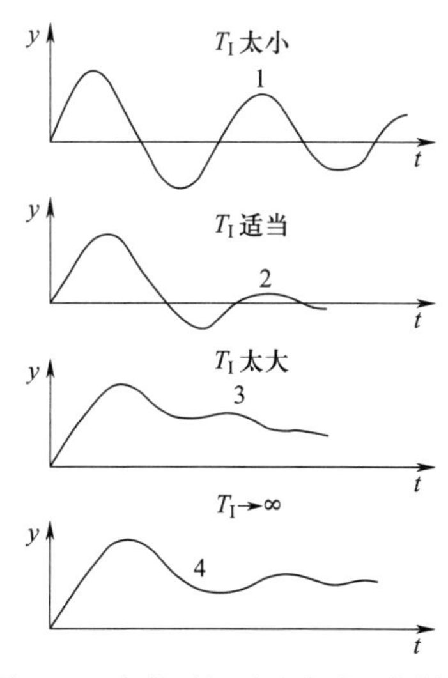

图 2－7　积分时间对过渡过程的影响

由图 2－7 可知，积分时间对过渡过程的影响具有两重性：当缩短积分时间，加强积分控制作用时，一方面克服余差的能力增加，另一方面会使过程振荡加剧，稳定性降低。积分时间越短，振荡倾向越强烈，甚至会成为不稳定的发散振荡。反之，积分时间越长，积分作用越弱，若积分时间无穷长，就没有积分作用，成为纯比例控制器。

只有 T_I 适当时，才能消除余差。

5. 微分控制

控制器的输出变化量 Δp 与输入偏差 e 的变化速度成正比的控制规律，用 D 表示，即：

$$\Delta p = T_D \frac{de}{dt} \tag{2-7}$$

式中 T_D——微分时间；

$\frac{de}{dt}$——输入偏差 e 的变化速度。

微分控制是根据被控变量变化速度的大小来操作执行机构的，而不是等被控变量已经出现较大偏差以后才开始动作，这等于赋予控制器以某种程度的预见性。所以主要用于容量滞后大、控制反应慢的对象，比如温度控制。但其在偏差信号不变时，输出总是零，无控制作用。

微分控制只要被控变量出现变化趋势就马上进行控制，所以它具有超前控制能力。在偏差存在但不变化时，微分作用没有输出，所以不能单独使用。

（1）比例微分控制规律。比例微分控制规律是利用比例控制较稳定，微分控制有超前作用的特点，是两种控制规律的结合，用 p_D 表示，即：

$$\Delta p = \Delta p_p + \Delta p_D = K_p\left(e + T_D \frac{de}{dt}\right) \tag{2-8}$$

比例微分控制器的输出 Δp 等于比例作用的输出 Δp_p 与微分作用的输出 Δp_D 之和。改变比例度 δ（或 K_p）和微分时间 T_D 分别可以改变比例作用的强弱和微分作用的强弱。

（2）微分时间对比例微分控制系统过渡过程的影响。在同一比例度下，不同微分时间 T_D 在受干扰后，被控变量 y 过渡过程的走势曲线如图 2－8 所示。由图 2－8 可知：

1）微分作用具有抑制振荡的效果，可以提高系统的稳定性，减少被控变量的波动幅度，并降低余差。

2）微分作用也不能加得过大。T_D 太大时，系统振荡加剧，但其振荡的幅度不大，可是频率较高；T_D 太小时，微分作用不明显。只有 T_D 适当时，系统才比较平衡。

3）微分控制具有“超前”控制作用。

（3）比例积分微分控制规律。

在容量滞后大，负荷变化较快而又要消除余差的场合，应用比例积分微分控制规律，用 PID 表示，即：

$$\Delta p = \Delta p_p + \Delta p_I + \Delta p_D = K_p\left(e + \frac{1}{T_I}\int e dt + T_D \frac{de}{dt}\right) \tag{2-9}$$

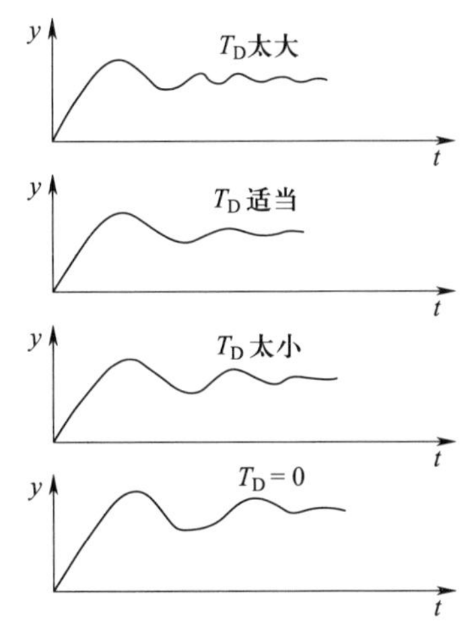

图 2－8　微分时间对过渡过程的影响

任务实施

一、PID 温度控制实验原理

PID 温度控制实验原理如图 2－9 所示。

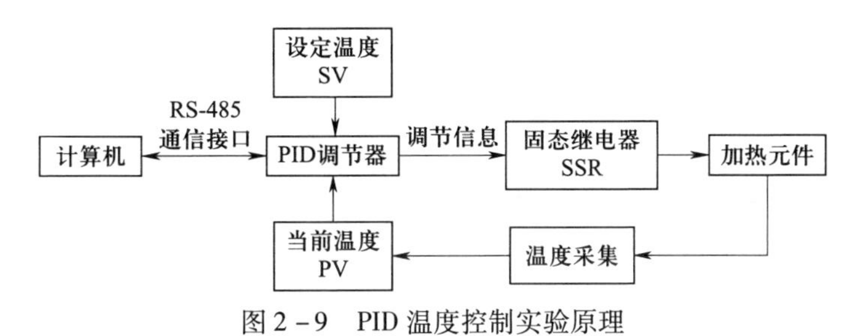

图 2－9　PID 温度控制实验原理

二、按照实验装置操作规程进行 PID 调节试验

三、实验数据记录及处理

1. 原始数据记录

原始数据记录参考表 2－1。

表 2－1　　原始数据记录参考表

基本控制规律认识实验

实验日期：________年____月____日　　指导教师：____________

同组成员：____

实验条件：室温______ ℃

相对湿度：________ %

温度源型号：____________

原始数据记录

试验次数	温度/℃	比例度 δ/%	积分 T_I/s	微分 T_D/s	曲线趋势
1					
2					

续表

试验次数	温度/℃	比例度 δ/%	积分 T_I/s	微分 T_D/s	曲线趋势
3					
4					
5					
6					
7					
8					
9					
10					

2. 实验数据处理

(1) 列出实验过程中记录的数据和对应的控温曲线。

(2) 根据实验记录，分析各控制规律和不同控制参数下的控温曲线。

知识拓展

各种控制规律的特点及使用场合见表 2－2。

表 2－2　各种控制规律的特点及使用场合

控制规律	输入 e 与输出 p（或 Δp）的关系式	阶跃作用下的响应（阶跃幅值为 A）	优缺点	适用场合
位式	$p=p_{max}(e>0)$ $p=p_{min}(e<0)$		结构简单，价格便宜；控制质量不高，被控变量会振荡	对象容量大，负荷变化小，控制质量要求不高，允许等幅振荡
比例（P）	$\Delta p=K_p e$	Δp；K_pA；t_0；t	结构简单，控制及时，参数整定方便；控制结果有余差	对象容量大，负荷变化不大、纯滞后小，允许有余差存在，常用于塔釜液位、储槽液位、冷凝液位和次要的蒸汽压力等控制系统
比例积分（PI）	$\Delta p=K_I\left(e+\frac{1}{T_I}\int e\mathrm{d}t\right)$	Δp；K_IA；t_0；t	能消除余差；积分作用控制慢，会使系统稳定性变差	对象滞后较大，负荷变化较大，但变化缓慢，要求控制结果无余差。广泛用于压力、流量、液位和没有过大时间滞后的具体对象

续表

控制规律	输入 e 与输出 p（或 Δp）的关系式	阶跃作用下的响应（阶跃幅值为 A）	优缺点	适用场合
比例微分（PD）	$\Delta p = K_C\left(e + T_D\dfrac{de}{dt}\right)$		响应快、偏差小、能增加系统稳定性，有超前控制作用，可以克服对象的惯性；但控制作用有余差	对象滞后大，负荷变化不大，被控变量变化不频繁，控制结果允许有余差存在
比例积分微分（PID）	$\Delta p = K_C\left(e + \dfrac{1}{T_I}\int e\,dt + T_D\dfrac{de}{dt}\right)$		控制质量最高，无余差；但参数整定较麻烦	对象滞后大，负荷变化较大，但不甚频繁；对控制质量要求高。常用于精馏塔、反应器、加热炉等温度控制系统及某些成分控制系统

任务二　认识模拟式控制器

学习目标

1. 了解模拟式控制器的基本结构和功能。
2. 通过模拟式控制器实训装置，熟悉其使用操作方法。

任务引入

DDZ 型电动控制器是常用的模拟式控制器，DDZ 是“电动单元组合”的汉语拼音首字母。DDZ－Ⅲ型控制器正面结构如图 2－10 所示，请根据实训手册完成 DDZ－Ⅲ型控制器操作实训。

相关知识

一、模拟式控制器概述

模拟式控制器所传送的信号形式为连续的模拟信号。分为气动与电动两类控制器，气动控制器已很少使用。

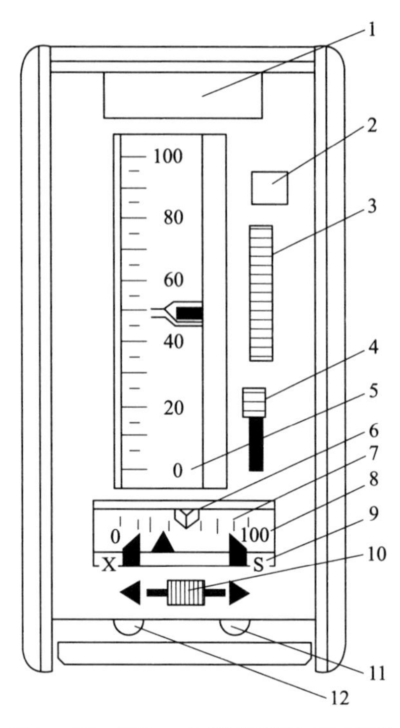

图 2-10　DDZ-Ⅲ型控制器正面结构

1—位号牌　2—外给定指示灯　3—内外给定设定轮　4—自动-软手动-硬手动切换开关
5—双针垂直指示器　6—硬手动操作杆　7—输出指示器　8—输出记录指示　9—阀位指示器
10—软手动操作键　11—手动输出插孔　12—输入检测插孔

1. 模拟式控制器的基本结构

模拟式控制器的基本结构如图 2-11 所示。

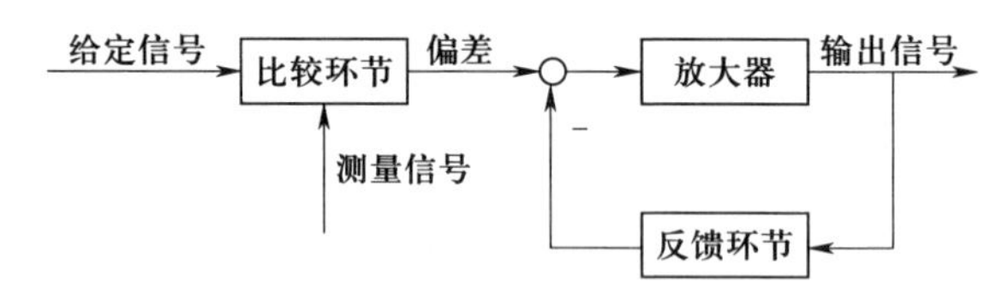

图 2-11　模拟式控制器的基本结构

（1）比较环节。控制器首先要将给定信号与测量信号进行比较，产生一个与它们的偏差成比例的偏差信号。在电动控制器中比较环节是在输入电路中进行电压或电流信号比较。

（2）放大器。放大器是一个稳态增益很大的比例环节。在电动控制器中为高放大倍数的运算放大器。

（3）反馈环节。控制器 PID 控制规律是通过正、反反馈环节进行的。在电动控制器中输出信号通过电阻与电容构成的无源网络反馈到输入端。

2. 模拟式控制器的基本功能

（1）PID 运算功能。

（2）测量值、给定值与偏差显示。

(3) 输出显示。

(4) 手动与自动的双向切换。

(5) 内、外给定信号的选择。

(6) 正、反作用的选择。

二、 DDZ－Ⅲ型控制器

DDZ－Ⅲ型控制器以来自变送器或转换器的 1～5 V 直流电压测量信号作为输入信号，与1～5 V 直流电压设定信号相比较得到偏差信号，然后对此信号进行 PID 运算后，输出 4～20 mA 直流控制信号，以实现对工艺变量的控制。

1. 组成

DDZ－Ⅲ型控制器主要由输入电路、给定电路、PID 运算电路、自动与手动（包括硬手动和软手动两种）切换电路、输出电路及指示电路等组成，如图 2－12 所示。

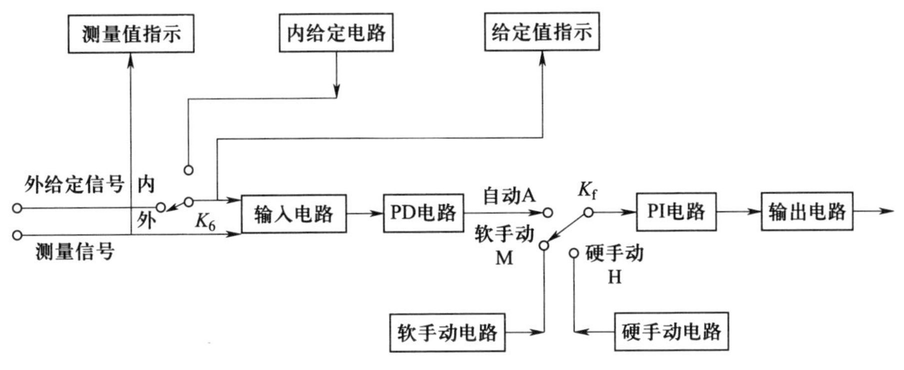

图 2－12　DDZ－Ⅲ型控制器的组成

2. 特点

(1) 采用国际电工委员会（IEC）推荐的统一标准信号。

(2) 广泛采用线性集成电路，可靠性提高，维修工作量减少。

(3) 统一由电源箱供给 24 V DC 电源，并有蓄电池作为备用电源。

(4) 内部带有附加装置的控制器能和计算机联用，在与直接数字计算机控制系统配合使用时或计算机停机时，可作后备控制器使用。

(5) 自动、手动的切换是以双向无扰动的方式进行的。

(6) 整套仪表可构成安全火花防爆系统。

任务实施

一、对照图 2－13、图 2－14，熟悉 DDZ－Ⅲ型控制器面板布置、主要可调旋钮及可动开关的用途、主要部件在电路板中的位置。

DDZ－Ⅲ型控制器的 4 种工作状态如下：

(1) 自动状态。对来自变送器的 1～5 V 直流电压信号与给定值相比较所产生的偏差进

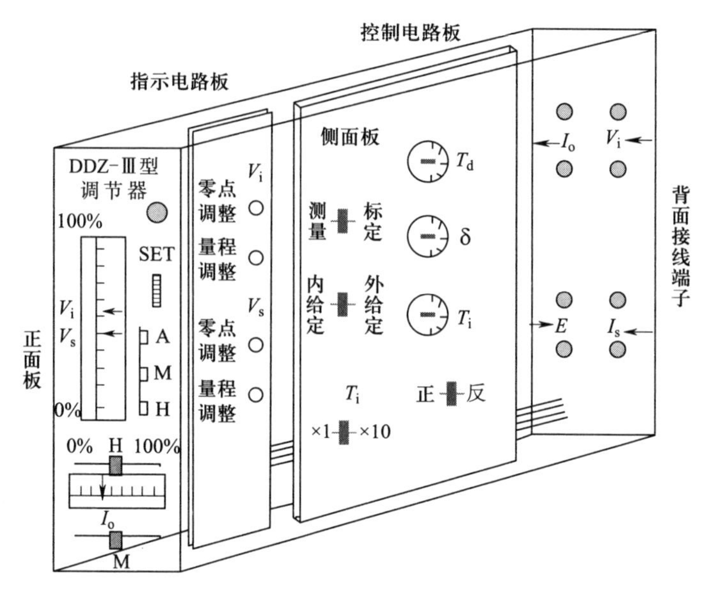

图 2－13　DDZ－Ⅲ型控制器内外特性

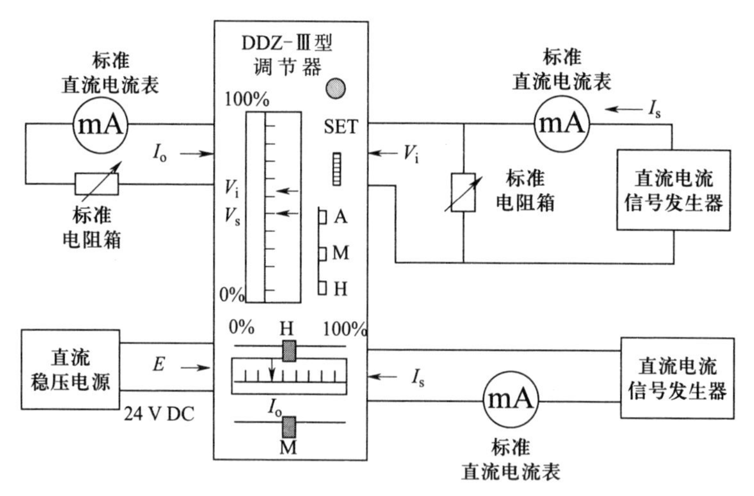

图 2－14　DDZ－Ⅲ型控制器外特性

V_i—测量值　V_s—设定值　I_s—给定电流信号　I_o—输出电流信号

行 PID 运算并输出 4～20 mA DC 的控制信号去控制执行器。

（2）软手动操作状态。控制器的输出电流和手动操作电压成积分关系。

（3）硬手动操作状态。控制器的输出电流和手动操作电压成比例关系。

（4）保持状态。控制器的输出保持切换前瞬间的数值。

二、正确使用双针指示表和输出指示表。

三、了解 DDZ－Ⅲ型控制器操作特性。

1. DDZ－Ⅲ型控制器的工作状态切换

（1）无扰动切换。在手动与自动切换的瞬间，保持控制器的输出信号不变，以免切换

给控制系统带来干扰。

（2）无平衡切换。自动和手动相互切换时无需事先平衡，可以随时切换至所要求的位置。

2. DDZ－Ⅲ控制器的切换特性

DDZ－Ⅲ控制器的切换特性如图 2－15 所示。

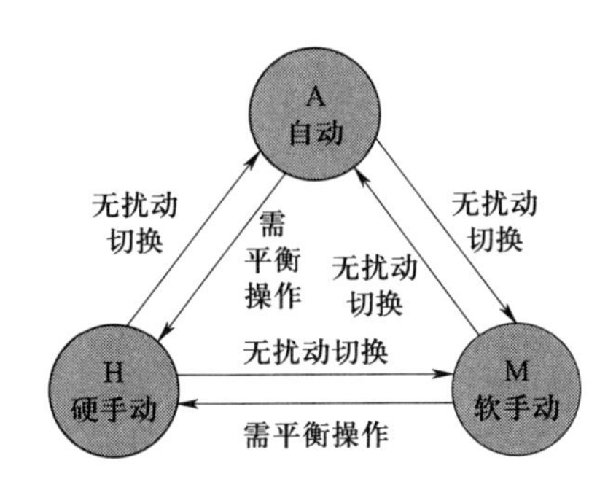

图 2－15 DDZ－Ⅲ控制器的切换特性

任务三 认识数字式控制器

学习目标

1. 了解数字式控制器的基本结构和功能。
2. 通过数字式控制器实训装置，熟悉其使用操作方法。

任务引入

数字式控制器使用数字信号进行工作，外部传输信号有数字量和模拟量，内部处理信号都是数字信号。数字式控制器的特点包括：以微处理器为核心；控制功能、运算功能由软件完成；编程技术模块化、表格化；具有通信功能和自诊断功能。常见的数字式控制器有 KMM 可编程调节器、SLPC 可编程调节器、PMK 可编程调节器等。KMM 可编程调节器的外形正面结构如图 2－16 所示，请查阅设备操作手册，熟悉 KMM 可编程调节器的软、硬件组成和功能。

相关知识

数字式控制器概述

1. 数字式控制器与模拟式控制器的异同点

（1）数字式控制器与模拟式控制器的不同点。见表 2－3。

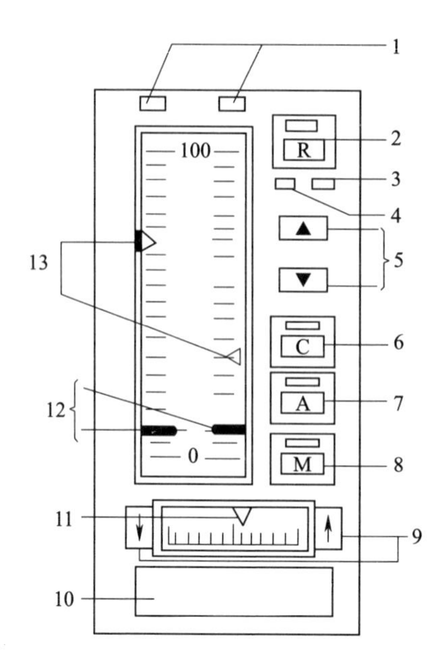

图 2－16　KMM 可编程调节器的外形正面结构

1—上、下限报警灯　2—联锁状态指示灯及复位控钮　3—通信指示灯（右）　4—仪表异常指示灯（左）
5—给定值（SP）设定按钮（增、减）　6—串级运行方式按钮及指示灯　7—自动运行方式按钮及指示灯
8—手动运行方式按钮及指示灯　9—输出操作按钮（增、减）　10—标牌　11—输出指针
12—给定指针（SP）、测量指针（PV）　13—备忘针

表 2－3　数字式控制器与模拟式控制器的不同点

项目	数字式控制器	模拟式控制器
构成原理	数字技术	模拟技术
所用器件	以微处理机为核心部件	以运算放大器等模拟电子器件为基本部件

（2）数字式控制器与模拟式控制器的相同点。仪表总的功能和输入输出关系基本一致。

2. 数字式控制器的基本构成

数字式控制器是以微处理器（CPU）为核心构成的硬件电路，由系统程序、用户程序构成软件。数字调节器的主要功能由软件决定，而模拟调节器的功能由硬件决定，功能单一。

任务实施

一、KMM 可编程调节器的定义和外形结构

KMM 型可编程调节器是一种单回路数字控制器，它以微处理机为核心，接收和输出都可以是 4 ~20 mA DC 标准的、连续的电模拟量信号。其内部处理信号为数字信号，可由用户编制程序、可组成多种控制规律的一种数字式过程控制装置。KMM 可编程调节器的硬件电路结构如图 2－17 所示。

1. 正面板

给定值（SP）与测量值（PV）指示表、输出值指示表、各种操作按钮和指示灯。

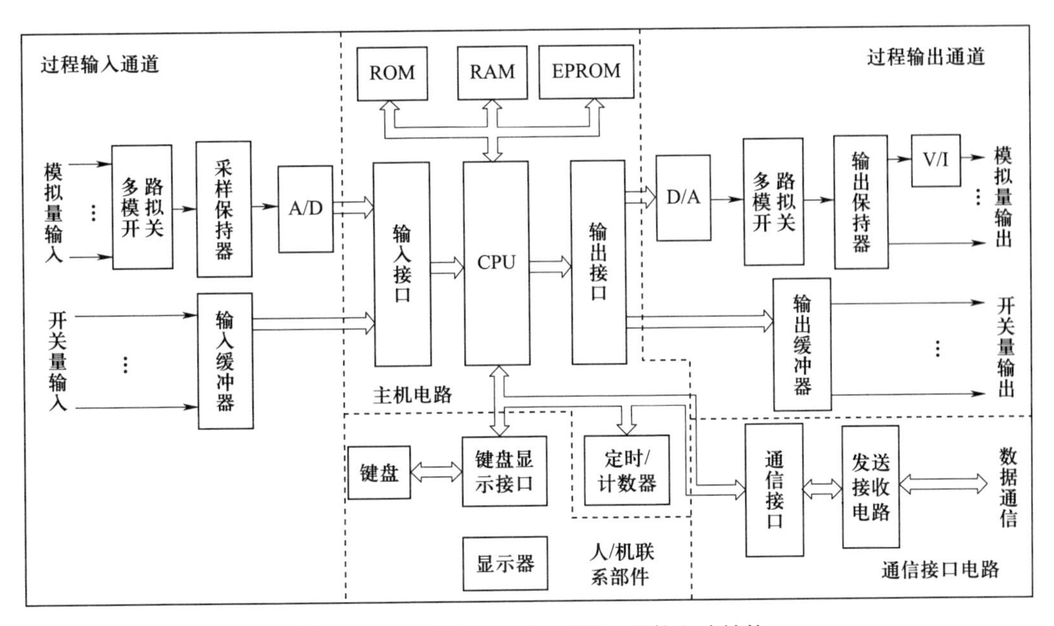

图 2－17　KMM 可编程调节器的硬件电路结构

2. 侧面板

数据设定器、辅助开关、电路板、后备手动操作器和电源单元。

3. 接线端子

信号输入/输出接口。

二、补充填写 KMM 可编程调节器的主要性能指标

1. 模拟量输入。

2. 模拟量输出。

3. 数字量输入。

4. 数字量输出。

5. 采样周期。

6. 供电电源。

三、KMM 可编程调节器的组成和功能

1. KMM 可编程调节器的内部组成

（1）硬件部分。

1）主机电路：微处理器、存储器（ROM 10 K 只读和 RAM 1 K 读写）、定时器电路、监视定时器电路、电池电路。

2）模拟量输入：缓冲电路、A/D 转换电路。输出电路：D/A 转换电路、多路开关、保持电路。

3）数字量输入：晶体管列阵组成。输出电路：锁存器和晶体管列阵组成。

4）输入输出接口：可编程并行 I/O 接口电路和可编程键盘显示控制器。

（2）软件部分。

1）系统程序

①基本程序。监控程序和中断服务程序。

②输入处理程序。折线处理、温度补偿、压力补偿、开方处理和数字滤波程序。

③运算程序。算术运算，逻辑运算，PID 运算，高、低值选择，高、低值监视，超前、滞后等 45 种子程序。用户最多可选择 30 种运算模块进行组合。

2）用户程序。用户自行编制，采用表格式组态语言编制程序，实际上是一些起连接作用的控制数据，将这些数据填入规定的表格中构成表格的用户程序，再写入 EPROM 中。控制数据的组成：类型、代码 1、代码 2 和数据。

2. KMM 可编程调节器的功能

（1）输入处理功能。输入处理功能可对 5 个模拟量输入信号进行折线处理（TBL）、温度补偿（T. COMP）、压力补偿（P. COMP）、开方运算（SQRT）和数字滤波（DIG FILT）。如图 2－18 所示。

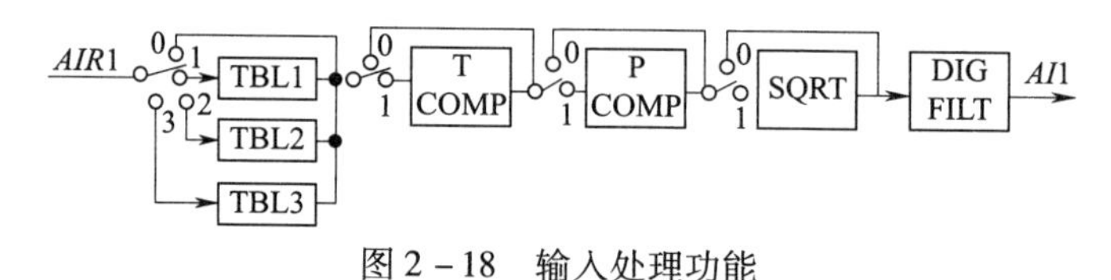

图 2－18　输入处理功能

（2）输出处理功能。

（3）运算处理功能。

1）数据类型。百分型数据%、开关型数据 ON/OFF、时间型数据 00. 00～99. 99 min。

2）可变参数。20 个百分型可变参数和 5 个时间型可变参数。

3）运算模块分类。一般运算类、调节类、监视限制类、选择类、逻辑类、时间类、折线处理类。

（4）运行方式。

1）正常运行方式。手动（MAN）方式、自动（AUTO）方式、串级（CAS）方式和跟踪（FOLLOW）方式。

2）异常运行方式。联锁（IM）手动方式和后备（S）方式。

（5）自诊断功能。显示故障代码，调节器自动切换到联锁手动或后备运行状态。

（6）通信功能。与上位设备进行数据通信。

思考与练习

一、选择题

1.（　　）可消除余差。

A. 比例调节器

B. 比例微分调节器

C. 比例积分调节器

D. 微分调节器

2. （　　）规律调节结果容易存在余差。

A. 比例调节

B. 比例积分微分调节

C. 比例积分调节

D. 微分调节器

3. 比例度越小，余差（　　）。

A. 越大　　B. 越小　　C. 不变　　D. 不确定

4. 积分时间越大，积分作用（　　）。

A. 越大　　B. 越小　　C. 不变　　D. 不确定

5. 具有“超前”调节作用的调节规律是（　　）。

A. P　　B. PI　　C. PD　　D. 两位式

6. 调节器的反作用是指（　　）。

A. 测量值大于给定值时，输出增大

B. 测量值大于给定值时，输出减小

C. 测量值增大，输出增大

D. 测量值增大，输出减小

二、简答题

1. 什么是控制规律？简述常用的基本控制规律类型。

2. 名词解释：控制点。

课题三

执行器

执行器又称调节阀或控制阀，如图 3－1 所示。在化工生产过程控制系统中，执行器接受控制器的输出信号，直接控制能量或物料等调节介质的输送量，达到控制温度、压力、流量、液位等工艺参数的目的。在化工生产中，执行器直接控制工艺介质，尤其是高温、高压、低温、腐蚀、易燃、易爆、有毒、结晶等介质的情况下，若选择或使用不当，往往给生产过程自动化带来困难，导致调节品质下降，甚至会造成事故。因此，对执行器的正确选用、安装和维修都非常重要。

图 3－1　执行器

执行器由执行机构和调节结构两部分组成。执行器按其执行机构动力源可分为气动执行器、电动执行器、液动执行器 3 种，常用的是前两种，详见表 3－1。

表 3-1　　气动执行器和电动执行器对比

项目		气动执行器	电动执行器
动力源		压缩空气 公称压力：0.3~1.0 MPa 工作温度：常温 露点：在常压下，低于最低气温 10 ℃	电源 交流单相：200 V、50 Hz 交流三相：380 V、50 Hz
规格	公称压力/MPa	1.6、4.0、6.4、16.0、32.0、175.0、350.0	1.6、4.0、6.0、10.0
	工作温度/℃	-60~450	-40~450
	口径/mm	20~400	20~400
辅助装置		电—气转换器 阀门定位器 电磁阀 保位阀 阀位开关 手轮	伺服放大器 限位开关

任务一　认识气动执行器

学习目标

1. 了解气动执行器的组成和分类。
2. 通过实训装置理解气动执行器的具体结构和工作原理。
3. 通过实训装置熟悉气动执行器辅助装置的基本操作。

任务引入

气动执行器以压缩空气为能源，具有结构简单、动作可靠、平稳、输出推力大、本质安全防爆、价格便宜、维修方便等优点，能与气动、电动仪表能方便地配套使用。当采用电动仪表或计算机控制时，只要用电—气转换器，将 4~20 mA 电信号转换成 20~100 kPa 的气压信号即可。

相关知识

一、气动执行器的组成与分类

1. 组成

气动执行器主要由气动执行机构和控制机构（又称调节机构或控制阀、阀体部件）两部分组成，常用的辅助设备包括阀门定位器、手轮机构等。如图 3-2 所示。

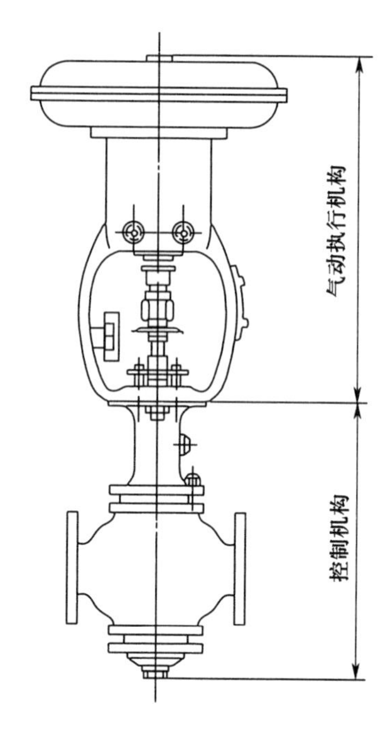

图3－2　气动执行器的组成

气动执行机构是气动执行器的推动装置，它按信号压力的大小产生相应的推力，使推杆产生相应的位移，从而带动执行器的阀芯动作。阀体部件是调节阀的调节部分，它直接与介质接触，由阀芯的动作改变执行器节流面积，以此达到调节的目的。

2. 气动执行机构分类

（1）气动薄膜式执行机构。气动薄膜式执行机构是应用最广泛的执行机构，它通常接收0.02～0.1 MPa或0.04～0.2 MPa的气动信号。气动薄膜式执行机构有正作用和反作用两种形式，如图3－3所示。当信号压力增加时推动阀杆向下移动的称为正作用式执行机构；信号压力增加时推动阀杆向上移动的称为反作用式执行机构。较大口径的执行器都采用正作用式执行机构。信号压力通过波纹膜片的上方（正作用式）或下方（反作用式）进入气室，在波纹膜片上产生作用力，使推杆移动并压缩或拉伸弹簧，当弹簧的反作用力与膜片上的作用力相平衡时，推杆就稳定在一个新的位置。信号压力越大，作用在波纹膜片的作用力越大，弹簧的反作用力也越大，即推杆的位移越大。我国生产的正作用式执行机构型号为ZMA型、反作用式执行机构型号为ZMB型。

气动薄膜式执行机构根据有无弹簧可分为有弹簧及无弹簧执行机构。薄膜式执行机构结构简单、价格便宜、维修方便，因此应用广泛。

（2）气动活塞式执行机构。气动活塞式执行机构的活塞随气缸两侧压差而移动，在气缸两侧输入一固定信号和一变动信号，也可都输入变动信号。如图3－4所示。它输出特性有比例式和两位式两种。两位式根据输入活塞两侧操作压力的大小，活塞从高压侧被推向低压侧。比例式是在两位式基础上加阀门定位器，使推杆位移和信号压力成比例关系。

图3-3 正作用式执行机构（图左）与
反作用式执行机构（图右）示意图

图3-4 气动活塞式执行机构

气动活塞式执行机构的气缸允许操作压力可达0.5～0.7 MPa，因为没有反力弹簧抵消推力，所以有很大的输出推力，故特别适合高静压、高压差的工艺场所，常用于大口径、高压降控制阀或蝶阀的推动装置。

（3）长行程执行机构。长行程执行机构具有行程长（200～400 mm）、转矩大的特点，适用于输出转角0°～90°和力矩大的场合，如蝶阀、风门等，它将0.02～0.1 MPa（或0.04～0.2 MPa）的气动信号压力或4～20 mA DC的电流信号转变为相应的位移或转角。

（4）气动侧装式执行机构（增力型执行机构）。这种执行机构同时融合了气动薄膜执行机构和活塞式执行机构的特点，采用杠杆传动进行力矩放大，可使执行机构的输出力增大3～5倍。如图3-5所示。

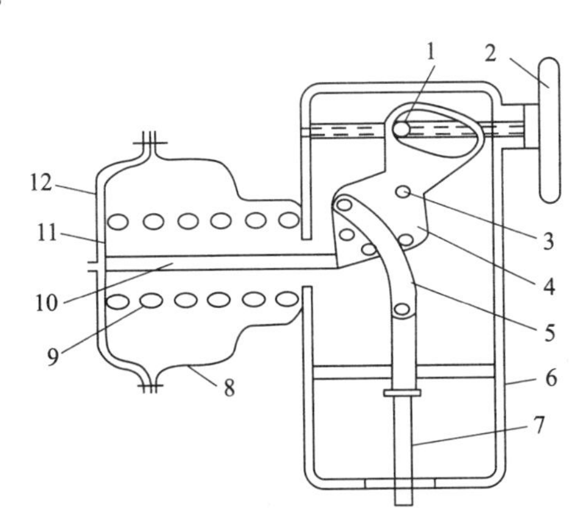

图3-5 气动侧装式执行机构

1—滑块 2—手轮机构 3—轴 4—转板 5—连杆 6—支架 7—阀杆
8—右膜盖 9—压缩弹簧 10—推杆 11—波纹管 12—左膜盖

侧装式气动薄膜执行机构适用于高压差、重负荷、噪声控制等多方面要求的控制系统。

3. 阀体部件分类

（1）直通单座阀。直通单座阀阀体内只有一个阀芯和一个阀座。由阀杆带动阀芯上下移动来改变阀芯与阀座之间的相对位置，从而改变流过阀的流量，其特点是泄漏量小。因为直通单座阀是单阀芯结构，容易密封，甚至可以完全切断，一般情况下仅适用于低压差的场合，否则必须选用大推力的气动执行机构或配上阀门定位器。如图 3－6 所示。

（2）直通双座阀。直通双座阀内有两个阀芯和两个阀座，流体从左侧流入，通过上下阀芯后再汇合在一起，由右侧流出。双座阀有两个阀芯，流体作用在上下阀芯上的推力的方向是相反的，而大小接近相等，所以双座阀的不平衡力很小，允许压差很大，双座阀的流通能力比同口径的单座阀大。受加工限制，直通双座阀关闭时泄漏量较大，并且调节精度不高，因此在压差允许的条件下尽量不选用。直通双座阀适用于阀两端压差较大、对泄漏量要求不高的场合，但由于流路复杂而不适用于高黏度和带有固体颗粒的液体。如图 3－7 所示。

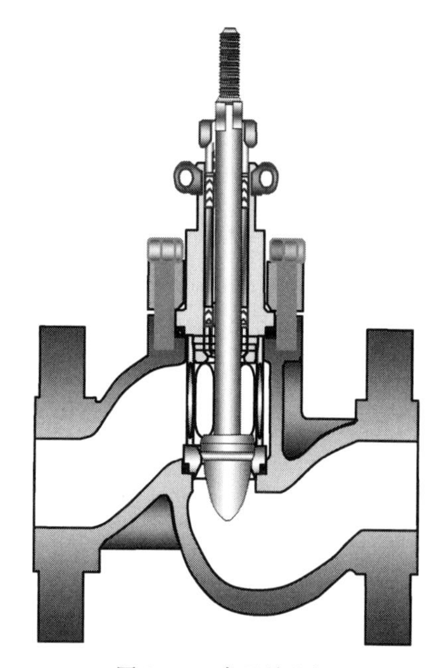

图 3－6　直通单座阀

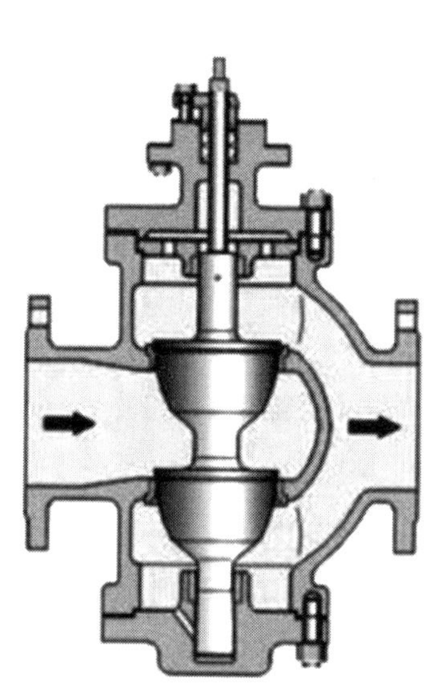

图 3－7　直通双座阀

（3）套筒阀。套筒阀也叫笼式阀，其阀体与一般直通单座阀结构相似，阀内有圆柱形套筒，也叫笼子，阀芯在套筒中上下移动，利用套筒导向，阀芯在套筒中移动，改变了套筒的节流孔面积，形成了各种特性并实现流量的调节。套筒阀可适用于大部分单双座阀的应用场合，不适用于有颗粒及较脏污介质。如图 3－8 所示。

（4）角形阀。角形阀的两个接管呈直角形，其他结构与单座阀相似。角形阀的流向一般为底进侧出，此种状态下其稳定性较好。在高压差场合，为了延长阀芯使用寿命而改用侧进底出的流向，但容易发生振荡。角形阀流路简单、阻力较小、不易堵塞，适用于高压差、高黏度、含有悬浮物和颗粒物质流体的控制。如图 3－9 所示。

（5）三通阀。这种阀体上有 3 个通道与管道相连，按其作用方式，三通阀可分为分流型和合流型。三通阀可以用来代替两个直通阀，适用于配比控制与旁路控制。如图 3－10 所示。

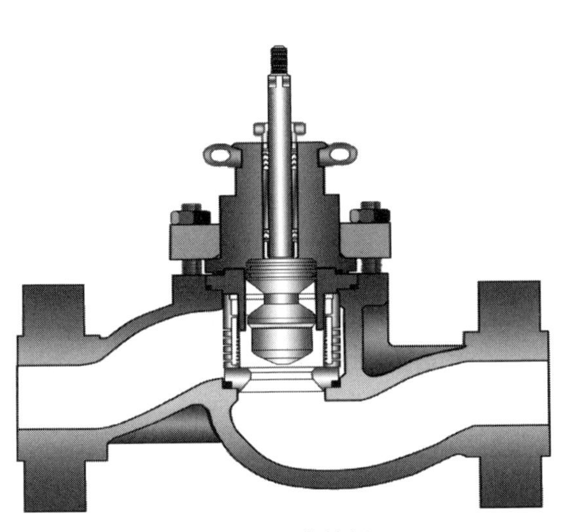

图 3－8　套筒阀

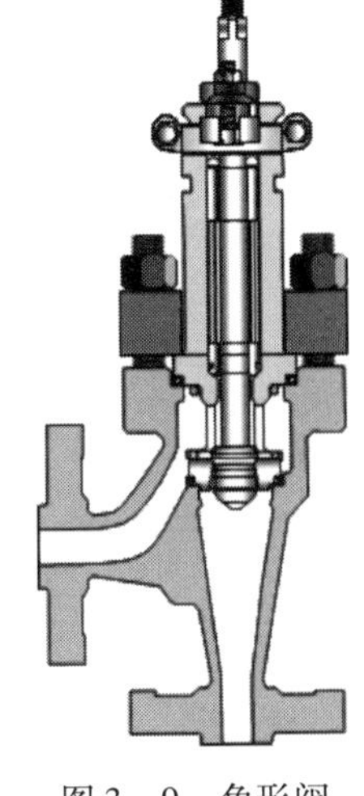

图 3－9　角形阀

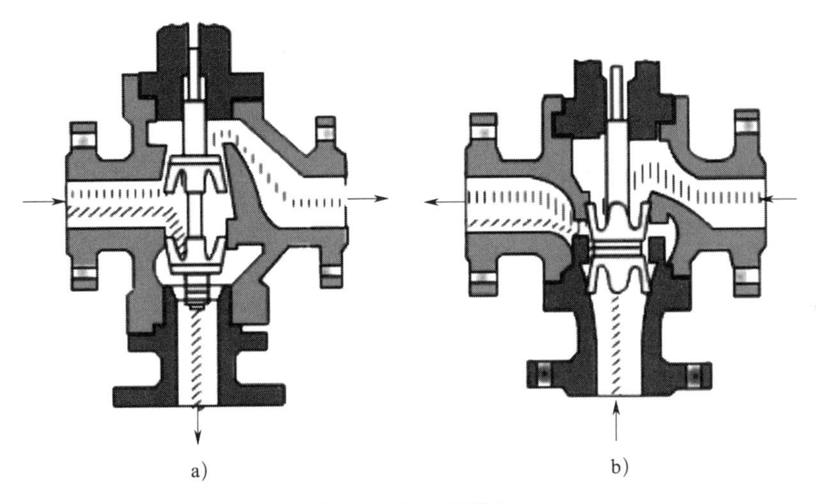

a)　　　　b)

图 3－10　三通阀

a）分流　b）合流

（6）隔膜阀。隔膜阀采用耐腐蚀衬里的阀体和耐腐蚀隔膜代替阀芯与阀座组件，由隔膜位移起控制作用，如图 3－11 所示。隔膜阀结构简单，流路阻力小，流量系数较同口径的其他阀大。由于介质用隔膜与外界隔离，故无填料，介质也不会泄漏，所以隔膜阀无泄漏量。隔膜阀耐腐蚀性强，适用于强酸、强碱、强腐蚀性介质的控制，也适用于高黏度及悬浮颗粒状介质的控制。

（7）蝶阀。蝶阀又称翻板阀，大致分为普通蝶阀、高性能蝶阀、三偏心蝶阀，有弹性密封和金属密封两种密封形式。弹性密封阀门的密封圈可以镶嵌在阀体上或附着在蝶板周边。采用金属密封的阀门一般比弹性密封的阀门寿命长，但很难做到完全密封，金属密封能适应较高的工作温度，弹性密封则受温度限制。蝶阀适用于大口径、大流量、低压力、脏污介质的场合。如图 3－12 所示。

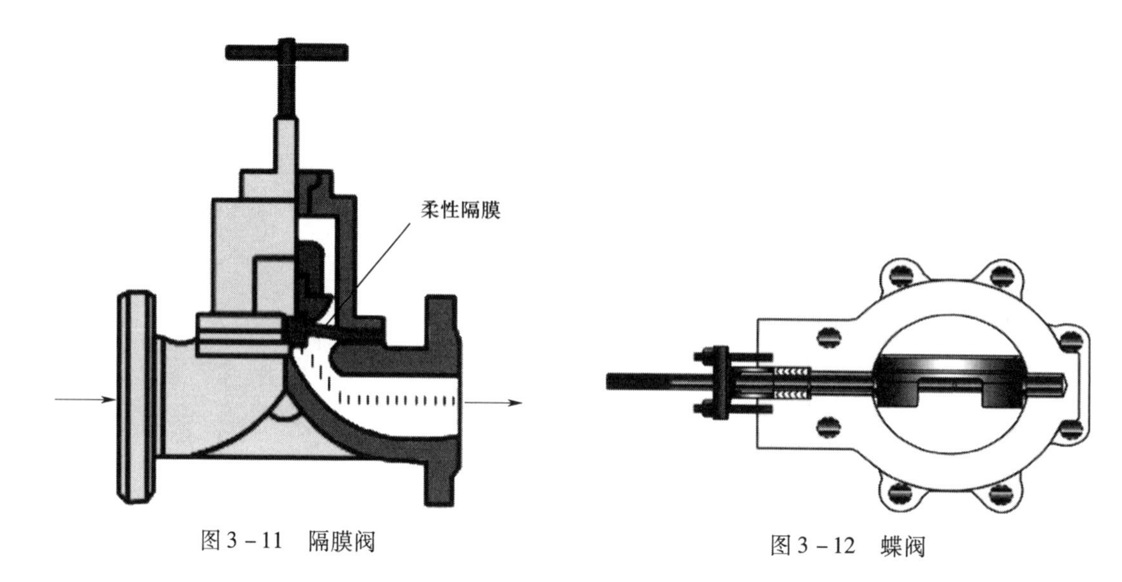

图 3－11　隔膜阀　　　　图 3－12　蝶阀

（8）球阀。这种阀只需要用旋转 90° 的操作和很小的转动力矩就能关闭严密，完全平等的阀体内腔为介质提供了阻力很小、直通的流道。球阀最适宜直接做开闭使用，但也可作节流和控制流量之用。球阀的主要特点是本身结构紧凑，易于操作和维修，适用于水、溶剂、酸和天然气等一般工作介质，而且还适用于工作条件恶劣的介质，如氧气、过氧化氢、甲烷、乙烯、树脂等。球阀阀体可以是整体的，也可以是组合式的。如图 3－13 所示。

（9）偏心旋转阀。偏心旋转阀又称凸轮挠曲阀，简称偏转阀。其采用结构新颖、流体阻力小的直通型阀体结构，阀芯的回转中心不与旋转阀同心，可减小阀座磨损，延长使用寿命。偏心旋转阀流路简单、自洁性能好、阀体体积小、质量轻，适用于含固体颗粒介质及中高温、中高压工况中。如图 3－14 所示。

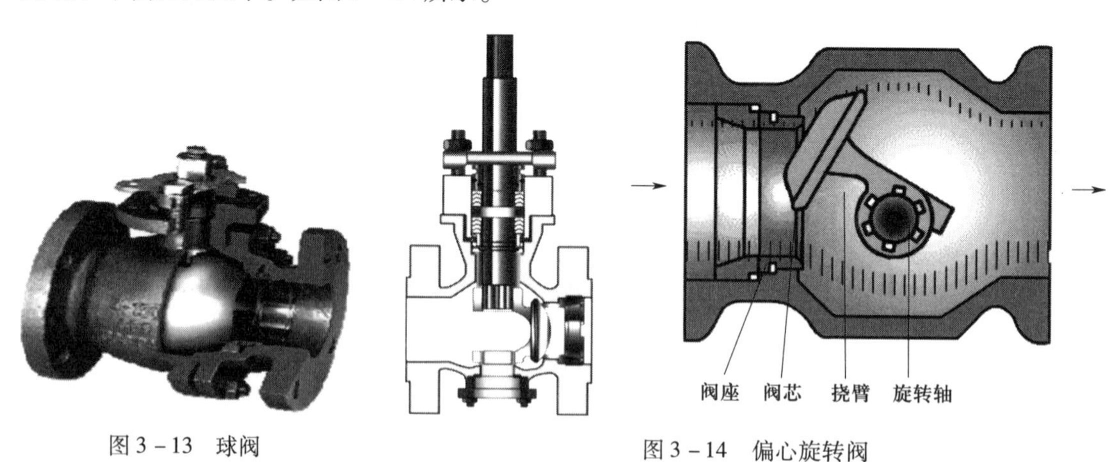

图 3－13　球阀　　　　图 3－14　偏心旋转阀

二、气动执行器辅助装置

1. 阀门定位器

阀门定位器是执行器的主要附件，如图 3－15 所示，它与气动执行器配套使用，接收调节

器的输出信号，然后利用输出信号去控制气动执行器。当气动执行器动作后，阀杆的位移又通过机械装置反馈到阀门定位器，从而使阀门的位置能按执行器输出的控制信号进行正确定位。

（1）分类。阀门定位器按其结构形式和工作原理可以分为电－气阀门定位器、气动阀门定位器和智能阀门定位器。

图 3－15　阀门定位器

1）电－气阀门定位器。采用电－气阀门定位器后，可用电动控制器输出的 0～10 mA 或 4～20 mA DC 电流信号去操纵气动执行机构。

2）气动阀门定位器。气动阀门定位器与气动执行器配套使用，组成闭环系统，利用反馈原理来改善执行器的定位精度并提高灵敏度，能以较大功率克服阀杆的摩擦力、介质的不平衡力等影响，从而使控制阀门的位置能按控制仪表输送的控制信号实现正确定位。

3）智能阀门定位器。以微处理器技术为基础，采用数字化技术进行数据处理、决策生成和双向通信的智能过程控制仪表，不需要人工调校，可以自动检测所带调节阀零点，满程，摩擦系数，自动设置控制参数。

（2）阀门定位器作用。阀门定位器可提高执行器的控制精度，准确定位；能够增大执行器的输出功率；提高执行器响应速度；可改善控制阀流量特性；克服阀杆的摩擦力并消除不平衡力的影响；可实现分程控制；可实现执行器反向动作。

2. 电磁阀

电磁阀是利用电磁力的作用，推动阀芯换位，以实现气流或液流换向的阀类。通常由电磁控制部分和换向部分（主阀）组成，电磁阀通常与执行器配套使用，实现气路转换，从而实现执行器的动作。

3. 电－气转换器

电－气转换器可接收 4～20 mA DC 的电流信号并将其转换成 20～100 kPa 标准气动信号，输送到气动执行机构。电－气转换器的结构如图 3－16 所示。

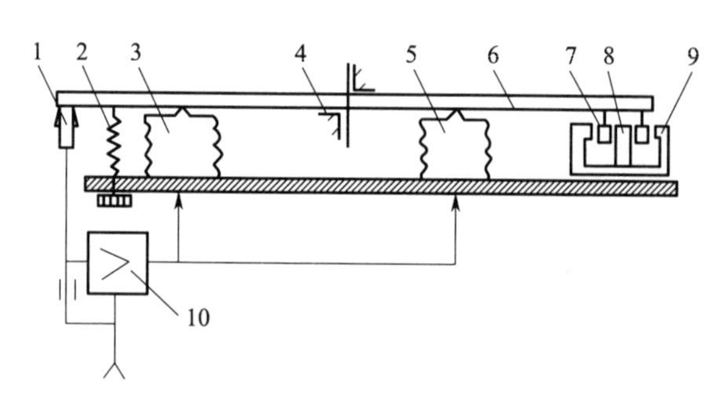

图 3－16　电－气转换器的结构

1—喷嘴挡板　2—调零弹簧　3—负反馈波纹管　4—十字弹簧　5—正反馈波纹管

6—杠杆　7—测量线圈　8—铁芯　9—磁钢　10—放大器

4. 手轮

目前的化工生产现场，有不少执行器配备有手动操作的手轮，以备在执行器因某种非工艺原因（可能原因有仪表气源故障、膜片破裂泄漏、定位器故障、4～20 mA 信号故障或 DCS 输出故障），致使执行器不能由主控室遥控操作，但工艺生产过程又不希望因此而中断运行，或在某种特殊工况和特定条件下不允许工艺中断，只能使用阀门操作的情况下，执行器的手轮就具有重要作用。

执行器手轮的作用有调节功能、限位功能、开关功能、维修需要、节约成本及其他功能。

任务实施

一、气动自动化控制技术

气动自动化控制技术是利用压缩空气作为传递动力或信号的工作介质，配合气动控制系统的主要气动元件，与机械、液压、电气、电子（包括 PLC 控制器和微型计算机）等部分或全部综合构成的控制回路，可使气动元件按生产工艺要求的工作状况，自动按设定的顺序或条件动作的一种自动化技术。气动自动化控制技术装置结构如图 3－17 所示。

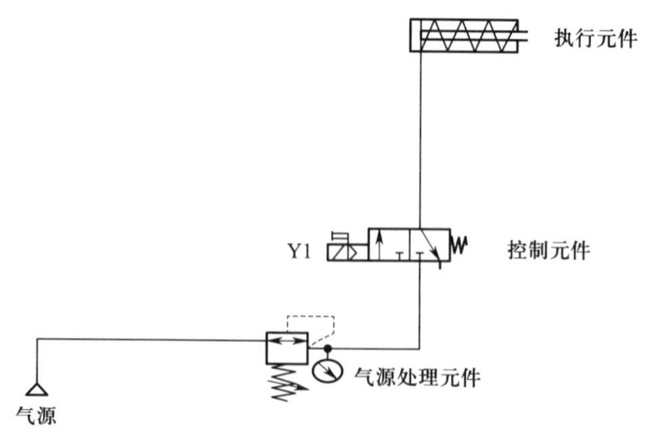

图 3－17　气动自动化控制技术装置结构

1. 气源系统

气源系统包括空气压缩机、储气罐、空气净化设备和输气管道等。它为气动设备提供清洁、干燥、恒压和足够流量的压缩空气，是气动系统的能源装置。气源的核心是空气压缩机，可将原动机的机械能转换为气体的压力能。

2. 气动执行元件

气动执行元件是把气体的压力能转变成机械能，实现气动系统对外做功的机械运动装置。作直线运动的是气缸，作摆动或回转运动的是气马达。

3. 气动控制元件

气动控制元件包括压力、流量、方向等动力控制元件和传感器、逻辑元件、伺服阀等信号转换、逻辑运算和放大的一类元件，它们决定着气动系统的运动规律。

4. 气动辅助元件

气动辅助元件是保证气动系统正常工作不可缺少的元件，有气动三联件、消声器、管接头等。

将上述各类元件用符号和连线绘制成图，称为气动控制原理图。

5. 气动三联件

气动三联件是在气动控制系统的入口所必须的器件，它是由过滤器、减压阀、油雾器三位一体组成，如图 3－18 所示。

图 3－18　气动三联件

1—减压阀　2—油雾器　3—过滤器

（1）过滤器的作用。过滤器可将压缩空气里的杂质、油污、水分等过滤掉，存放在过滤器里，达到使压缩空气干燥、清洁的目的。过滤器应定期排污。

（2）减压阀的作用。减压阀可用来调整压缩空气压力。减压阀调整到合适的压力后，应将锁定装置锁定，避免误操作。

（3）油雾器的作用。因气动控制系统内部的很多气缸需用油润滑，所以在气路里加入了油雾器，其目的是将油雾器里的油通过气管送到气缸里，使气缸润滑。油雾器可以根据需要调节滴油的快慢。油雾器应定期加油，加油时不要超过油线。

6. 气缸

气缸一般由缸筒、前后缸盖、活塞、活塞杆、密封件和紧固件等零件组成。

在缸筒内部的活塞杆与活塞相连，活塞上装有密封圈。为防止漏气和外部灰尘的侵入，前缸盖上装有密封圈和防尘圈。

（1）双作用气缸。这种气缸被活塞分为两个腔室，有活塞杆的称为有杆腔（前腔），无活塞的称为无杆腔（后腔）。当从无杆腔端的气口输入压缩空气时，推动活塞前进，使活塞杆伸出。同样，当从有杆腔端的气口输入压缩空气时，活塞杆退回到初始位置。通过交替进气和排气，活塞杆伸出和退回，气缸实现往复直线运动。如图 3 – 19 所示。

（2）单作用气缸。这种气缸在缸盖一端气口输入压缩空气使活塞杆伸出（或退回），而另一端靠弹簧、自重或其他外力等使活塞杆恢复到初始位置。如图 3 – 20 所示。

图 3 – 19　双作用气缸

图 3 – 20　单作用气缸

7. 电磁阀

电磁阀是气动控制元件中最主要的元件，常用的有二位三通电磁阀和二位五通电磁阀。

（1）二位三通电磁阀。直动式二位三通电磁阀如图 3 – 21 所示。图示位置为阀处于断电关闭状态。此时，1、2 不通，2、3 相通，阀没有输出。当通电时，铁芯受电磁力作用被吸向上，1、2 相通，排气口封闭，阀有输出。

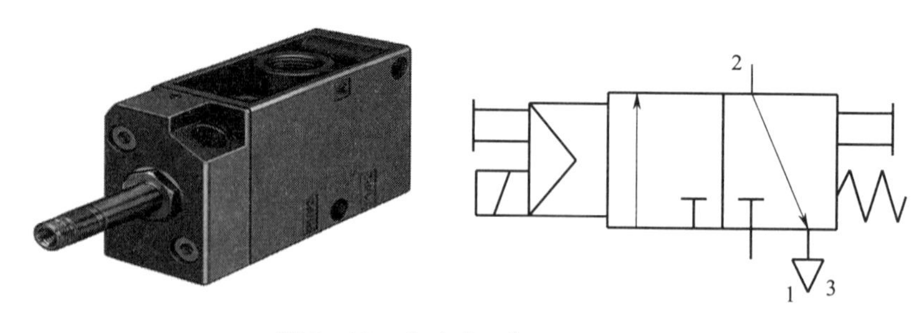

图 3 – 21　直动式二位三通电磁阀

（2）二位五通电磁阀。二位五通电磁阀如图 3 – 22 所示，图示位置为阀处于断电关闭状态。此时，1、4 不通，2 有输出，4 排气。当通电时，铁芯受电磁力作用被吸向上，4 有输出，2、3 接通，2 排气。如图 3 – 23 所示。断电时，阀杆在弹簧力作用下复位。为了避免排气声太大，3 和 5 的位置安装消声器。如图 3 – 24 所示。

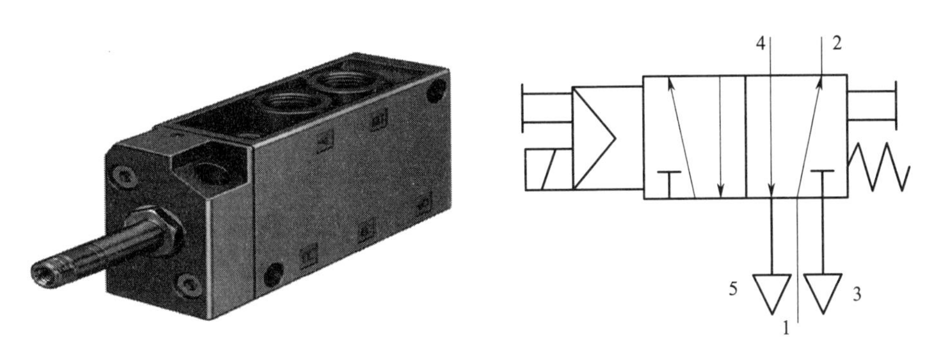

图 3－22　二位五通电磁阀

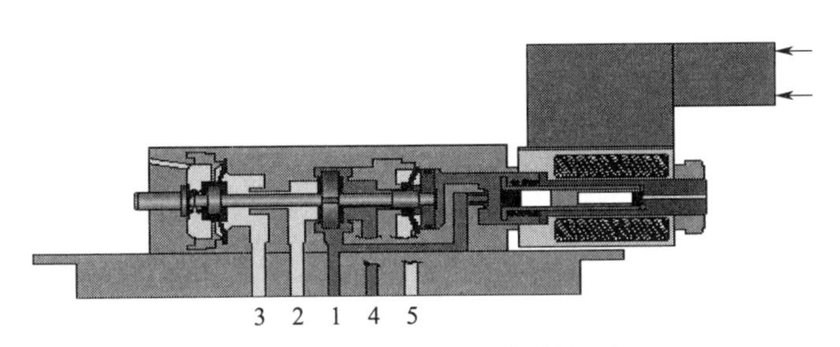

图 3－23　通电时的内部剖视图

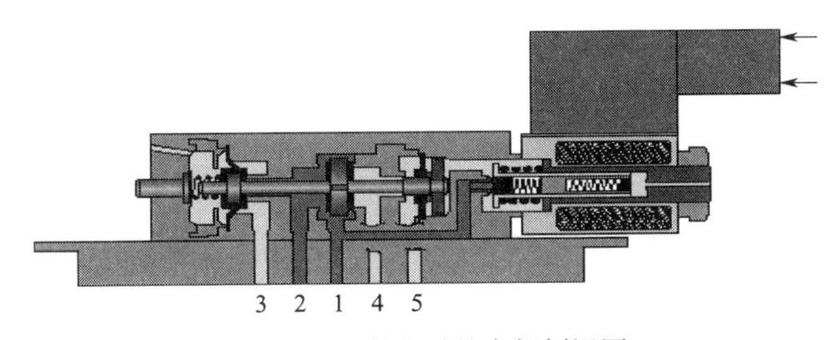

图 3－24　断电时的内部剖视图

（3）电磁阀运行情况检查。

1）在通气的状态下，按动电磁阀的手动按钮，观察该电磁阀是否有切换。如果没有切换，更换该电磁阀。

2）更换电磁阀前应查看铭牌，注意型号、规格是否相符，包括电源、工作电压、通径、螺纹接口等。

3）安装后应进行通气、通电试验，检查阀换向动作是否正常，手动装置正常。

8. 气动常用元件

气动常用元件包括气源安全启动阀、消声器等。如图 3－25、图 3－26 所示。

二、气动执行器的安装

气动执行器应该安装在便于调整、检查和拆卸的地方。执行器最好垂直安装在水平管道上，在特殊情况下需要倾斜安装时，除小口径执行器外一般要加支撑；尽量安装在其前后有 10 倍管道直径长的直管段，以免工作特性过于畸变，阀的公称直径与管径不同时，应加一

图 3－25　气源安全启动阀

图 3－26　消声器

段异径管连接；为防止执行机构的薄膜老化，应尽量远离高温、振动场所；为方便维修，应安装在靠近地面和楼板的地方；应装有手轮机构和阀门定位器，便于观察和操作；在开停车或事故时，可用人工操作手轮机构。对于重要的调节系统，需采用旁路，以便在执行器故障或维修时，通过旁路继续生产。流体流动方向应与执行器的箭头方向相同。

三、手轮的操作

手轮主要分为蜗轮蜗杆式、直接作用式，其操作要点如下：

1. 阀门的开启方向，通常是逆时针表示阀门打开，顺时针表示阀门关闭。因此，开关阀门时要注意方向。

2. 阀门的手柄、手轮大小是根据阀门人力开关设计的。因此，只要手工转动阀门即可实现开关，一般不允许借助杠杆或扳手来开关阀门，这是为了防止用力过猛，损坏密封面及其他零件。

3. 当关闭式开启闸阀及截止阀至死点时，要回转 1/4 ~ 1/2 圈，使螺纹更好地密合，以免拧得过紧，损坏阀件。

4. 开启蒸汽阀门时应缓慢开启，排除管道中的凝结水，防止产生水击现象，损坏阀门及管道。

5. 大口径的闸阀、截止阀和蝶阀有的设有旁通阀，其作用是平衡阀门两侧压力，减少开启力。因此，开启时，应先打开旁通阀，再慢慢开启阀门；关阀时，应先关闭旁通阀，再慢慢关闭主阀门。

6. 操作注意事项

（1）任何手轮机构，当阀杆达到终端位置后，再用过大的力转动手轮，阀杆或手轮机构可能会被损坏，或者中间发生不可预见的情况，阀杆或手轮机构也可能会被损坏，因此，在手轮的操作过程中，不能使用“F”扳手操作。另外，在操作手轮过程中，如果手轮操作很费力，切忌使用蛮力，此时应该检查操作过程是否正确。

（2）在进行手动操作时，对于双作用执行机构，应开启平衡阀或释放掉气室内的气压，以免发生危险或损坏设备。

（3）自动操作时，必须将手动机构置于自然位置并且锁定，否则，可能发生行程限位

或者损坏执行机构。

四、按照气动执行器实训装置操作手册完成基本操作训练。

知识拓展

一、自动调节阀

在工业自动化过程控制领域中，通过接收控制单元输出的控制信号，借助执行机构去改变介质流量、压力、温度、液位等工艺参数，一般由执行机构、阀门和其他附件组成。按其控制形式可分为调节型、切断型和调节切断型。气动薄膜调节阀就是以压缩空气为动力，以薄膜为执行机构的调节阀。结构附件包括空气过滤减压器、阀门定位器、电磁阀（一般的调节阀不需要电磁阀）、保位阀、阀位变送器、阀位开关等。具有调节型的调节阀通过接收控制单元（数字调节器、PLC 和 DCS）输出的信号，可以在 0～100% 范围内任意调节阀门开度，从而改变介质流量、压力、温度、液位等工艺参数，起到连续平滑的调节作用。

1. 调节阀分类

（1）常用分类法。这种分类方法既按原理、作用又按结构划分，是目前国内外最常用的分类方法。一般分为 9 个大类：单座调节阀、双座调节阀、套筒调节阀、角形调节阀、三通调节阀、隔膜阀、蝶阀、球阀、偏心旋转阀。

前 6 种为直行程，后 3 种为角行程。这 9 种产品是最基本的产品，也称为普通产品、基型产品或标准产品。各种各样的特殊产品、专用产品都是在这 9 类产品的基础上改进变型出来的。

（2）按用途和作用分类。

1）两位阀。主要用于关闭或接通介质。

2）调节阀。主要用于调节系统。选阀时，需要确定调节阀的流量特性。

3）分流阀。用于分配或混合介质。

4）切断阀。通常指泄漏率小于十万分之一的阀。

（3）气动调节阀按作用方式分类。

1）气开式调节阀。有信号压力输入时阀打开，无信号压力时阀全关。

2）气关式调节阀。有信号压力时阀关闭，无信号压力时阀全开。

气开、气关的选择考虑原则是：信号压力中断时，应保证设备和操作人员的安全，如阀门处于打开位置时危害性小，则应选用气关式；反之，则用气开式。

2. 调节阀的选择

（1）根据工艺条件，选择合适的结构形式和材质。

控制阀的阀部分由阀的内件和阀体组成，阀的内件包括阀芯、阀杆、填料函和上阀盖，上阀盖和填料函用于对阀杆密封和对阀杆进行导向，防止工艺介质沿控制阀门的阀杆向外泄漏。

常规的上阀盖结构形式一般有 4 种：

1）普通型。适用于常温，工作温度：−20～200 ℃。

2）散热片型。适用于高温或低温，工作温度：−60～450 ℃。

3）长颈型。适用于深度冷冻场合，工作温度：−60～−250 ℃。

4）波纹管密封型。适用于有毒性、易挥发或贵重流体，填料函一般为聚四氟乙烯或柔性石墨。

填料的选择也是需注意的问题，填料选择不当，使控制阀的摩擦力增大，会导致控制阀死区增大或者很容易使阀杆密封失效。

因此，选择控制阀，除了阀体结构、材质、执行机构、口径计算外，还应根据控制流体的压力、温度、压差和流体的性质，合理选择上阀盖的结构形式和填料函，以防止流体沿控制阀阀杆泄漏，即应充分考虑阀杆密封的性能和使用寿命，这在工程设计中是非常重要的。

（2）根据工艺对象特点，选择合适的流量特性。

1）调节阀的可调比。调节阀的可调比是指调节阀所能控制的最大流量和最小流量的比值。

2）调节阀的流量特性。调节阀的流量特性是指被测介质流过阀门的相对流量与阀门相对开度之间的数学关系。

3）典型理想的流量特性。

①快开流量特性。快开流量特性是指在阀开度较小时就有较大的流量，随着开度的增加，流量很快达到最大。其适用于快速启闭的切断阀或双位调节系统。隔膜阀的流量特性接近于快开特性。

②直线流量特性。直线流量特性是指调节阀的相对流量与相对位移成直线关系，即单位位移变化所引起的流量变化是常数。阀门在开度小时流量相对变化值大、灵敏度高、不易控制，甚至发生震荡；在大开度时，流量相对变化值小、调节缓慢、不够及时。

③抛物线流量特性。抛物线流量特性是指调节阀的单位相对位移的变化所引起的相对流量变化与此点的相对流量值的平方根成正比关系。一般使用较少。

④等百分比（对数）流量特性。等百分比流量特性是指调节阀的单位相对位移的变化所引起的相对流量变化与此点的相对流量成正比关系，即调节阀的放大系数是变化的，它随相对流量的增大而增大。阀门在开度小时，调节阀放大系数小，调节平缓；在大开度时调节阀放大系数大，调节灵敏有效。碟阀的流量特性接近于等百分比特性。

（3）根据工艺操作参数，选择合适的阀门尺寸。口径大小直接决定介质流过的能力。口径过大，正常流量时阀门处于小的开度，阀的特性不好；口径过小，正常流量时阀门处于大的开度，阀的特性也不好。通过计算阀的流通能力，并且保证具有一定的余量，具有较宽的可控范围。

（4）根据阀杆受力大小、应用场合等选择合适的执行机构，见表 3−2。

表3－2　　气动薄膜执行机构和电动执行机构对比表

比较项目	气动薄膜执行机构	电动执行机构
可靠性	高（简单、可靠）	较低
驱动能源	需另设气源	简单方便
价格	低	高
输出力	大	小
刚度	小	大
防爆	好	差
工作环境	大（－40～80 ℃）	小（－10～55 ℃）

（5）根据工艺过程要求，选择合适的辅助装置。

二、自动切断阀

切断阀是指泄漏率小于十万分之一的阀，具有快速性，它是一种特殊的调节阀，只具有切断能力，没有调节作用。气动薄膜切断阀就是以压缩空气为动力，以薄膜为执行机构的切断阀。结构附件包括空气过滤减压器、阀门定位器（一般切断阀没有阀门定位器）、电磁阀、保位阀、阀位变送器、阀位开关等。切断阀与检测仪表配合，可以起到防止事故发生的作用，当仪表检测到有危险信号时，切断阀可以立即动作，切断介质供应，防止恶性事故发生。

1. 定义

切断阀是自动化系统中执行机构的一种，由多弹簧气动薄膜执行机构或浮动式活塞执行机构与调节阀组成，接收调节仪表的信号，控制工艺管道内流体的切断、接通或切换。

2. 特点及应用

切断阀具有结构简单、反应灵敏、动作可靠等特点，可广泛地应用在石油、化工、冶金等工业生产部门。

3. 要求

气动切断阀的气源要求经过过滤的压缩空气，流经阀体内的介质应该是无杂质、无颗粒的液体和气体。

注意：切断阀是一种特殊的调节阀，只有“开”“关”两种状态，响应速度快。

4. 分类

（1）按作用方式分类。分为单作用和双作用。

（2）按阀芯分类。分为球阀和蝶阀。

（3）按执行机构分类。分为气动活塞式和气动薄膜式。

5. 切断阀的结构组成

切断阀是由执行机构、减压阀、电磁阀和阀体部件组成的。

6. 切断阀与调节阀、开关阀的区别

（1）切断阀与调节阀的区别。切断阀是一种特殊的调节阀，只具有全开和全关两种状态；调节阀可以在0～100%范围内任意调节开度。一般切断阀没有阀门定位器，它是通过电磁阀的带电和断电控制阀门开关；一般调节阀没有电磁阀，通过阀门定位器控制阀门开度。切断阀的泄漏量极小，而调节阀的主要目的是调节作用，在全关时仍有较大的泄漏量。

（2）切断阀与两位阀的区别。两位阀是一种最简单的调节阀，它只有开和关两种状态，通过不断控制阀门的开关位置，达到控制流量、液位、温度和压力的目的。用在工艺要求不高的场合，一般只带有电磁阀和阀位开关。切断阀虽然也只有两种状态，但不是用在调节场合，而是为了安全要求而使用的，它的低泄漏量、快速性和可靠性都是两位阀无法比拟的。

任务二　认识电动执行器

学习目标

1. 了解电动执行器的组成、分类和特点。
2. 理解电动执行器的具体结构和工作原理。

任务引入

电动执行器是电动控制系统中的一个重要组成部分。它把来自控制仪表的 0 ~ 10 mA 或 4 ~ 20 mA 的直流统一电信号转换成与输入信号相对应的转角或位移，以推动各种类型的控制阀，从而连续控制生产工艺过程中的流量，或简单地开启或关闭阀门以控制流体的通断，达到自动控制生产过程的目的。电动执行器实物如图 3 - 27 所示。

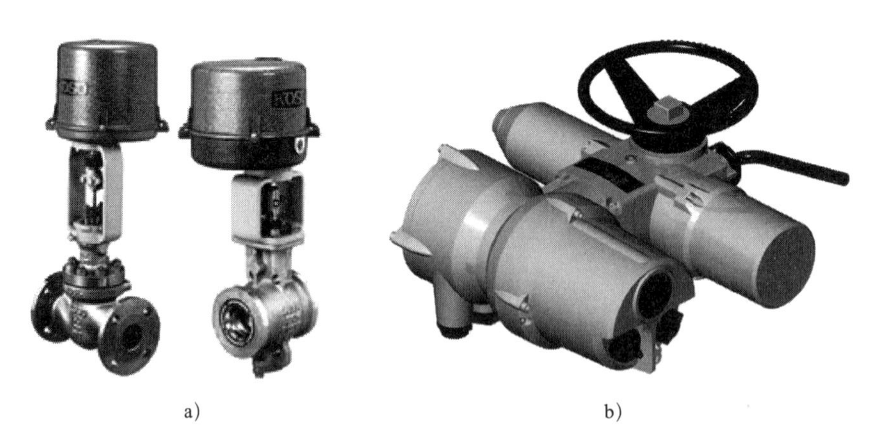

a)　　b)

图 3 - 27　电动执行器实物图

a）电动执行机构　b）传统电动执行机构

在防爆要求不高且无合适气源的情况下可以使用电动执行器。电动执行机构是由电动机带动减速装置，在电信号的作用下产生直线位移和角位移。

相关知识

一、电动执行器的组成与分类

1. 组成

电动执行器由电动执行机构和调节机构两部分组成。电动执行机构因为输入电流信号功率小，不能驱动电机转动，所以要配备功率放大器，构成一个以行程为被调参数的自动调节系统。这种执行机构实际是一整套系统，由信号比较、功率放大、单相低速同步电动机、减速传动机构和位置反馈电路5部分组成。前两部分集中在一块仪表中，称为伺服放大器，后三部分集中在一起，一般称为执行机构，安装在现场，如图3－28所示。

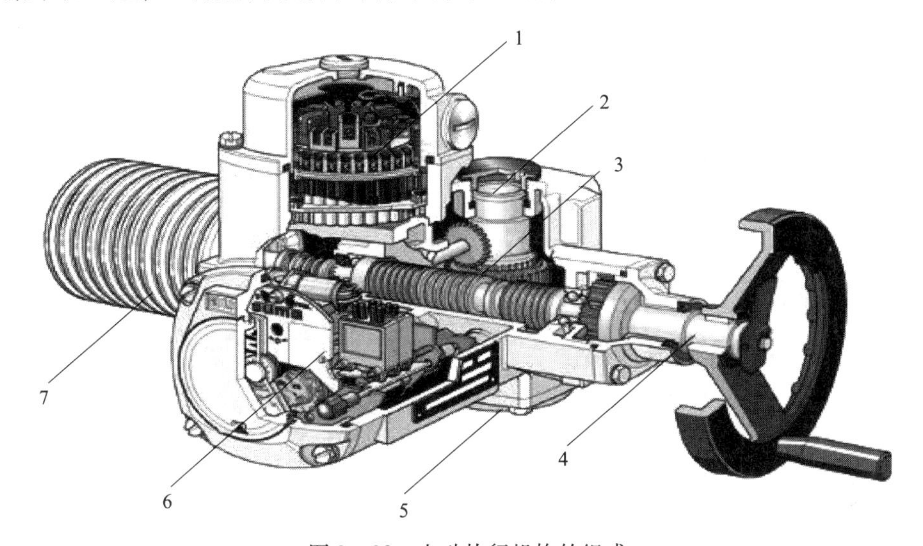

图3－28　电动执行机构的组成

1—电气连接AUMA插拔式连接器　2—空心轴　3—传动机构　4—手动机构　5—阀门连接装置　6—控制单元　7—电机

2. 分类

电动执行机构根据其输出形式不同，分为以下3类：

（1）角行程电动执行机构（DKJ型）。输出轴输出角位移，角度范围小于360°，根据大小不同推动不同的阀门，通常用来推动蝶阀、球阀、偏心旋转阀等转角式控制阀。

（2）直行程电动执行机构（DKZ型）。输出轴输出大小不同的直线位移来推动不同类型的阀门，通常用来推动单座、双座、三通、套筒等形式的控制阀。

（3）多转式电动执行机构。输出轴输出各种大小不等的有效圈数，位移量较大，用于推动闸阀或由执行电动机带动旋转式的调节机构，如各种泵等。

二、电动执行器的特点

1. 由于工频电源取用方便，不需增添专门装置，特别适用于执行器应用数量不太多的场合。

2. 动作灵敏、精度较高、信号传输速度快、传输距离可以很长，便于集中控制。

3. 在电源中断时，电动执行器能保持原位不动，不影响主设备的安全。

4. 与电动控制仪表配合较好，安装接线简单。

5. 体积较大、成本较高、结构复杂、维修不便，故只能应用于防爆要求不太高的场合。

知识拓展

一、数字阀

1. 数字阀及其工作原理

数字阀是一种位式数字执行器，由一系列并联安装且按二进制排列的阀门组成。

如图 3 -29 所示是数字阀工作原理示意图，是一个 4 位的数字阀，阀体内并联排列着一系列开闭式的流孔，这些流孔按二进制顺序排列，阀中每个流孔的流量确定。如果所有的孔关闭，流量为 0，如果都开启，则为 15。数字阀能在较大的范围内精密控制流量。

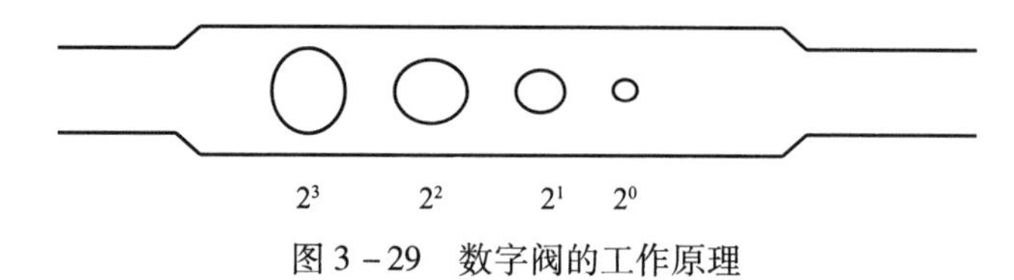

图 3 -29　数字阀的工作原理

2. 数字阀的特点

(1) 优点。

①高分辨率。其分辨率与阀的位数相关。

②高精度。每个流孔都装有预先校正流量特性的节流件。

③反应速度快，关闭性能好。

④直接与计算机相连，可直接将数字量转换成阀开度。

⑤没有滞后、线性好、噪声小。

(2) 缺点。结构复杂、价格贵，操作失误会导致控制错误。

二、智能控制阀

智能控制阀集常规仪表的监测、控制、执行等作用于一身，具有智能化的控制、限制、诊断、保护和通信功能。

思考与练习

一、选择题

1. 调节阀的气开、气关形式应根据（　　）确定。

A. 生产的安全　　B. 流量的大小　　C. 介质的性质　　D. 管道压力

2.（　　）不是调节阀的性能指标。

A. 流量系数　　B. 可调比　　C. 流量特性　　D. 阀阻比

3. 执行器的正作用是指（　　）。

A. 控制信号增大，执行器开度减少　　B. 控制信号增大，执行器开度增大

C. 控制信号减小，执行器开度减少

二、简答题

1. 简述气动薄膜调节阀的工作原理及其构成。

2. 名词解释：执行机构。

课题四

管道仪表流程图

管道仪表流程图（pipe and instrument diagram，PID 图），即带控制点的工艺流程图，它是在工艺仪表流程图的基础上，用过程测量和控制系统中规定的符号［符合《过程测量与控制仪表的功能标志及图形符号》（HG/T 20505—2014）的要求］，描述化工生产过程自动化内容的框图或图形。

工艺仪表流程图是用来表达整个工厂或车间生产流程的框图或图形以及仪表对生产工艺的检测和控制。它既可用于设计开始时施工方案的讨论，也是进一步设计施工流程图的主要依据，同时也是仪表工连接、检修仪表线路必不可少的技术文件。其通过图解的方式体现出如何由原料变成化工产品的全部过程和整个生产流程是如何实现联锁控制的。

通过本课题学习识读、绘制 PID 图，可以熟悉整个化工产品生产工艺过程，了解整个工艺过程中的自动化系统设置情况和自动化水平。

任务一　识读带控制点的工艺流程图

学习目标

1. 掌握 PID 图中仪表相关图形符号和控制符号的基本知识。

2. 能够直接识读 PID 图中比较简单的过程测量与控制仪表的功能标志和图形符号。

3. 能够借助查阅标准文件，读懂 PID 图中比较复杂的过程测量与控制仪表的功能标志和图形符号。

任务引入

在化工生产企业，PID 图是广泛使用的技术文件，以此了解生产工艺过程和生产控制方式。某化工生产企业间歇反应釜单元的 PID 图如图 4－1 所示，请解释其中仪表相关功能标志和图形符号的含义。

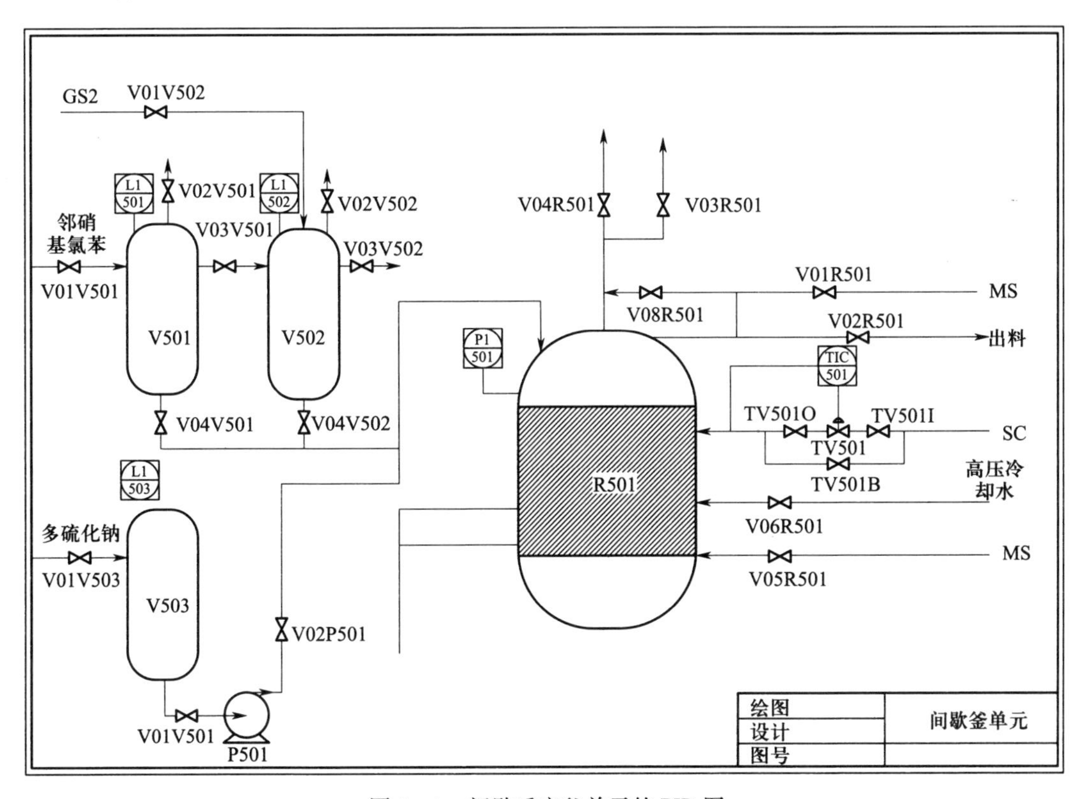

图 4－1　间歇反应釜单元的 PID 图

相关知识

一、仪表功能标志及位号

1. 仪表功能标志

见表 4－1，仪表功能标志由首位字母（回路标志字母）和后继字母（功能字母、功能修饰字母）构成。如：PI，首位字母 P 表示被测变量为压力，后继字母 I 表示读出功能（指示），PI 的组合表示一台具有指示功能的压力表；TIC，首位字母 T 表示被测变量为温度，后继字母 IC 表示读出功能（指示）＋输出功能（控制），TIC 的组合表示一台具有指示功能的温度控制器；PDAHL，首位字母 PD 表示附加修饰字母的被测变量——压差，后继字母 AHL 表示读出功能（报警）＋修饰字母（高、低），PDAHL 的组合表示一台具有高、低限报警功能的压差计。

表 4－1　　常用仪表功能标志字母

	首位字母		后继字母		
	被测变量或引发变量	修饰字母	读出功能	输出功能	修饰字母
A	分析 analytical		报警 alarm		
C	电导率 conductivity			控制 control	
D	密度 density	差 differential			
F	流量 flow	比率 ratio			
G	毒性气体或可燃气体		视镜、观察 glass		
H	手动 hand				高 high
I	电流 current		指示 indicating		
L	物位 level		灯 light		低 low
P	压力、真空 pressure or vacuum		连接或测试点 test point		
Q	数量 quantity	积算、累计 integrate or totalize			
S	速度、频率 speed or frequency	安全 safety		开关、联锁 switch or interlock	
T	温度 temperature			传送（变送） transmit	

2. 仪表位号

仪表位号由仪表功能标志和仪表回路编号两部分组成，例如，FIC－116、TRC－158 等，其中仪表回路编号的组成有工序号（例中数字编号中的第一个 1）和顺序号（例中数字编号中的后两位 16、58）两部分。

二、仪表图形符号

1. 仪表设备与功能的图形符号

仪表设备与功能的图形符号见表 4－2。

表 4－2　　仪表设备与功能的图形符号

序号	共享显示、共享控制[1]		C	D	安装位置与可接近性[2]
	A	B			
	首先或基本过程控制系统	备选或安全仪表系统	计算机系统及软件	单台（单台仪表设备或功能）	
1	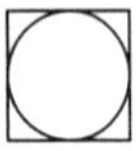		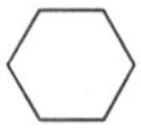	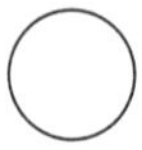	• 位于现场 • 非仪表盘、柜、控制台安装 • 现场可视 • 可接近性－通常允许

续表

序号	共享显示、共享控制[1]		C	D	安装位置与可接近性[2]
	A	B			
	首先或基本过程控制系统	备选或安全仪表系统	计算机系统及软件	单台（单台仪表设备或功能）	
2					• 位于控制室 • 控制盘正面 • 在盘的正面或视频显示器上可视 • 可接近性 - 通常允许
3					• 位于控制室 • 控制盘背面 • 位于盘后[3] 的机柜内 • 在盘的正面或视频显示器上不可视 • 可接近性 - 通常不允许
4					• 位于现场控制盘正面 • 在盘的正面或视频显示器上可视 • 可接近性 - 通常允许
5					• 位于现场控制盘背面 • 位于现场机柜内 • 在盘的正面或视频显示器上不可视 • 可接近性 - 通常不允许

注：1　共享显示、共享控制系统包括基本过程控制系统、安全仪表系统和其他具有共享显示、共享控制功能的系统和仪表设备。

2　可接近性指通常是否允许包括观察、设定值调整、操作模式更改和其他任何需要对仪表进行操作的操作员行为。

3　“盘后”广义上为操作员通常不允许接近的地方。例如仪表或控制盘的背面，封闭式仪表机架或机柜，或仪表机柜间内放置盘柜的区域。

2. 仪表连接线图形符号，见表 4 - 3。

表 4 - 3　　常用仪表与仪表连接线图形符号

序号	符号	应用
1	IA ——— 1	• IA 也可换成 PA（装置空气）、NS（氮气）或 GS（任何气体） • 根据要求注明供气压力，例如，PA - 70 kPa（G）、NS - 300 kPa（G）等
2	ES ——— 1	• 仪表电源 • 根据要求注明电压等级和类型，例如，ES - 220 VAC • ES 也可直接用 24 VDC、120 VAC 等代替
3	HS ——— 1	• 仪表液压动力源 • 根据要求注明压力，例如，HS - 70 kPa（G）
4	—/——/— 2	• 未定义的信号 • 用于工艺流程图（PFD） • 用于信号类型无关紧要的场合
5	—//——//— 2	• 气动信号

3. 最终控制元件图形符号，见表4－4。

表4－4　常用最终控制元件图形符号

序号	符号	应用
1	1-2 a) b)	• 通用型两通阀 • 直通截止阀 • 闸阀
2	2-3	• 通用型两通角阀 • 角形截止阀 • 安全角阀
3	2	• 通用型三通阀 • 三通截止阀 • 箭头表示故障或未经激励时的流路
4	2	• 通用型四通阀 • 四通旋塞阀或球阀 • 箭头表示故障或未经激励时的流路
5	2	• 蝶阀
6	2	• 球阀
7	2	• 旋塞阀
8	2	• 偏心旋转阀

任务实施

分设备列出PID图中各设备涉及仪表功能标志及图形符号的含义

1. R501间歇釜

2. V501邻硝基氯苯计量罐

3. V502 CS_2 计量罐

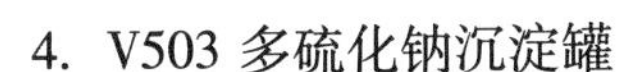
4. V503 多硫化钠沉淀罐

任务二　绘制带控制点的工艺流程图

学习目标

1. 熟悉仪表控制的画法。
2. 能够绘制简单的带控制点的工艺流程图。

任务引入

某一卧式汽油罐，通过一分程调节系统控制其压力，当压力高时，通向火炬系统的"A"阀打开进行泄压；当压力低时，与氮气相连的"B"阀打开进行充压。从而使汽油罐压力稳定在 0.2 MPa。汽油罐有一个液位指示需引入 DCS，以便操作工监视其液位情况。试画出汽油罐工艺流程图（带控制点）。

相关知识

一、仪表控制的画法

在工艺管道及仪表流程图中，仪表控制点以细实线在相应的管道上用符号画出。符号包括图形符号和字母代号，它们组合起来表示工业仪表所处理的被测变量和功能，或表示仪表、设备、元件、管线的名称，具体请参照标准《过程测量与控制仪表的功能标志及图形符号》（HG/T 20505—2014）。

1. 图形符号

仪表（包括检测、显示、控制等仪表）的图形符号是一个细实线圆圈，直径约 10 mm。需要时允许圆圈断开。必要时，检测仪表或元件也可以用象形或图形符号表示。

2. 字母代号

表示被测变量和仪表功能的字母代号。

3. 仪表位号

在检测控制系统中，构成一个回路的每个仪表（或元件）都应有自己的仪表位号。仪表位号由字母与阿拉伯数字组成。第一位字母表示被测变量，后继字母表示仪表的功能。一般用三位或四位数字表示装置号和仪表序号。

二、典型化工单元控制方案画法示例

1. 流体输送设备

（1）离心泵的控制方案，如图 4－2、图 4－3 所示。

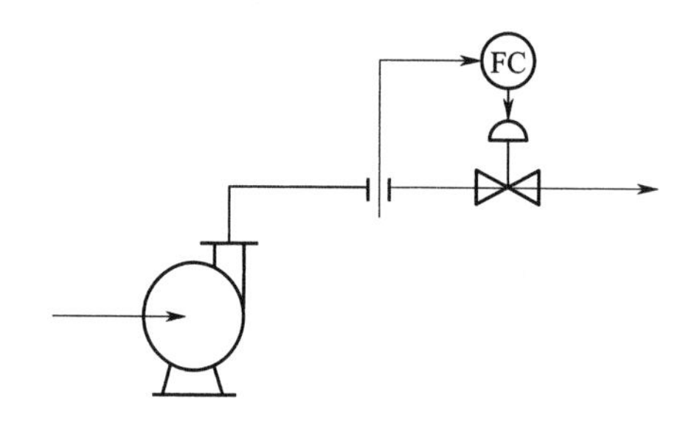

图 4－2　控制离心泵的出口阀门开度方案

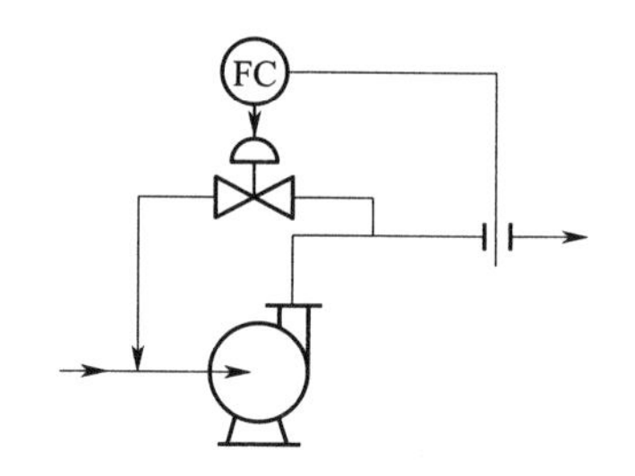

图 4－3　控制离心泵的出口旁路方案

（2）往复泵的控制方案，如图 4－4、图 4－5 所示。

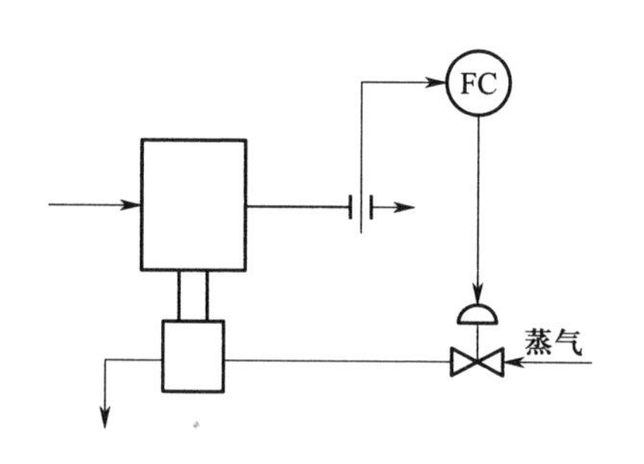

图 4－4　改变原动机转速的控制方案

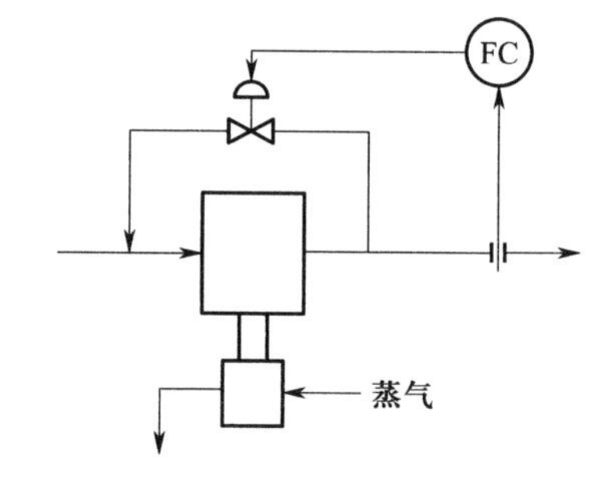

图 4－5　控制离心泵出口旁路的控制方案

（3）离心式压缩机的防喘振控制，如图 4－6、图 4－7 所示。

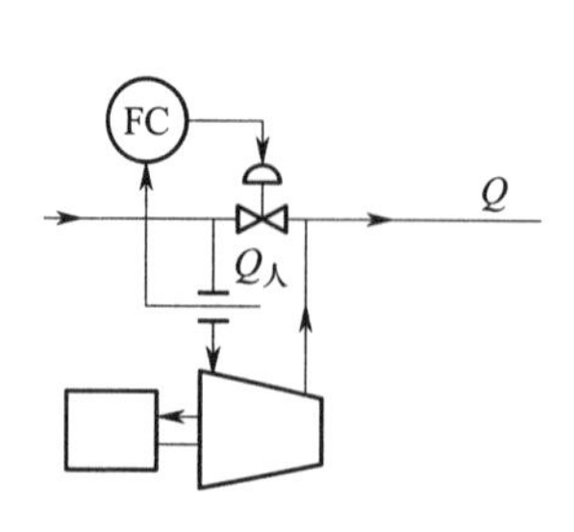

图 4－6　固定极限流量法方案

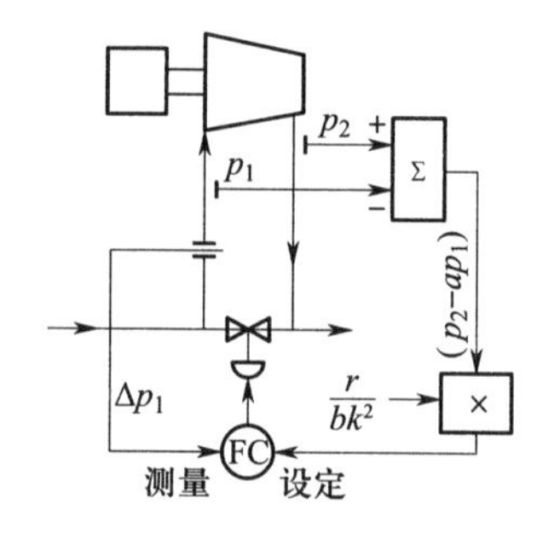

图 4－7　可变极限流量法方案

2. 精馏塔

精馏塔提馏段和精馏段温控方案如图 4－8、图 4－9 所示。

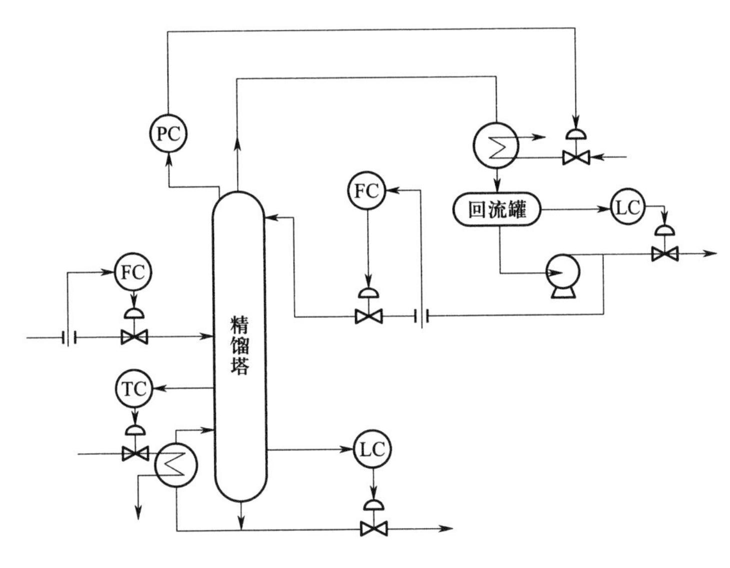

图 4－8　精馏塔提馏段温控方案

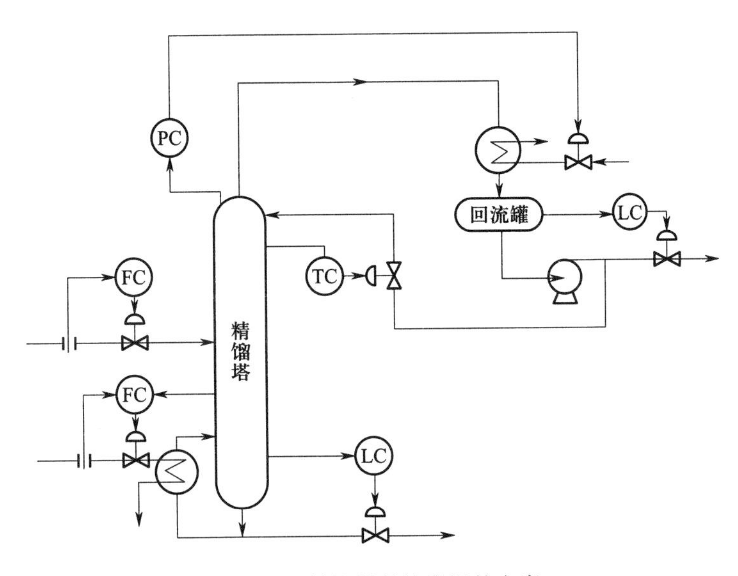

图 4－9　精馏塔精馏段温控方案

任务实施

一、绘制要点（见表 4－5）

表 4－5　　绘制要点

序号	绘图内容	绘图要点	标准
1	流程走向	排布合理，卷面清晰	排布合理，尽量避免交叉，流程正确
		设备齐全	主要设备、次要设备
2	控制回路	信号线	信号线走向正确

续表

序号	绘图内容	绘图要点	标准
2	控制回路	仪表	仪表图形符号及位号正确
		控制点	控制点位置正确
3	主要设备	设备图形符号、位号，进出物料走向、位置	进出物料走向、位置正确，设备图形符号、位号正确

二、参考流程图

参考流程如图 4－10 所示。

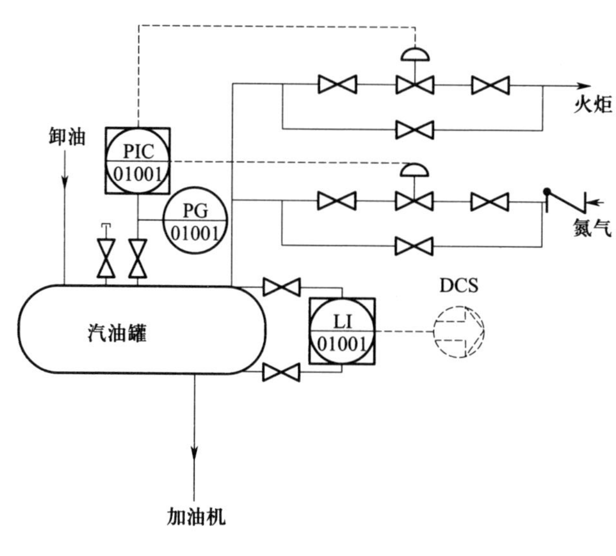

图 4－10　参考流程

思考与练习

一、判断题

1. 在工艺管道及仪表流程图中，仪表控制点以细实线在相应的管道上用符号画出。(　　)

2. 仪表（包括检测、显示、控制等仪表）的图形符号是一个细实线正方形，直径约 10 mm。(　　)

3. 仪表符号中 PIC 代表的是温度显示控制仪表。(　　)

4. 仪表位号中 TI－1101 中 01 代表的是装置号。(　　)

5. 仪表符号中 AIA 代表的是分析显示仪表。(　　)

二、简答题

1. 什么是管道仪表流程图？
2. 写出下列带控制点的工艺流程图中仪表功能标志及图形符号的含义。

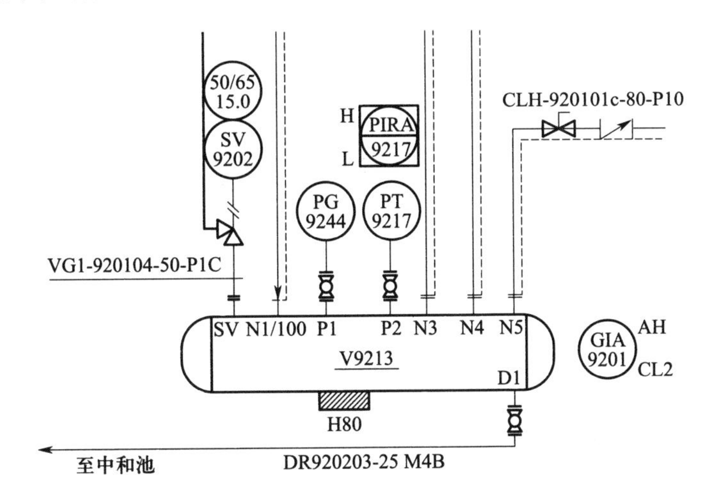

课题五

常规控制系统

现代化工生产过程自动化水平越来越高，控制系统的类型越来越多，其复杂程度的差异也越来越大。本课题主要介绍在化工企业约占自动控制系统 80% 左右的简单控制系统及常见的串级控制系统和比值控制系统两种复杂控制系统。

任务一　认识单回路控制系统

学习目标

1. 了解单回路控制系统的结构与组成，掌握有关术语。

2. 通过简单控制系统实训，熟悉单回路控制系统的调试与参数整定，理解控制、被控变量及控制参数的选择。

任务引入

单回路液位控制实训系统操作界面如图 5－1 所示，请按操作手册要求完成单回路液位控制系统实训。

相关知识

一、单回路控制系统的结构与组成

简单控制系统是指由一个测量变送装置、一个控制器、一个执行器、一个被控对象所构成的单闭环控制系统，因此也称为单回路控制系统，其组成如图 5－2 所示。

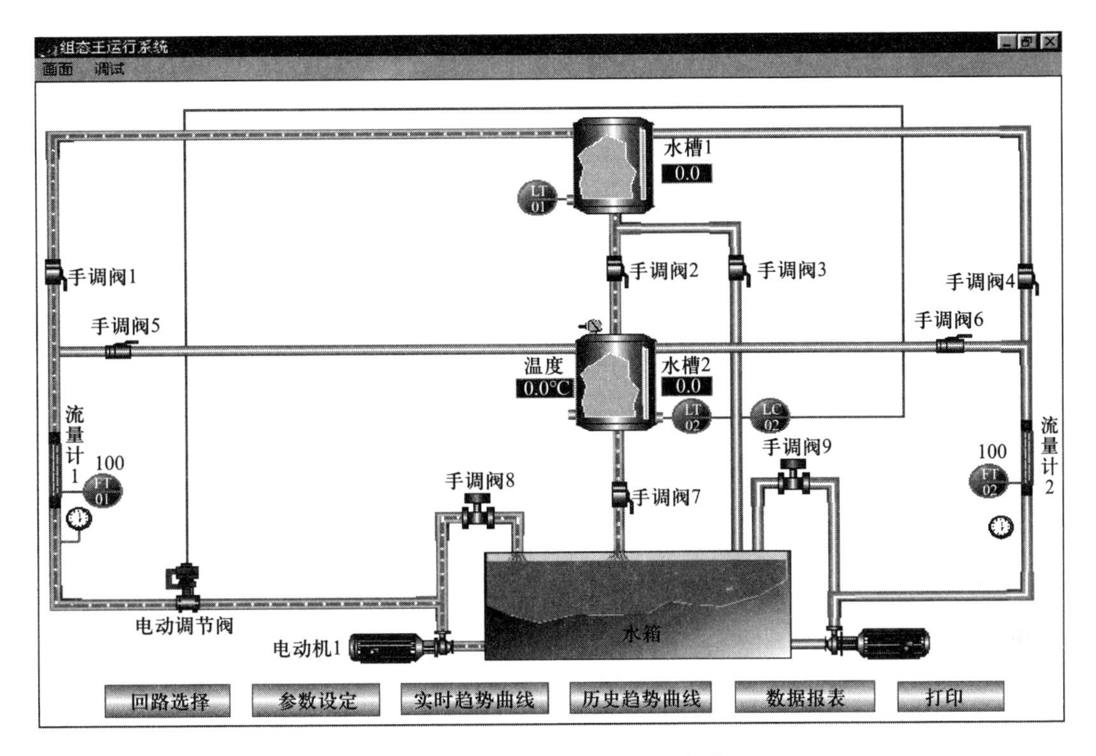

图5－1　单回路液位控制实训系统操作界面

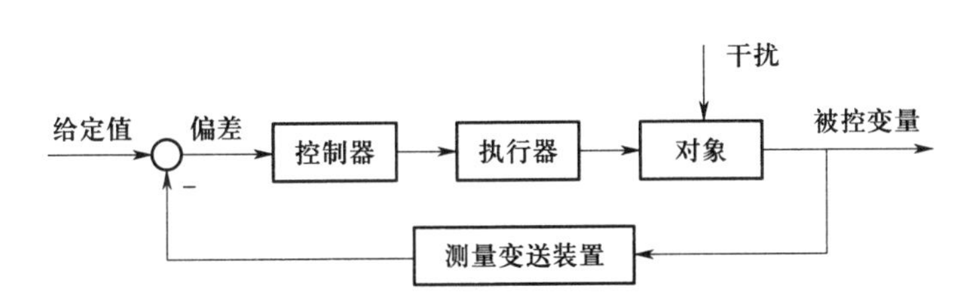

图5－2　单回路控制系统的组成

1. 分类

（1）按被调参数分为温度、压力、流量、液位等控制系统。

（2）按具有的控制规律分为比例、比例积分、比例微分、比例积分微分等。

（3）按给定值形式分为：

1）定值控制系统。给定值保持不变。

2）随动控制系统。自动跟踪式，给定值随机变化。

3）程序控制系统。给定值随时间有规律地变化。

2. 有关术语

单回路控制系统控制原理示意图如图5－3所示，有关术语如下：

（1）被控对象。被控制的设备或装置。

（2）被控变量。需要对其进行控制的工艺变量。

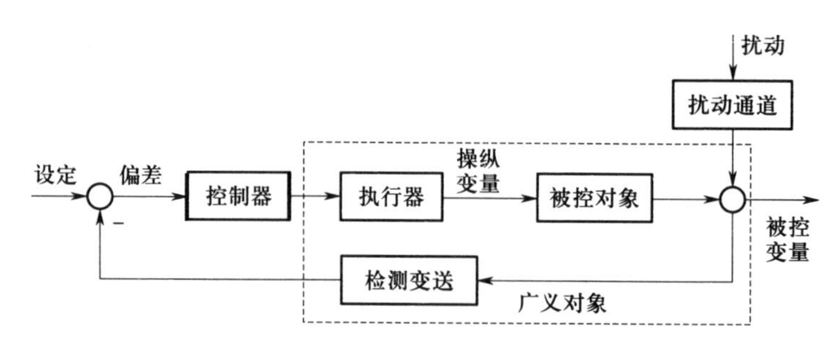

图 5－3　单回路控制系统控制原理示意图

（3）操纵变量。受执行机构操纵，用于克服扰动影响的变量。

（4）扰动。影响被控变量的各种干扰作用。

（5）检测变送。把被控变量检测出来，并转换成标准信号，传输至控制器。

（6）控制器。根据设定值与测量值间的偏差，按控制规律输出信号的设备。

（7）执行器。接收控制器输出信号，控制操纵变量的设备。

（8）控制通道。操纵变量到被控变量的通道。

（9）扰动通道。扰动变量到被控变量的通道。

3. 控制实例

当系统受到外界扰动的影响时，为使被控变量（液位）与设定值保持一致，首先检测被控变量，并与设定值比较得到偏差，其次按一定控制规律对偏差运算，然后输出信号驱动操纵变量（流量），最后使被控变量恢复到设定值。液位控制系统如图 5－4 所示。

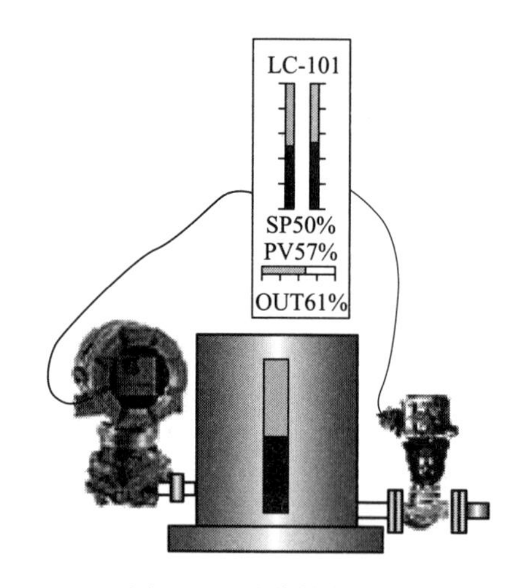

图 5－4　液位控制系统

控制过程分为 3 个阶段：

（1）变送器检测液位。

（2）控制器对偏差运算并输出控制指令。

（3）执行器改变操纵变量。

二、被控变量与操纵变量的选择

1. 基本概念

（1）被控变量。被控变量是指生产过程中借助自动控制来保持恒定值的变量。必须找出影响生产的关键变量作为被控变量。

（2）关键变量。关键变量是指对产品的产量、质量及安全具有决定性作用，而人工操作又难以满足要求的变量。

（3）操纵变量。操纵变量是指用来克服干扰对被控变量的影响，实现控制作用的变量。应把对被控变量影响较显著的可控因素作为操纵变量。

2. 被控变量的选择原则

（1）被控变量应能代表一定的工艺操作指标，或能反映工艺操作状态，一般都是工艺过程中比较重要的变量。

（2）被控变量在工艺操作中经常要遇到一些干扰的影响而变化。维持被控变量的恒稳，所选取的被控变量应能较频繁地调节。

（3）尽量选直接控制指标作为被控变量。若无法获取直接指标信号，可选择与直接指标有单值对应关系的间接指标为被控变量。

（4）被控变量应能被测量出来，并具有足够大的灵敏度。

（5）选择被控变量时，必须考虑工艺合理性和仪表产品现状。

（6）被控变量应该是独立可控的。

3. 操纵变量的选择原则

选择操纵变量时，应尽量考虑以下几点：

（1）与被控变量的因果关系。

（2）有利于实现自动化控制。

（3）具有快速的动态响应性能。

（4）对较大的扰动具有补偿作用。

（5）能够对过程性能的不利影响进行快速调节。

4. 操纵变量的选择实例

如图 5－5 所示，影响提馏段灵敏板温度 $T_{灵}$ 的因素主要有：进料的流量（$Q_{入}$）、进料的成分（$X_{入}$）、进料的温度（$T_{入}$）、回流液的流量（$Q_{回}$）、回流液的温度（$T_{回}$）、加热蒸汽的流量（$Q_{蒸}$）、冷却器的冷却温度及塔压等。

影响提馏段灵敏板温度 $T_{灵}$ 的因素分为可控因素和不可控因素。

可控因素包括回流量与蒸汽流量，其余都是不可控因素。

在不可控因素中，有些也是可以调节的，例如，进料量、塔压等，但工艺上不允许用调节这些变量来控制塔的温度（因为进料量的波动意味着生产负荷的波动，塔压的波动意味着塔的工作不稳定）。

在回流量与蒸汽流量两个可控因素中，蒸汽流量对提馏段温度影响更显著、更节能，所以选蒸汽流量为操纵变量。

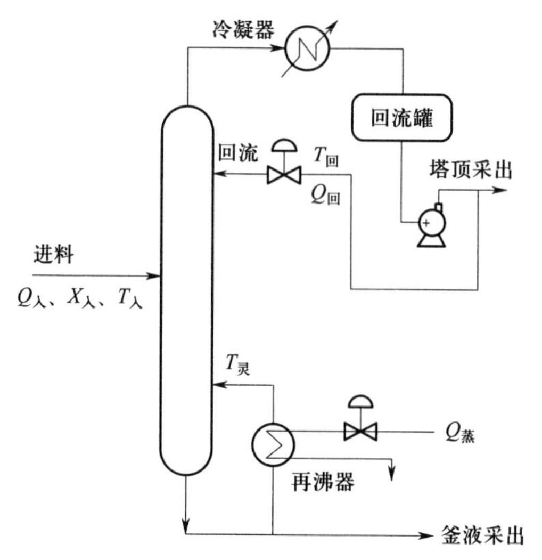

图 5－5 操纵变量的选择实例

三、单回路控制系统特点

最简单、最基本；应用最广泛、最成熟；是各种复杂控制系统设计和参数整定的基础；适用于被控对象滞后时间较小，负载和干扰不大，控制质量要求不太高的场合。

任务实施

一、实训原理

如图 5－1 所示，电动机向水槽 1、2 供水，水槽 2 的液位经液位变送器 2 变为电信号（4～20 mA）送到 PLC 或计算机；在 PLC 内进行 PID 运算或在计算机中进行其他控制算法运算；用输出来调节调节阀，从而调节电动机 1 的出水量，达到调节水槽 2 液位的目的。

二、根据实训系统操作手册完成实训操作

任务二 认识串级控制系统

学习目标

1. 了解串级控制系统的结构、组成和特点。
2. 通过串级控制系统实训项目，熟悉串级控制系统调节器参数的整定与投运方法。

任务引入

过程控制综合实验装置如图 5－6 所示，请根据装置实验指导书完成串级控制实验。

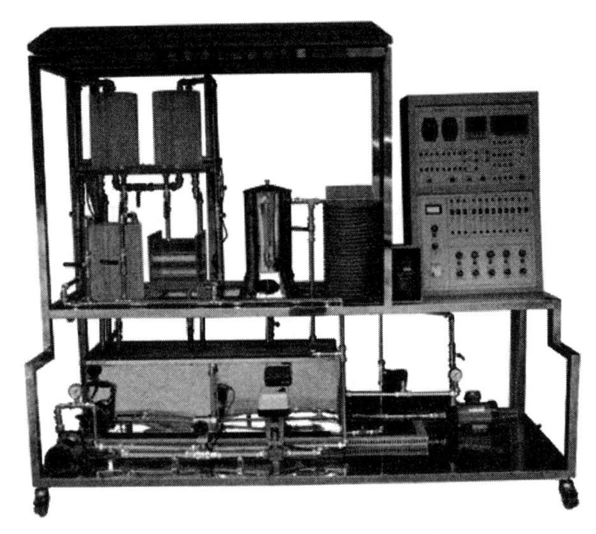

图 5－6　过程控制综合实验装置

相关知识

一、串级控制系统的基本概念

如图 5－7 所示，串级控制系统有关术语如下：

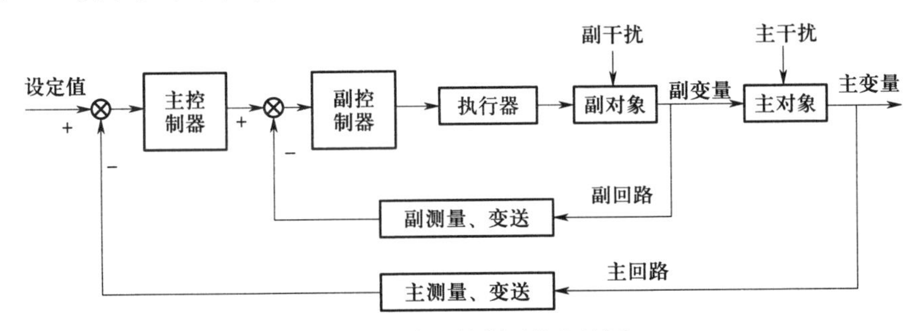

图 5－7　串级控制系统方块图

（1）主测量。串级控制系统中起主导作用的被控变量，是过程中主要控制的工艺指标。

（2）副测量。串级控制系统中为了稳定主变量而引入的辅助变量。

（3）主对象。由主变量表征其主要特征的工艺设备或过程，其输入量为副变量，输出量为主变量。

（4）副对象。由副变量表征其特性的工艺生产设备或过程，其输入量为系统的操纵变量，输出量为副变量。

（5）主控制器。按主变量的测量值与给定值的偏差进行工作的控制器，其输出作为副控制器的给定值。

（6）副控制器。按副变量的测量值与主控制器的输出信号的偏差进行工作的控制器，其输出直接控制执行器的动作。

（7）主回路。由主测量变送器、主控制器、副控制器、执行器、副对象和主对象组成的闭合回路，又称外环或主环。

（8）副回路。由副测量变送器、副控制器、执行器和副对象所组成的闭合回路，又称内环或副环。

说明：在串级控制系统中有主副两个控制器。主控制器的输出作为副控制器的给定，适用于时间常数滞后较大的对象，如换热器、加热炉的温度控制。在测温元件 TE 影响之前因蒸汽压力变动造成的蒸汽流量变化已经先被副控制器进行了修正。如图 5－8 所示。

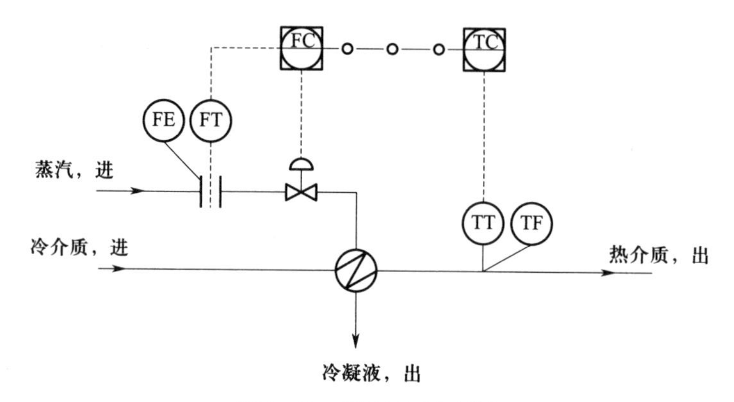

图 5－8　串级控制实例图

在串级控制系统中，由于引入一个闭合的副回路，不仅能迅速克服作用于副对象的干扰，而且对作用于主对象上的干扰也能加速克服。副回路具有先调、粗调、快调的特点；主回路具有后调、细调、慢调的特点，并能彻底克服副回路没有完全克服掉的干扰影响。因此，在串级控制系统中，由于主、副回路相互配合、相互补充，充分发挥了控制作用，大大提高了控制质量。

二、串级控制系统的特点

1. 系统结构的特点

（1）在串级控制系统中，有两个闭环负反馈回路，每个回路都有自己的控制器、测量变送器和对象，但只有一个执行器。

（2）两个控制器采用串联控制方式，主控制器的输出作为副控制器的给定值，而由副控制器的输出控制执行器的动作。

（3）主回路是一个定值控制系统，副回路则是一个随动控制系统。

2. 控制系统性能的特点

（1）对进入回路的干扰有很强的抑制能力。

（2）能改善控制通道的动态特性，提高系统的快速反应能力。

（3）对非线性情况下的负荷或操作条件的变化有一定的自适应能力。

3. 适用范围

当对象的滞后和时间常数很大，干扰作用强而且频繁、负荷变化大，简单控制系统满足

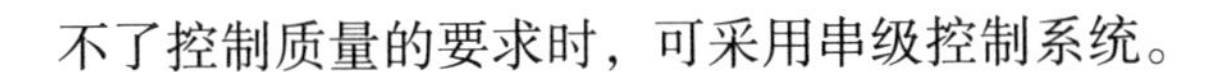
不了控制质量的要求时，可采用串级控制系统。

三、串级控制系统的设计

1. 主副变量的选择

（1）主变量选择原则。同单回路受控变量选择原则。

（2）副变量选择原则。副变量的选择与副回路的设计是串级控制的关键，选择原则如下：

1）主回路必须包括主要干扰，而且应包括更多一些干扰。

2）对象中的非线性，或时变特性的部分包括在副回路中。

3）当对象具有较大纯滞后时，副回路中尽量少包括或不包括纯滞后。

4）副回路设计应考虑主、副时间常数的匹配，以防发生共振现象。

5）应综合考虑控制质量和经济性要求。

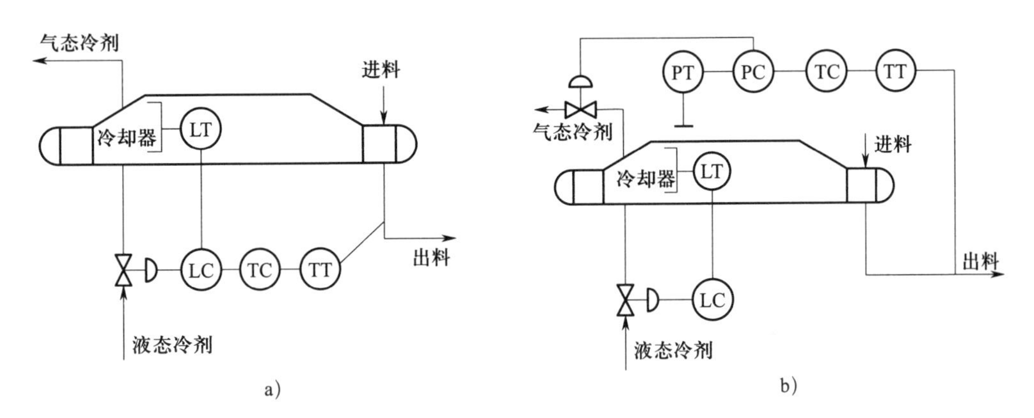

图 5－9　串级控制实例图

如图 5－9a 所示，冷剂液位为副参数，投资少，控制质量不高；如图 5－9b 所示，冷剂蒸发压力为副参数，投资多，控制质量较高。如何选择应视具体情况而定。

2. 主副控制器控制规律的选择

串级控制系统的目的是高精度地稳定主变量。主变量是生产工艺的主要控制指标，它直接关系产品的质量或生产的正常，工艺上对其要求比较严格。一般来说，主变量不允许有余差。所以，主控制器通常都选用比例积分控制规律，以实现主变量的无余差控制。

在串级控制系统中，稳定副变量并不是目的，设置副变量的目的是保证和提高主变量的控制质量。副变量的给定值是随主控制器输出变化而变化的。所以，在控制过程中，对副变量的要求一般都不太严格，允许它有波动。因此，副控制器一般采用比例控制规律。

要遵循的原则为：副回路——粗调、快调；主回路——细调、慢调。

3. 主副控制器正、反作用的选择

（1）主、副控制器要按照“先副后主”的原则确定顺序。

（2）副控制器的选择原则与简单控制系统中控制器正、反作用的选择方式相同，先判断副对象的正、反作用，然后根据工艺安全等要求，选定执行器的正、反作用方式，并按照使副控制回路成为一个负反馈系统的原则来确定副控制器的正、反作用。

各环节规定符号“乘积为负”的判别准则为：（副控制器 ±）（执行器 ±）（副对象 ±）（副变送器 ±）=（－）。

（3）主控制器的选择原则。当主、副变量在增加（或减小）时，如果由工艺分析得出，为使主、副变量减小（或增加），要求控制阀的动作方向是一致的，主控制器应选“反”作用，反之，则应选“正”作用。

“乘积为负”的判别准则为：副回路是一个随动系统，为“＋”，因此准则简化为主控制器的符号与主对象相反。

4. 例题

如图 5－10 所示的精馏塔提馏段温度与加热蒸汽流量串级控制系统中，执行器选为气关式，试确定主、副控制器的正、反作用。

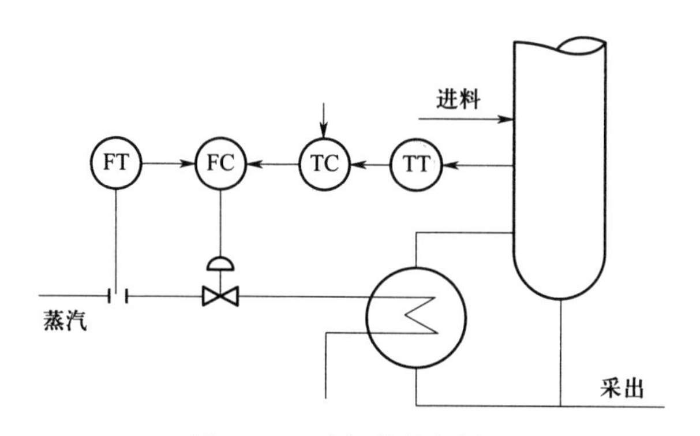

图 5－10　串级控制实例图

“先副后主”的原则：

（1）副回路。

1）执行器。气关式，符号为“－”。

2）副对象。执行器的阀门开度增大时，副变量蒸汽流量也增大，故副对象的符号为“＋”。

3）副变送器。符号为“＋”。

根据回路各环节符号“乘积为负”的判别公式，副控制器的符号必须取“＋”，即应选择正作用。

（2）主回路。当蒸汽流量增大时，主变量提馏段的温度将上升，故主对象的符号为“＋”。所以，主控制器应选择“－”，反作用。

四、串级控制系统的参数整定

1. 两步整定法

先整定副控制器，后整定主控制器。

（1）在工况稳定，主、副控制器都在纯比例作用的条件下，将主控制器的比例度先固定在100%的刻度上，然后逐渐减小副控制器的比例度，求取副回路在满足某种衰减比（如4:1）过渡过程下的副控制器比例度δ_{2S}和操作周期T_{2S}。

（2）在副控制器比例度等于δ_{2S}的条件下，逐步减小主控制器的比例度，直至主回路得到同样衰减比下的过渡过程，记下此时主控制器的比例度δ_{1S}和操作周期T_{1S}。

（3）根据上面得到的δ_{1S}、T_{1S}、δ_{2S}、T_{2S}计算主、副控制器的比例度、积分时间和微分时间。

（4）按"先副后主""先比例次积分后微分"的整定方法，将计算出的控制器参数加到控制器上。

（5）观察控制过程，适当调整，直到获得满意的过渡过程。

2. 一步整定法

一步整定法是指根据经验先将副控制器一次放好，不再变动，然后按一般单回路控制系统的整定方法直接整定主控制器参数。

采用一步整定法，副控制器参数选择范围见表5－1。

表5－1　一步整定法副控制器参数选择范围

副变量类型	副控制器比例度δ_2/%	副控制器比例放大倍数
温度	20~60	5.0~1.7
压力	30~70	3.0~1.4
流量	40~80	2.5~1.25
液位	20~80	5.0~1.25

一步整定法的整定步骤如下：

（1）在生产正常、系统为纯比例运行的条件下，按照表5－1所列的数据，将副控制器比例度调到某一适当的数值。

（2）利用简单控制系统中任一种参数整定方法整定主控制器的参数。

（3）如果出现共振现象，可加大主控制器或减小副控制器的参数整定值，一般即能消除。

任务实施

一、水箱液位串级控制实验实训

二、锅炉内胆水温与循环水流量串级控制实验实训

三、水箱液位与进水口流量串级控制实验实训

知识拓展

共振问题

如果主、副对象时间常数相差不大，可能会出现共振现象。这时可适当减小副控制器

比例度或积分时间，以达到减小副回路操作周期的目的。同理，可以加大主控制器的比例度或积分时间，以期增大主回路操作周期，使主、副回路的操作周期之比加大，避免共振。这样做的结果会在一定程度上降低期望的控制质量。如果主、副对象特性太接近，则说明确定的控制方案欠妥，变量的选择不合适，有时就不能完全靠控制器参数的改变来避免共振了。

任务三　认识比值控制系统

学习目标

1. 了解比值控制系统的基本概念、类型和特点。
2. 通过比值控制系统实训项目，熟悉比值控制系统调节器参数的整定与投运方法。

任务引入

在现代工业生产过程中，要求两种或多种物料流量成一定的比例关系。一旦比例失调，会影响生产的正常进行，影响产品的质量，浪费人力，造成环境污染，甚至造成生产安全事故。例如：燃烧过程中，燃料与空气要保持一定的比例，才能满足生产和环保的要求；造纸过程中，浓纸浆与水要以一定比例混合，才能制造出合格纸张。不少化学反应过程，多个进料要保持一定比例。制药生产中要求药物和注入剂按比例混合。

某企业生产的过程控制实训装置如图 5－11 所示，请根据实训装置实验指导书完成比值控制实验。

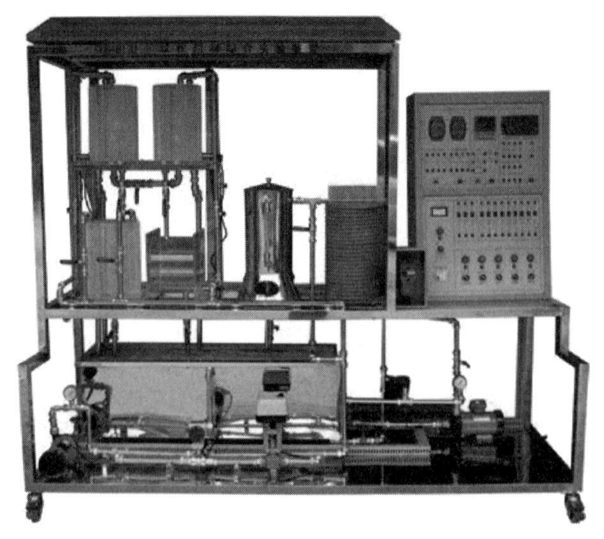

图 5－11　过程控制实训装置

相关知识

一、基本概念

1. 比值控制系统（流量比值控制系统）

实现两个或两个以上参数符合一定比例关系的控制系统。

2. 主物料或主动量

在保持比例关系的两种物料中处于主导地位的物料，称为主物料；表征主物料的参数，称为主动量（主流量），用 F_1 表示。

3. 从物料或从动量

按照主物料进行配比，在控制过程中跟随主物料变化而变化的物料，称为从物料；表征从物料特性的参数，称为从动量（副流量），用 F_2 表示。

有些场合，用不可控物料为主物料，用改变可控物料即从物料来实现比值关系。

4. 比值系数

如图 5－12 所示，蒸汽 1 和蒸汽 2 两个物料的流量分别检测不控制的这股主动流，管线 1 的流量按比值作为控制流，管线 2 按设定值控制这股控制流的流量。

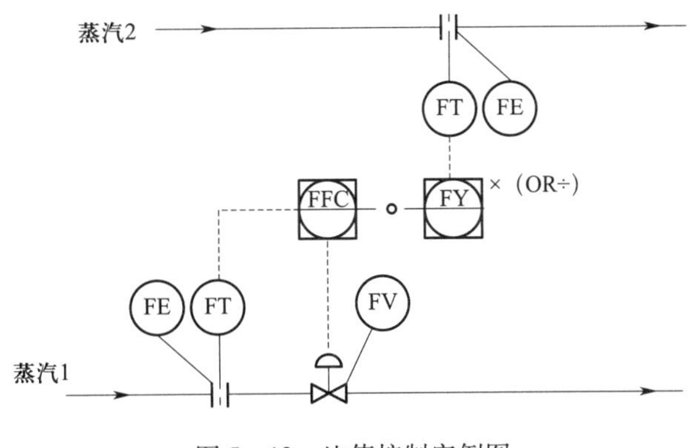

图 5－12　比值控制实例图

蒸汽 2 管线无调节器，是一个开环回路，故只能保证两个流量比值稳定，并不能保证两个流量的负荷稳定。要达到负荷稳定，需使用双闭环比值调节回路，即在蒸汽 2 管线上加装调节器。

二、比值控制系统的类型

1. 开环比值控制系统

（1）方块图如图 5－13 所示。

随着 F_1的变化，F_2跟着变化，满足 $F_2 = KF_1$的要求（阀门开度与 F_1 之间成一定的比例关系）。

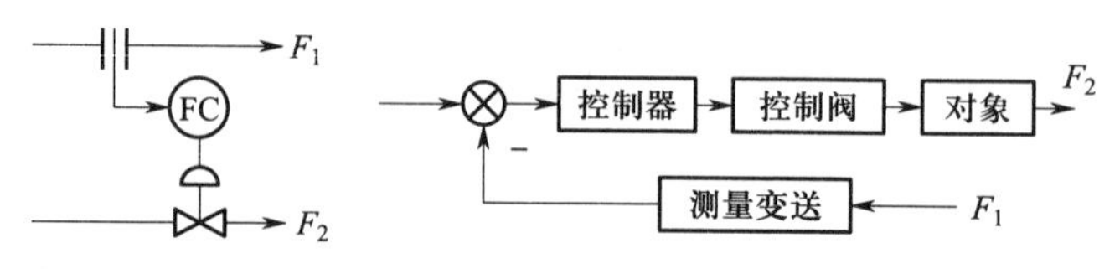

图 5－13　开环比值控制系统方块图

（2）特点。

1）优点。简单，仪表少。

2）缺点。系统开环，F_2 波动时比值难以保证。

3）开环比值控制系统适用于副流量较平稳且比值精度要求不高的场合。

2. 单闭环比值控制系统

（1）方块图如图 5－14 所示。

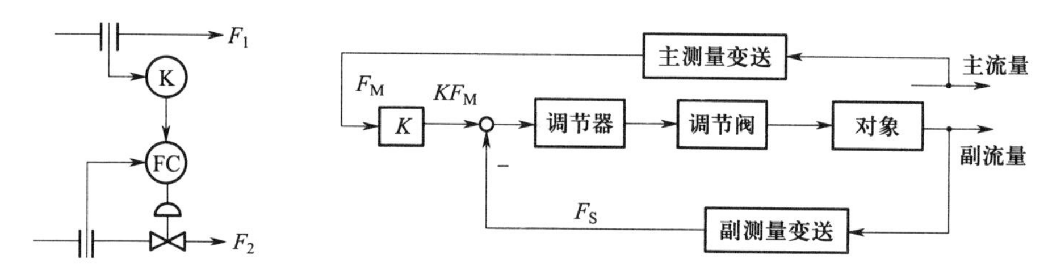

图 5－14　单闭环比值控制系统方块图

（2）特点。

1）单闭环比值控制系统不但能实现副流量跟随主流量的变化而变化，而且可以克服副流量本身干扰对比值的影响，主副流量的比值较为精确。

2）总物料量不固定。不适合负荷变化幅度大，物料又直接输送至化学反应器的场合。

3）当主流量出现大幅度波动时，副流量给定值也大幅度波动，在调节的一段时间里，比值会偏离工艺要求的流量比，不适用于要求严格动态比的场合。

4）适用于主物料在工艺上不允许进行控制的场合。

3. 双闭环比值控制系统

（1）方块图如图 5－15 所示。

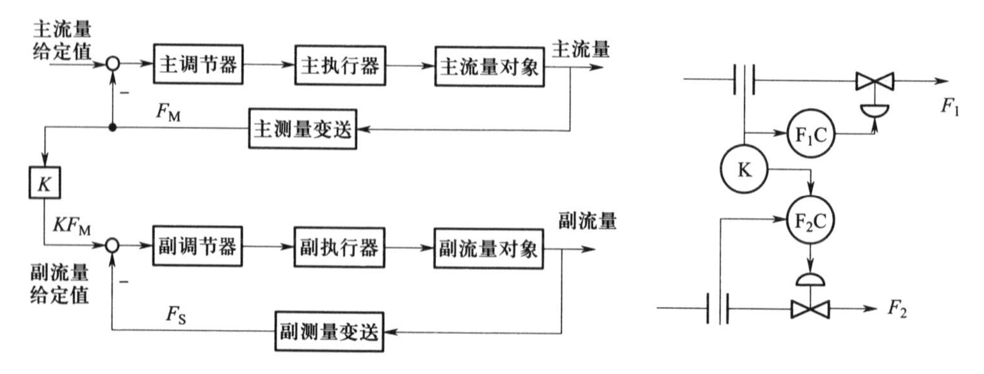

图 5－15　双闭环比值控制系统方块图

主流量控制回路克服主动量扰动，实现定值控制；从动量控制回路克服从动量扰动，实现随动控制；当扰动消除后，主、从动量都回到原设定值上，其比值不变。

（2）特点。

1）流量比值精确，物料总量基本不变。

2）只要缓慢改变主流量控制器给定值，可以提降主流量，副流量会自动跟踪变化，两种比值不变。

3）适用于主流量干扰频繁及工艺上不允许负荷有较大波动或工艺上经常需要提降主流量的场合。

4）当主动量采用定值控制后，由于调节作用，变化幅值会减小，变化频率加快，从而使从动量控制器的给定值处于不断变化中，当它的变化频率与从动量控制回路的工作频率接近时，可能引起共振。

4. 变比值控制系统

（1）方块图如图 5－16 所示。

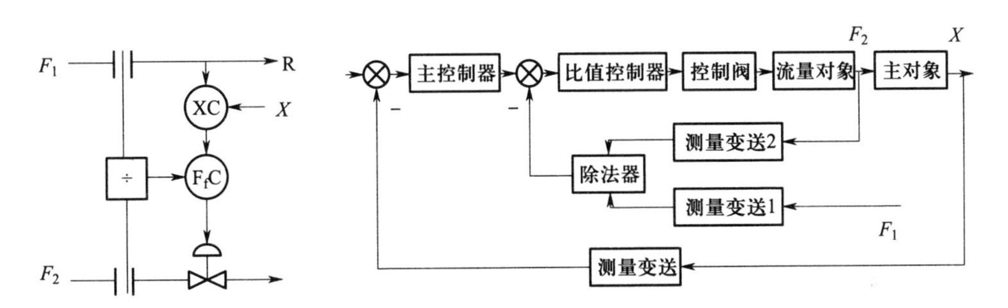

图 5－16　变比值控制系统方块图

如果工艺上要求两种流量的比值可以依据其他条件调整，则可构建变比值控制系统。

以某种质量指标 X（第三参数）为主变量，以两个流量比为副变量的串级控制系统为例：在燃烧控制中，最终的控制目标是烟道气中的氧含量（反映燃料完全燃烧指标），而燃料与空气的比值实质上是控制手段，因此，比值的设定值由氧含量控制器给出。

（2）工作原理。稳态时，主、副流量恒定，分别经变送器输送至除法器，其输出（比值）作为比值控制器的测量反馈信号。此时，主参数恒定，所以主控制器输出信号稳定，且与比值测量值相等，比值控制器输出稳定，控制阀处于某一开度，产品质量合格。

当 F_1、F_2 出现扰动，通过比值控制回路，保持比值一定，从而不影响或大大减小扰动对产品质量的影响（相当于串级控制系统的副回路调节）。

对于某些物料流量，当出现扰动如温度、压力、成分等变化时，虽然它们的流量比值不变，但由于真实流量（在新的温度、压力或成分下）与原来的流量不同，将影响产品质量指标，输出 X 偏离设定值，此时主控制器起作用，输出变化，修正比值控制器给定值，即修正了比值，使系统在新的比值上重新稳定。

任务实施

流量比值控制系统实验实训

思考与练习

简答题

1. 单回路液位控制系统由哪几部分组成?

2. 如图 5－17 所示的串级控制系统，执行器选为气开阀，试确定主、副控制器的正、反作用。

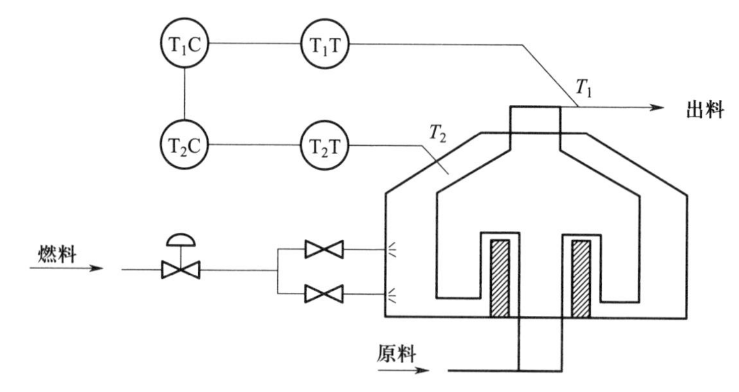

图 5－17　管式加热炉出口温度与炉膛温度串级控制系统

课题六

可编程控制系统

随着电子技术、计算机技术以及自动化技术的快速发展，使越来越多的自动化产品得以在化工行业中应用，从而极大提高了化工行业的生产效率。可编程逻辑控制器（PLC）是一种在20世纪60年代、70年代发明的工业控制装置，经过几十年的发展，其功能已经十分完善，在化工行业的自动化控制中发挥着重要作用。

任务一　认识PLC原理

学习目标

1. 了解PLC的概念、特点、分类和应用。
2. 通过PLC模拟实训平台，熟悉PLC的基本组成和工作原理。

任务引入

某品牌PLC模拟实训平台如图6-1所示，请根据配套实训指导书完成PLC原理实训项目。

相关知识

一、PLC概述

1. 定义

国际电工委员会（IEC）于1987年颁布了PLC标准草案第三稿。在草案中将PLC定义

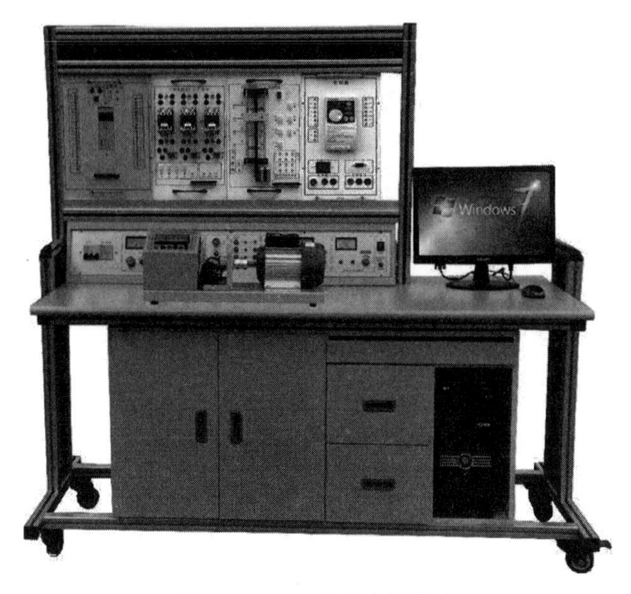

图 6－1　PLC 模拟实训平台

为：PLC 是一种数字运算操作的电子系统，专为在工业环境下应用而设计。它采用可编程序的存储器，用来在其内部存储执行逻辑运算、顺序控制、定时、计数和算术运算等操作的指令，并通过数字式和模拟式的输入和输出，控制各种类型的机械或生产过程。PLC 及其有关外围设备，都应按易于与工业系统连成一个整体，易于扩充其功能的原则设计。

2. 特点

（1）PLC 是一种以 CPU 为核心的计算机工业控制装置，具有良好的性能价格比和稳定的工作状态以及简便的操作性。

（2）PLC 是一种数字运算操作系统，专为工业环境应用而设计，有较强的抗干扰能力。

（3）PLC 可以单独使用，也可以通过网络成为 DCS 控制系统的一部分。

3. 发展概况

1969 年，美国研制出了第一台 PLC。

从 1971 年开始，各国相继开发了适于本国的 PLC，并推广使用。

20 世纪 80 年代末，PLC 技术已经很成熟，并从开关量逻辑控制扩展到计算机数字控制（CNC 等）领域。

近年生产的 PLC 向电气控制、仪表控制、计算机控制一体化方向发展。

二、PLC 的基本构成及工作原理

1. PLC 的组成

PLC 的基本组成与一般的微机系统类似，是一种以微处理器为核心的、用于控制的特殊计算机。如图 6－2 所示。PLC 的基本组成包括硬件与软件两部分：PLC 的硬件包括中央处理器（CPU）、存储器、输入接口、输出接口、通信接口、电源等；PLC 的软件分为系统程序和用户程序。

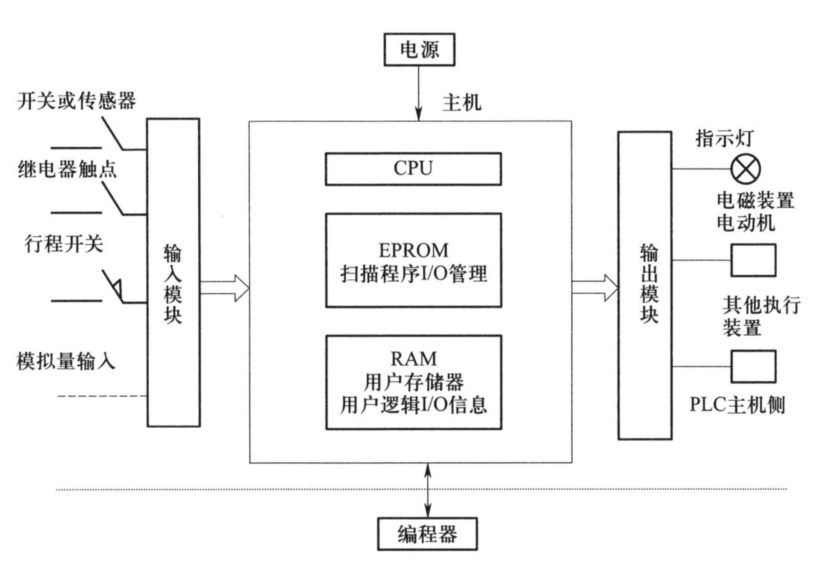

图 6－2　PLC 的基本组成

（1）中央处理器。中央处理器的作用是解释并执行用户及系统程序，通过运行用户及系统程序完成所有控制、处理、通信以及所赋予的其他功能，控制整个系统协调一致地工作。其主要有通用微处理器、单片机和双极型位片机。

（2）存储器。PLC 中，存储器主要用于系统程序、用户程序、数据。存储器的类型分为两类：可读/写操作的随机存储器 RAM，只读存储器 ROM、PROM、EPROM、EEPROM 等。

（3）输入、输出模块。输入输出模块是可编程序控制器与生产过程相联系的桥梁。PLC 连接的过程变量按信号类型可分为开关量（即数字量）、模拟量和脉冲量等，相应输入输出模块可分为开关量输入模块、开关量输出模块、模拟量输入模块、模拟量输出模块和脉冲量输入模块等。

输入/输出（I/O）点数是指 PLC 的 I/O 接口所能接受的输入信号个数和输出信号个数的总和。I/O 点数是选择 PLC 的重要依据之一，当 I/O 点数不够时，可通过 PLC 的 I/O 扩展接口对系统进行扩展。

（4）编程器。编程器的作用是编辑、调试、输入用户程序，也可在线监控 PLC 内部的状态和参数，与 PLC 进行人机对话。它是开发、应用、维护 PLC 不可缺少的设备。

2. PLC 的软件系统

（1）系统程序。完成系统诊断、命令解释、功能子程序调用、管理、逻辑运算、通信及各种参数设定等功能。

系统程序是由 PLC 的制造厂家编写的，在 PLC 使用过程中不会变动，它和 PLC 的硬件组成有关，关系 PLC 的性能。

系统程序是由制造厂家直接固化在只读存储器 ROM、PROM 或 EPROM 中，用户不能访问和修改。

（2）用户程序。用户程序是用户根据控制对象生产工艺及控制的要求而编制的应用程序，它是由 PLC 控制对象的要求而定的。

为便于读出、检查和修改，用户程序一般存于 CMOS 静态 RAM 中，用锂电池作为后备电源，以保证掉电时不会丢失信息。

为防止干扰对 RAM 中程序的破坏，当用户程序运行正常、不需要改变时，可将其固化在 EPROM 中。

现在有许多 PLC 直接采用 EEPROM 作为用户存储器。

（3）PLC 的编程语言。在 PLC 系统结构不断发展的同时，PLC 的编程语言也越来越丰富，功能也不断提高。

程序的表达方式基本有 4 种，即梯形图、指令表、逻辑功能图和高级语言。梯形图是当前使用最广泛的一种编程方法。

除了梯形图语言外，为了适应各种控制要求，出现了面向顺序控制的步进编程语言、面向过程控制的流程图语言、与计算机兼容的高级语言（BASIC、C 语言等）等。

多种编程语言的并存、互补与发展是 PLC 进步的一种趋势。

1）梯形图编程语言。梯形图（ladder diagram）编程语言是一种图形语言，类似于继电器控制线路图，它面向控制过程，直观易懂，是 PLC 编程语言中应用最多的一种语言。如图 6－3a 所示。

2）语句表编程语言。语句表编程语言是指用助记符表示指令的功能，指令语句是 PLC 用户程序的基础元素，多条指令语句的组合构成了语句表程序。如图 6－3b 所示。

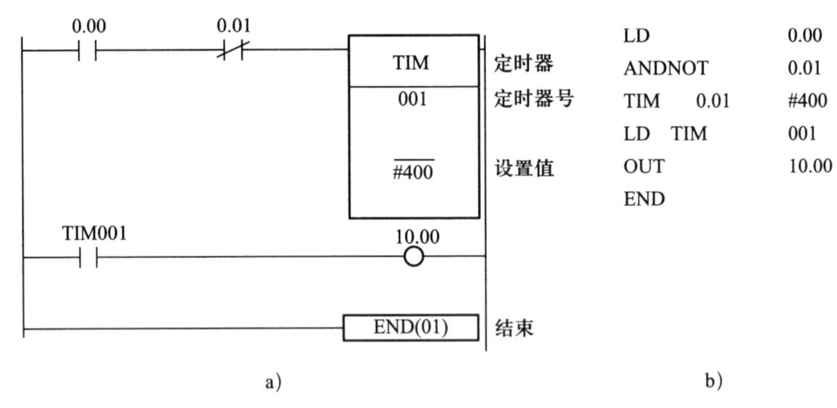

图 6－3 梯形图程序与语句表程序对比

a）梯形图 b）指令表

注意：不同厂家生产的 PLC 所使用的助记符各不相同，因此，同一梯形图经不同的 PLC 写成的助记符语句不相同。用户在梯形图转换为助记符时，必须先弄清 PLC 的型号及内部各器件编号、使用范围和每一条助记符的使用方法。

3）顺序功能图。顺序功能图常用来编制顺序控制程序，包括步、动作、转换 3 个要素。如图 6－4 所示。顺序功能图法可以将一个复杂的控制过程分解为一些小的工作状态。对于这些小状态的功能依次处理后再把这些小状态依一定顺序控制要求连接成组合整体的控制程序。

4）功能块图。功能块图是一种类似于数字逻辑电路的编程语言，用类似与门、或门的

方框来表示逻辑运算关系，方块左侧为逻辑运算的输入变量，右侧为输出变量，输入端、输出端的小圆点表示“非”运算，信号自左向右流动。类似于电路一样，方框被“导线”连接在一起。如图6－5所示。

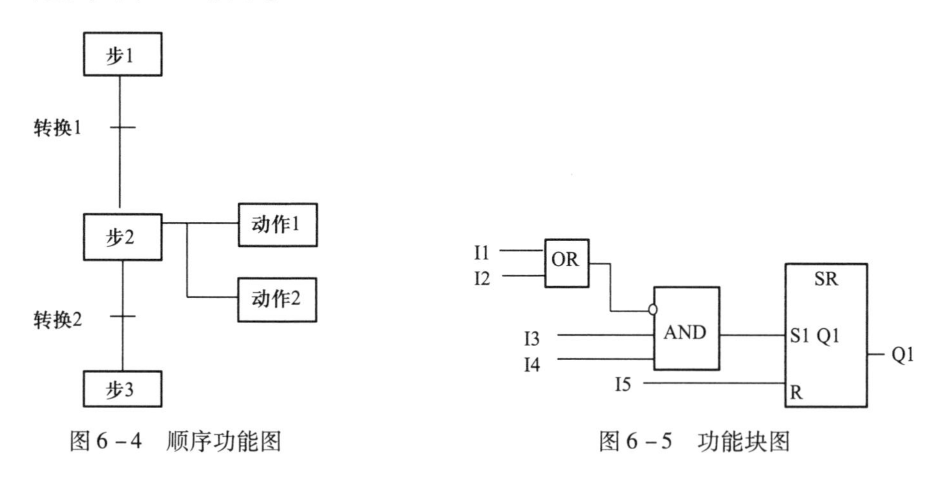

图6－4　顺序功能图　　　　图6－5　功能块图

3. PLC控制的原理

PLC采用顺序扫描、不断循环的工作方式，这个过程可分输入采样、程序执行、输出刷新3个阶段，整个过程扫描并执行一次所需的时间称为扫描周期。

PLC的工作过程分自诊断、与编程器或计算机等通信、输入采样、程序执行和输出刷新5个阶段。

三、可编程序控制器分类

1. 按结构形式分类

（1）整体式PLC。整体式是将PLC的CPU、存储器、I/O单元、电源等安装在同一机体内构成主机，另外还有I/O扩展单元配合主机使用，用以扩展I/O点数。整体式PLC的特点是结构紧凑、体积小、成本低、安装方便，但输入输出点数固定，灵活性较低，小型PLC多采用这种结构。

（2）组合式PLC。如图6－6所示，组合式PLC是由一些标准模块单元组成，采用总线结构，不同功能的模块（如CPU模块、输入模块、输出模块、电源模块等）通过总线连接起来。组合式PLC的特点是可以根据功能需要灵活配置，构成具有不同功能和不同控制规模的PLC，多用于大型和中型PLC。

（3）叠装式PLC。叠装式PLC将整体式和模块式的特点结合起来，其CPU、电源、I/O接口等也是各自独立的模块，但它们之间靠电缆进行连接，并且各模块可以一层层地叠装。这样，不但系统可以灵活配置，还可做得体积小巧。

2. 按控制规模分类

（1）小型PLC。I/O点数较少，小于256点的PLC。

（2）中型PLC。I/O点数较多，256～2 048点的PLC。

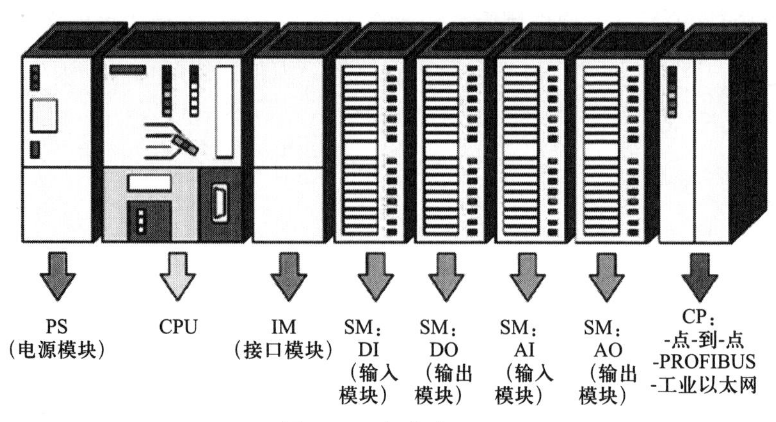

图 6 – 6　组合式 PLC

（3）大型 PLC。I/O 点数较多，大于 2 048 点的 PLC。

任务实施

一、熟悉 PLC 模拟实训平台并完成基本指令练习

二、与、或、非逻辑功能测试

三、跳转、分支功能训练

四、数据处理功能训练

知识拓展

电磁继电器与 PLC 继电器

一、电磁继电器的工作原理和特性

电磁式继电器一般是由铁芯、线圈、衔铁、触点簧片等组成的。如图 6 – 7 所示。

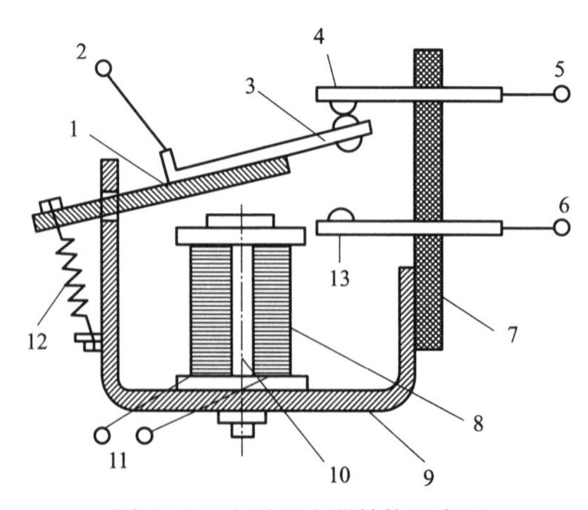

图 6 – 7　电磁继电器结构示意图

1—衔铁　2—公共动触点引脚　3—动触点　4—常闭触点　5—常闭触点引脚　6—常开触点引脚　7—绝缘架　8—线圈　9—铁架　10—铁芯　11—线圈引线脚　12—弹簧　13—常开触点

只要在线圈两端加上一定的电压，线圈中就会流过一定的电流，从而产生电磁效应，衔铁会在电磁力吸力下克服返回弹簧的拉力吸向铁芯，从而带动衔铁的动触点与静触点吸合。

当线圈断电后，电磁吸力也随之消失，衔铁就会依靠弹簧的反作用力返回原来的位置，使动触点与原来的静触点释放。通过吸合、释放，达到在电路中的导通、切断的目的。

继电器线圈未通电时处于断开状态的静触点称为常开触点，处于接通状态的静触点称为常闭触点。

二、PLC 继电器

PLC 的继电器不是物理继电器，它是 PLC 内部的寄存器位，因为它具有与物理继电器相似的功能，常称之为软继电器。

PLC 每一个继电器都对应着内部的一个寄存器位，该位为“1”态时，相当于继电器接通；为“0”态时，相当于继电器断开。

三、两种控制中继电器的区别

1. 物理继电器

（1）继电器需硬接线连接。

（2）触点个数有限。

（3）继电器的接线改变——控制功能改变。

2. PLC 继电器

（1）继电器用程序软连接。

（2）触点个数无限。

（3）PLC 的用户程序改变——控制功能改变。

任务二　PLC 系统调试

学习目标

1. 熟悉 PLC 系统调试原理。
2. 通过 PLC 模拟实训平台，能够进行 PLC 系统调试。

任务引入

由 PLC 控制的多种液体自动混合装置如图 6－8 所示。L_1、L_2、L_3 为液位传感器，在被液面淹没时接通，3 种液体的流入和混合液体放液阀门分别由电磁阀 Y_1、Y_2、Y_3、Y_4 控制，M 为搅拌电动机，T 为温度传感器，H 为加热器。请利用 PLC 模拟实训平台，完成多种液体自动混合装置的 PLC 控制实训。

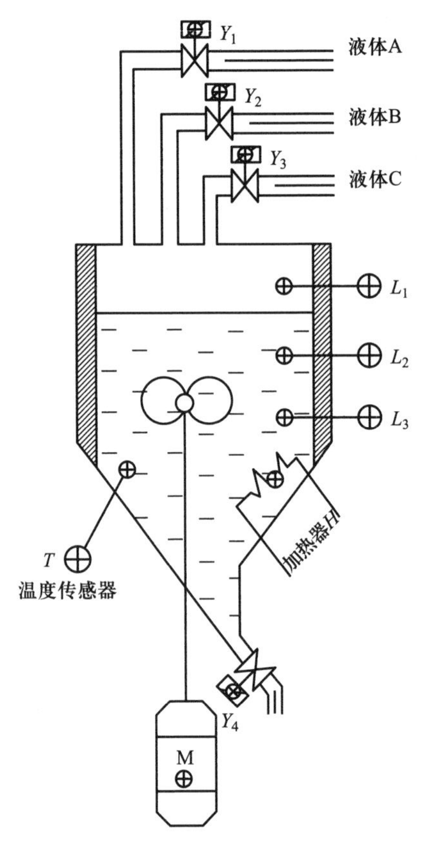

图 6-8　多种液体自动混合装置

相关知识

一、PLC 程序的顺序控制设计法概述

1. 顺序控制系统

如果一个控制系统可以分解成几个独立的控制动作，且这些动作必须严格按照一定的先后次序执行才能保证生产过程的正常运行称为顺序控制系统，也称为步进控制系统。

2. 顺序控制设计法

顺序控制设计法是针对顺序控制系统的一种专门的设计方法。这种设计方法很容易被初学者接受，对于有经验的工程师，也会提高设计的效率，程序的调试、修改和阅读也很方便。PLC 的设计者们为顺序控制系统的程序编制提供了大量通用和专用的编程元件，开发了专门供编制顺序控制程序用的功能表图，使这种先进的设计方法成为当前 PLC 程序设计的主要方法。

3. 顺序控制设计法的设计步骤

（1）步的划分。将系统的一个工作周期划分为若干个顺序相连的阶段，这些阶段称为步，并且用编程元件来代表各步。如图 6-9 所示。步是根据 PLC 输出状态的变化来划分的，在任何一步内，各输出状态不变，但是相邻步之间输出状态是不同的。

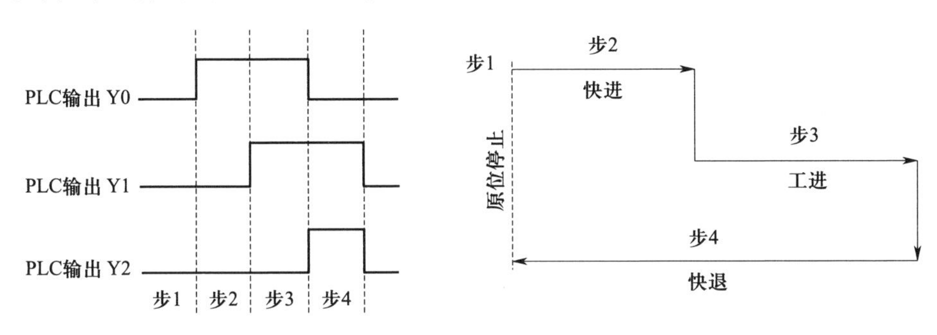

图 6－9　步的划分

步也可根据被控对象工作状态的变化来划分，但被控对象工作状态的变化应该必须由 PLC 输出状态变化引起，否则就不能这样划分。

（2）转换条件的确定。使系统由当前步转入下一步的信号称为转换条件。如图 6－10 所示。转换条件可能是外部输入信号，如按钮、指令开关、限位开关的接通/断开等，也可能是 PLC 内部产生的信号，如定时器、计数器触点的接通、断开等，转换条件还可能是若干个信号的与、或、非逻辑组合。

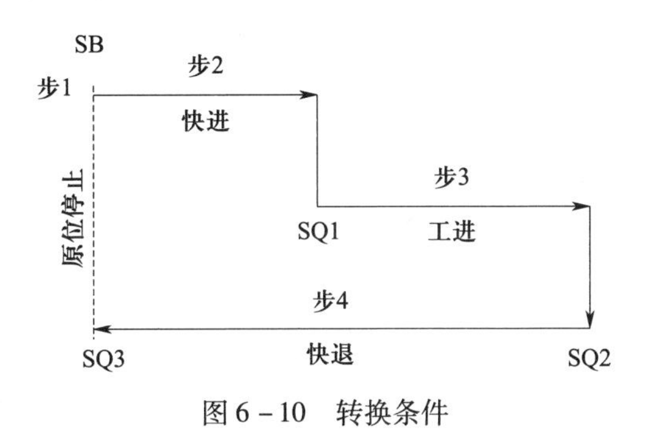

图 6－10　转换条件

（3）功能表图的绘制。根据以上分析和被控对象工作内容、步骤、顺序和控制要求绘制功能表图。绘制功能表图是顺序控制设计法中最为关键的一步。

功能表图又称做状态转移图，它是描述控制系统的控制过程、功能和特性的一种图形。

功能表图不涉及所描述控制功能的具体技术，是一种通用的技术语言，可用于进一步设计与不同专业的人员进行技术交流。

各个 PLC 厂家都开发了相应的功能表图，各国也都制定了国家标准。我国颁布了功能表图国家标准《顺序功能表图用 GRAFCET 规范语言》（GB/T 21654—2008）。

（4）梯形图的编制。根据功能表图，按某种编程方式写出梯形图程序。如果 PLC 支持功能表图语言，则可直接使用该功能表图作为最终程序。

二、PLC 程序的顺序控制设计法

PLC 程序的顺序控制设计法如图 6－11 所示。

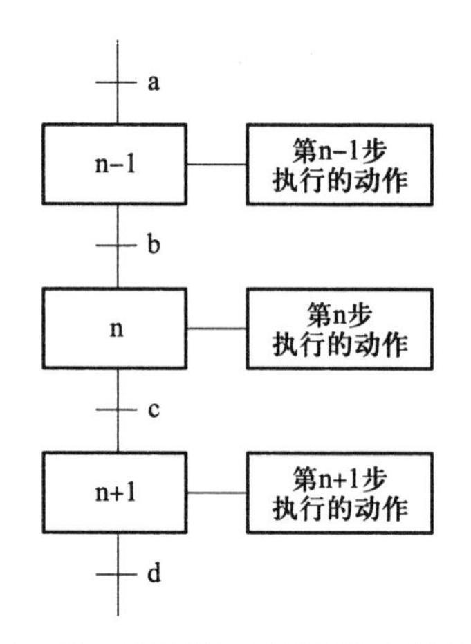

图 6－11　PLC 程序的顺序控制设计法

1. 功能表图的组成

功能表图主要由步、有向连线、转换、转换条件和动作（命令）组成。

2. 步与动作

（1）步。矩形框表示步，方框内是该步的编号。编程时一般用 PLC 内部编程元件来代表各步。

（2）初始步。与系统的初始状态相对应的步称为初始步。初始步用双线方框表示，每一个功能表图至少应该有一个初始步。

（3）动作。一个控制系统可以划分为被控系统和施控系统。对于被控系统，在某一步中要完成某些动作；对于施控系统，在某一步中则要向被控系统发出某些命令，将动作或命令简称为动作。

（4）动作的表示。用矩形框中的文字或符号表示，该矩形框应与相应的步的符号相连。如图 6－12 所示。

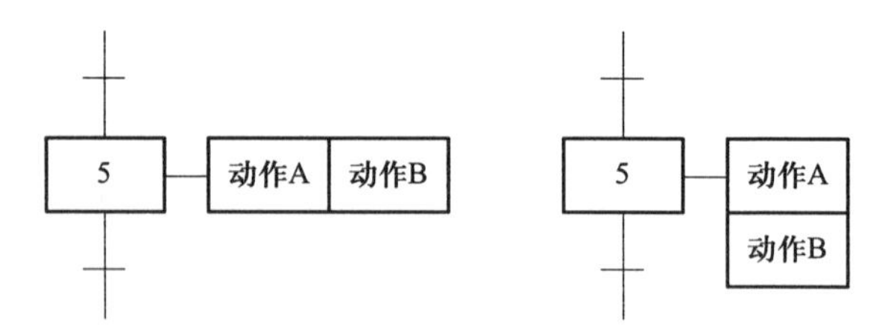

图 6－12　动作的表示

（5）活动步。当系统正处于某一步时，该步处于活动状态，称该步为活动步。步处于活动时，相应的动作被执行。

（6）保持型动作。若为保持型动作，则该步不活动时继续执行该动作。

（7）非保持型动作。若为非保持型动作则指该步不活动时，动作也停止执行。

（8）说明。一般在功能表图中保持型动作应该用文字或助记符标注，非保持型动作不要标注。

3. 有向连线、转换与转换条件

（1）有向连线。功能表图中步的活动状态的顺序进展按有向连线规定的路线和方向进行。活动状态的进展方向习惯上是从上到下或从左至右，在这两个方向有向连线上的箭头可以省略。如果不是上述的方向，应在有向连线上用箭头注明进展方向。

（2）转换。转换是用有向连线上与有向连线垂直的短划线来表示，转换将相邻两步分隔开。步的活动状态的进展是由转换的实现来完成的，并与控制过程的发展相对应。

（3）转换条件。转换条件可以用文字语言、布尔代数表达式或图形符号标注在表示转换的短线的旁边。

4. 转换实现的基本规则

（1）转换实现的条件。在功能表图中步的活动状态的进展是由转换的实现来完成。转换实现必须同时满足两个条件。

1）该转换所有的前级步都是活动步。

2）相应的转换条件得到满足。

（2）转换实现应完成的操作。转换的实现应完成两个操作。

1）使所有的后续步都变为活动步。

2）使所有的前级步都变为不活动步。

三、状态转移图及状态功能

例：

台车自动往返系统工况如图 6－13 所示。

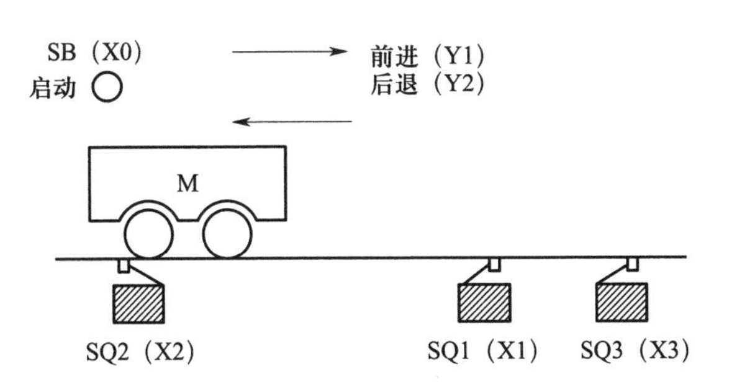

图 6－13　台车自动往返系统工况

1. 控制工艺要求

某生产过程的控制工艺要求如下：

（1）按下启动按钮 SB，台车电动机 M 正转，台车前进，碰到限位开关 SQ1 后，台车电动机 M 反转，台车后退。

（2）台车后退碰到限位开关 SQ2 后，台车电动机 M 停转，台车停车，停止 5 s，第二次前进，碰到限位开关 SQ3，再次后退。

（3）当后退再次碰到限位开关 SQ2 时，台车停止（或者继续下一个循环）。

2. 输入、输出端口配置

为编程的需要，设置输入、输出端口配置，见表 6－1。

表 6－1　　输入、输出端口配置

输入设备	端口号	输出设备	端口号
启动 SB	X00	电机正转	Y01
前限位 SQ1	X01	电机反转	Y02
前限位 SQ3	X03		
后限位 SQ2	X02		

3. 编程步骤

流程图主要由步、转移（换）、转移（换）条件、线段和动作（命令）组成。

(1) 第一步：绘制流程图。流程图是描述控制系统的控制过程、功能和特性的一种图形，流程图又叫功能表图（function chart）。

台车的每次循环工作过程分为前进、后退、延时、前进、后退 5 个工步。每一步用一个矩形方框表示，方框中用文字表示该步的动作内容或用数字表示该步的标号。与控制过程的初始状态相对应的步称为初始步。初始步表示操作的开始。如图 6－14 所示。

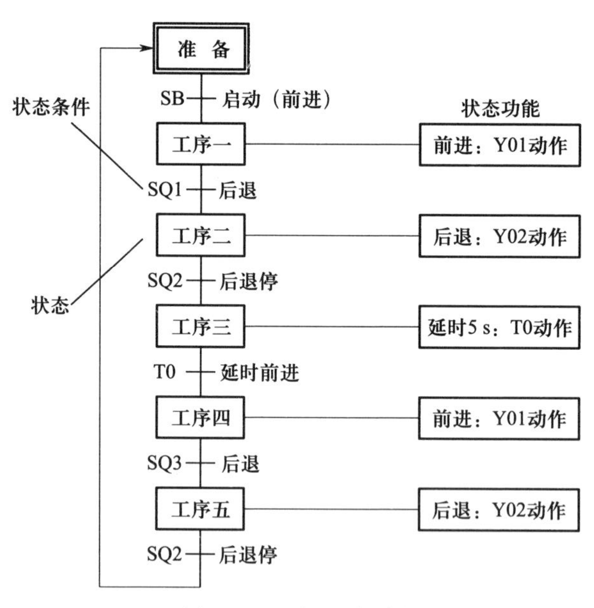

图 6－14　流程图示例

每步所驱动的负载（线圈）用线段与方框连接。方框之间用线段连接，表示工作转移的方向，习惯的方向是从上至下或从左至右，必要时也可以选用其他方向。

线段上的短线表示工作转移条件，图中状态转移条件为 SB、SQ1 等。方框与负载连接的线段上的短线表示驱动负载的联锁条件，当联锁条件得到满足时才能驱动负载。转移条件和联锁条件可以用文字或逻辑符号标注在短线旁边。

当相邻两步之间的转移条件得到满足时，转移去执行下一步动作，而上一步动作便结束，这种控制称为步进控制。

在初始状态下，按下前进启动按钮 SB（X00 动合触点闭合），则小车由初始状态转移到前进步，驱动对应的输出继电器 Y01，当小车前进至前限位 SQ1 时（X01 动合触点闭合），则由前进步转移到后退步。这就完成了一个步进，以下的步进以此类推。

（2）第二步：绘制状态转移图。顺序控制若采用步进指令编程，则需根据流程图画出状态转移图，如图 6－15 所示。状态转移图是用状态继电器（简称状态）描述的流程图。状态元件是构成状态转移图的基本元素，是可编程序控制器的元件之一。

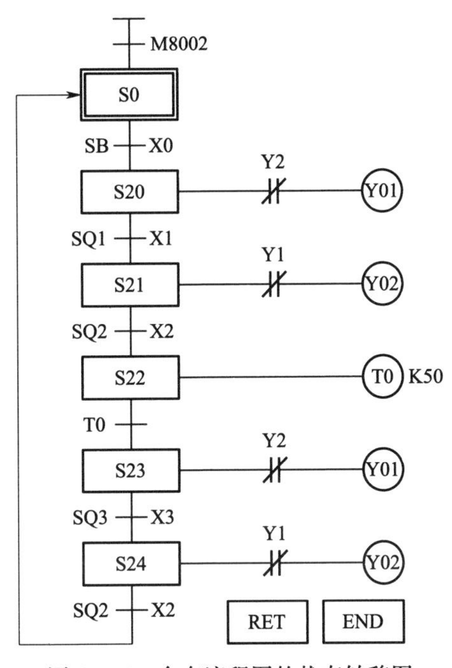

图 6－15　台车流程图的状态转移图

状态可提供以下 3 种功能：

1）驱动负载。状态可以驱动 M、Y、T、S 等线圈。可以直接驱动和用置位 SET 指令驱动，也可以通过触点联锁条件来驱动。例如，当状态 S20 置位后，它可以直接驱动 Y1。在状态 S20 与输出 Y1 之间有一个联锁条件 Y2。

2）指定转移的目的地。状态转移的目的地由连接状态之间的线段指定，线段所指向的状态即为指定转移的目的地。例如，S20 转移的目的地为 S21。

流程图中的每一步均可用一个状态来表示，由此绘出如图 6－16 所示的台车流程图的状态转移图。分配状态的元件如下：

注意：虽然 S20 与 S23、S21 与 S24，功能相同，但它们是状态转移图中的不同工序，也就是不同状态，故编号也不同。

3）给出转移条件。状态转移的条件用连接两状态之间的线段上的短线来表示。当转移条件得到满足时，转移的状态被置位，而转移前的状态（转移源）自动复位。例如，当 X1

初始状态　S0

前进（工序一）　S20

后退（工序二）　S21

延时（工序三）　S22

再前进（工序四）　S23

再后退（工序五）　S24

图 6－16　状态转移图示例

动合触点瞬间闭合时，状态 S20 将转移到 S21，这时 S21 被置位而 S20 自动复位。

状态的转移条件可以是单一的，也可以是多个元件的串、并联组合，如图 6－17 所示。

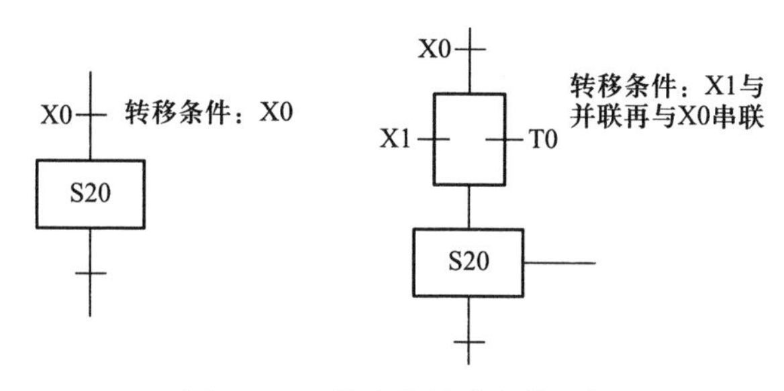

图 6－17　状态的转移条件示例

（3）在使用状态时还需要说明以下问题：

1）状态的置位要用 SET 指令，这时状态才具有步进功能。它除了提供步进触点外，还提供一般的触点。步进触点（STL 触点）只有动合触点，一般触点有动合触点和动断触点。当状态被置位时，其 STL 触点闭合，可用它去驱动负载。

2）用状态驱动的 M、Y 若要在状态转移后继续保持接通，则需用 SET 指令。当需要复位时，则需用 RST 指令。

3）只要在不相邻的步进段内，则可重复使用同一编号的计时器。这样，在一般的步进控制中只需使用 2～3 个计时器就够了，可以节省很多计时器。

4）状态也可以作为一般中间继电器使用，其功能与 M 一样，但作一般中间继电器使用时就不能再提供 STL 触点了。

SET 和 RST 指令是 PLC 编程中常用的指令，用于控制设备的状态。SET 指令用于将指定的输出设置为“ON”，而 RST 指令则用于将指定的输出设置为“OFF”。

（4）第三步：设计步进梯形图。每个状态提供一个 STL 触点，当状态置位时，其步进触点接通。用步进触点连接负载的梯形图称为步进梯形图，它可以根据状态转移图来绘制。根据台车状态转移图绘制的步进梯形图如图 6－18 所示。

下面对绘制步进梯形图的要点作一些说明：

1）状态必须用 SET 指令置位才具有步进控制功能，这时状态才能提供 STL 触点。

2）状态转移图除了并联分支与连接的结构以外，STL 触点基本上都是与母线连接的，通过 STL 触点直接驱动线圈，或通过其他触点驱动线圈。线圈的通断由 STL 触点的通断决定。

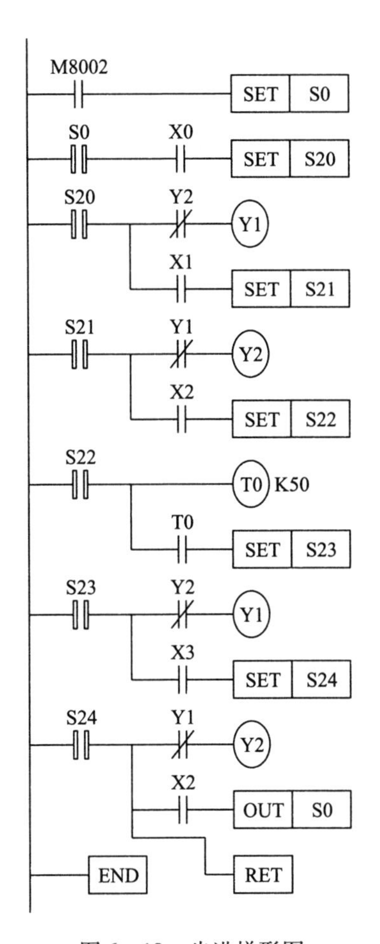

图 6－18　步进梯形图

3）图中 M8002 为特殊辅助继电器的触点，它提供开机初始脉冲。

4）在步进程序结束时要用 RET 指令使后面的程序返回原母线。

（5）第四步：编制语句表。由步进梯形图可用步进指令编制出语句表程序。步进指令由 STL/RET 指令组成。STL 指令称为步进触点指令，用于步进触点的编程；RET 指令称为步进返回指令，用于步进结束时返回原母线。如图 6－19 所示。

LD	M8002
SET	S0
STL	S0
LD	X0
LD	X1
SET	S21
STL	S21
LDI	Y1
OUT	Y2
LD	X2
SET	S22
STL	S22
OUT	T0
SP	K50

LD	TO
SET	S23
SET	S20
STL	S20
IDI	Y2
OUT	Y1
STL	S23
LDI	Y2
OUT	Y1

LD	X3
SET	S24
STL	S24
LDI	Y1
OUT	Y2
LD	X2
OUT	SO
RET	
END	

图 6－19　语句表示例

由步进梯形图编制语句表的要点是：

1）对 STL 触点要用 STL 指令，而不能用 LD 指令。不相邻的状态转移用 OUT 指令，如从 S24 转移到 S25。

2）与 STL 触点直接连接的线圈用 OUT/SET 指令。对于通过触点连接的线圈，应在触点开始处使用 LD/LDI 指令。

3）步进程序结束时要写入 RET 指令。

任务实施

一、明确任务控制要求

1. 初始状态。装置初始状态为：液体 A、液体 B、液体 C 阀门关闭（Y1、Y2、Y3 为 OFF），放液阀门将容器放空后关闭。

2. 启动操作。按下启动按钮 SB1，液体混合装置开始按下列规律操作。

（1）电磁阀 Y1 闭合（Y1 = ON），开始注入液体 A，至液面高度为 L3（L3 = ON）时，停止注入液体 A（Y1 = OFF），同时开启液体 B 电磁阀 Y2（Y2 = ON）注入液体 B，当液面高度为 L2（L2 = ON）时，停止注入液体 B（Y2 = OFF），同时开启液体 C 电磁阀 Y3（Y3 = ON）注入液体 C，当液面高度为 L1（L1 = ON）时，停止注入液体 C（Y3 = OFF）。

（2）停止液体 C 注入时，开启搅拌机 M（M = ON），搅拌混合时间为 10 s。

（3）停止搅拌后加热器 H 开始加热（H = ON）。当混合液温度达到某一指定值时，温度传感器 T 动作（T = ON），加热器 H 停止加热（H = OFF）。

（4）开始放出混合液体（Y4 = ON），至液体高度降为 L3 后，再经 5 s 停止放出（Y4 = OFF）。停止操作。

按下停止键后，停止操作，回到初始状态。

二、编制输入/输出分配表

输入/输出分配表见表 6 - 2。

表 6 - 2　　输入/输出分配表

序号	符号	地址	备注
1	S1	I0.0	启动
2	S2	I0.1	启动
3	S3	I0.2	启动
4	S4	I0.4	启动
5	T	I0.3	启动
6	Y1	Q0.0	液体 A
7	Y2	Q0.1	液体 B
8	Y3	Q0.2	液体 C
9	Y4	Q0.3	出料

续表

序号	符号	地址	备注
10	M	Q0.4	电机
11	H	Q0.5	电炉
12	L1	Q0.6	液面传感器
13	L2	Q0.7	液面传感器
14	L3	Q1.0	液面传感器
15	L4	Q1.1	温度传感器

三、输入/输出接线图

输入/输出接线图如图 6－20 所示。

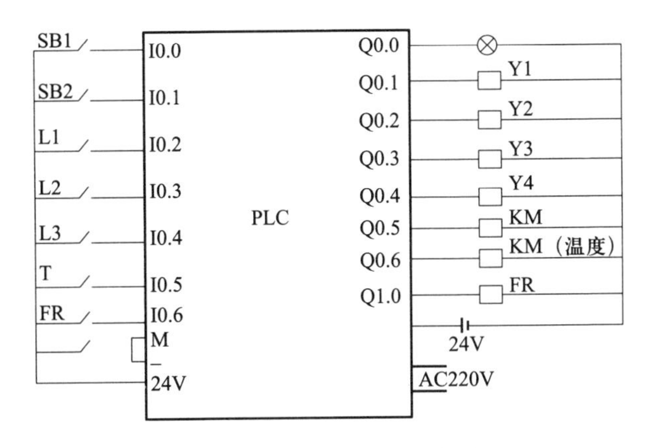

图 6－20　输入/输出接线图

用 PLC 实训平台实现多种液体自动混合装置控制系统的输入/输出接线图。

四、软件设计

1. 流程图。

2. 梯形图。

五、编写梯形图程序

梯形图程序如图 6－21 所示。

六、系统调试

1. 在断电状态下，连接好 PLC/PC 电缆。

2. 将 PLC 运行模式选择开关拨到 STOP 位置，此时 PLC 处于停止状态，可以进行程序编写。

3. 在作为编程器的计算机上，运行 GX Developer 编程软件。

4. 将梯形图程序输入到计算机中。

5. 将程序文件下载到 PLC 中。

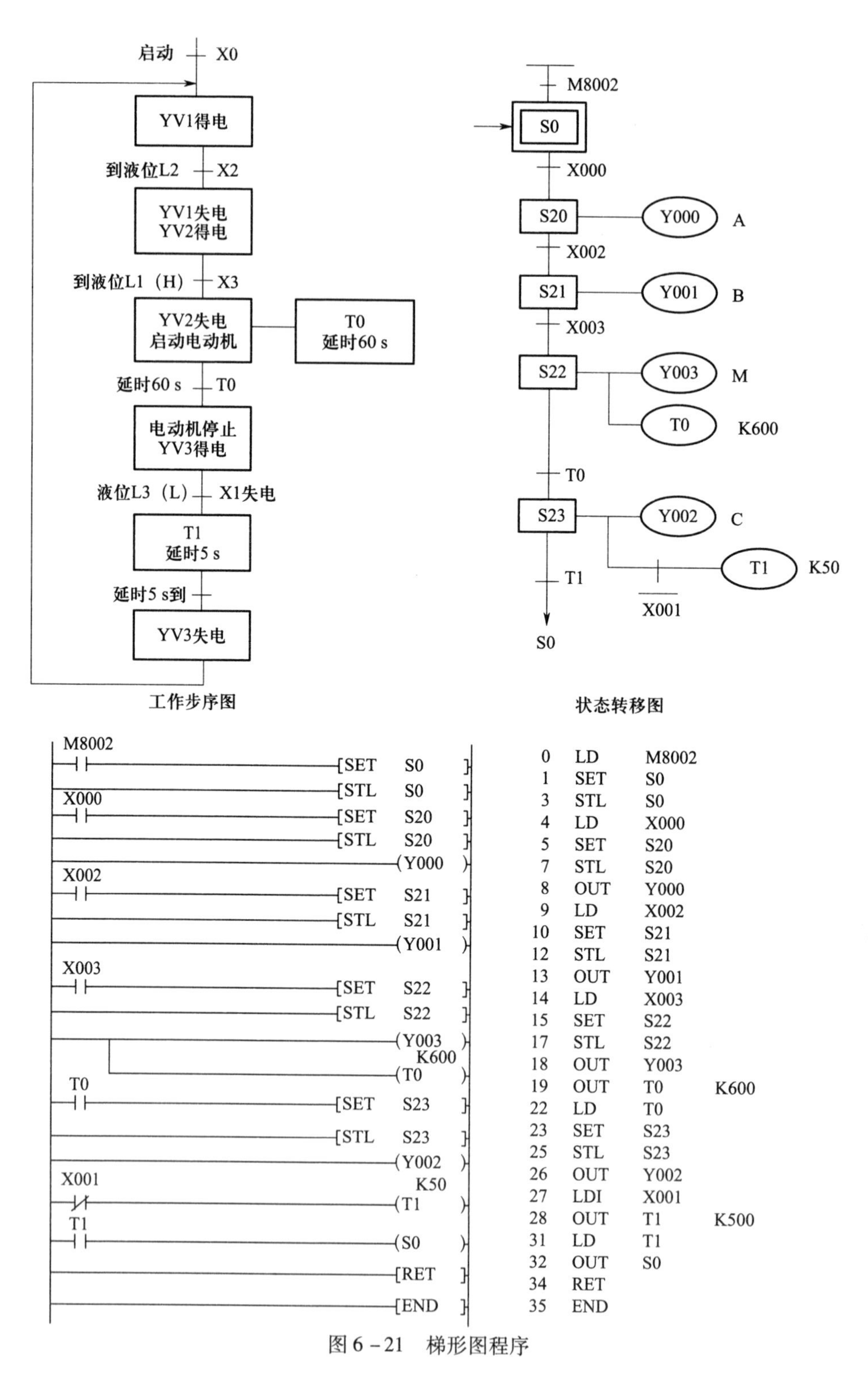

图 6－21　梯形图程序

6. 将 PLC 运行模式的选择开关拨到 RUN 位置，使 PLC 进入运行方式。

7. 在教师的现场监护下进行通电调试，验证系统功能是否符合控制要求。

思考与练习

一、填空题

1. PLC 主要由________、________、________和________组成。

2. 继电器的线圈“断电”时，其常开触点________，常闭触点________。

3. I/O 总点数是指________和________的数量之和。

4. PLC 的软件系统可分为________和________两大部分。

5. PLC 的运算和控制中心是________。

二、选择题

1. PLC 的工作方式是（　　）。

A. 等待工作方式　　B. 中断工作方式

C. 扫描工作方式　　D. 循环扫描工作方式

2. 下列不属于 PLC 硬件系统组成的是（　　）。

A. 用户程序　　B. 输入输出接口

C. 中央处理单元　　D. 通信接口

3. PLC 的系统程序不包括（　　）。

A. 管理程序　　B. 供系统调用的标准程序模块

C. 用户指令解释程序　　D. 开关量逻辑控制程序

三、判断题

1. 梯形图程序指令由助记符和操作数组成。（　　）

2. PLC 中的存储器是一些具有记忆功能的半导体电路。（　　）

3. 开关量逻辑控制程序是将 PLC 用于开关量逻辑控制软件，一般采用 PLC 生产厂家提供的如梯形图、语句表等编程语言编制。（　　）

4. PLC 是采用“并行”方式工作的。（　　）

5. 系统程序是由 PLC 生产厂家编写的，固化到 RAM 中。（　　）

课题七

集散控制系统

集散控制系统（DCS）是20世纪70年代中期发展起来的新型控制系统，它融合了计算机技术、控制技术、通信技术、图形显示技术（4C）等，利用它可以实现对生产过程集中管理和分散控制。

任务一　认识集散控制系统原理

学习目标

1. 了解集散控制系统的概念、基本构成和特点。
2. 通过精馏实训装置，熟悉集散控制系统工作原理。

任务引入

某企业精馏塔单元操作结构DCS如图7－1所示，该精馏装置工艺流程如下：

该装置采用加压精馏，在脱丁烷塔中将丁烷从脱丙烷塔釜混合物中分离出来。原料液为脱丙烷塔釜的混合液（C3、C4、C5、C6、C7），分离后馏出液为高纯度的C4产品，残液主要是C5以上组分。67.8 ℃的原料液在PIC101的控制下由精馏塔塔中进料，塔顶蒸汽经换热器E101几乎全部冷凝为液体进入回流罐V101，回流罐的液体由泵P101A/B抽出，一部分作为回流，另一部分作为塔顶液采出。塔底釜液一部分在FIC104的调节下作为塔釜采出流出，另一部分经过再沸器E102加热回到精馏塔，再沸器的加热量由TIC101调节蒸汽的进入量来控制。

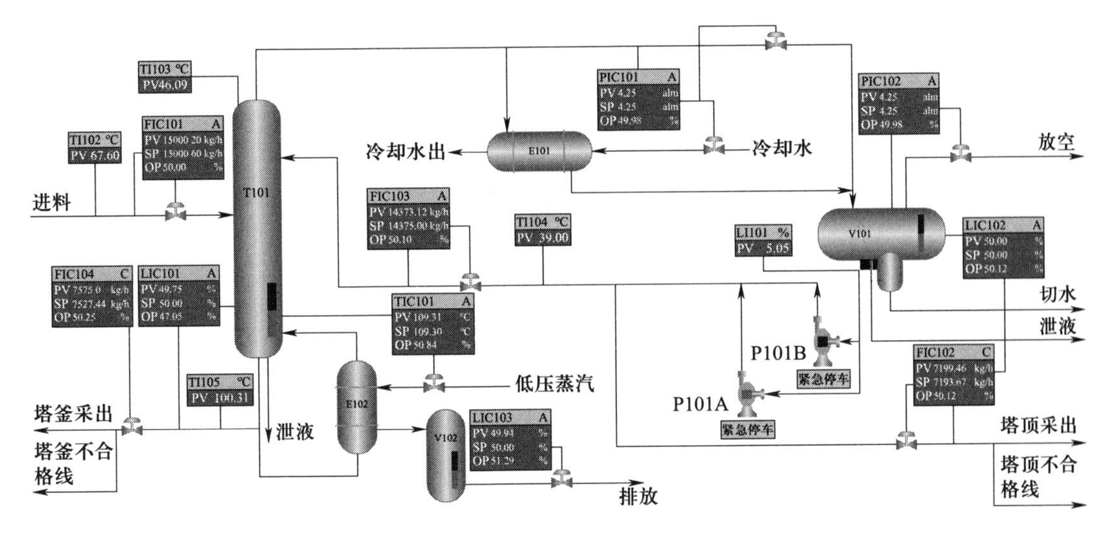

图 7－1　精馏塔单元操作 DCS 结构

请参照该装置操作手册，熟悉装置 DCS 构成，并完成常规开停车操作。

》相关知识

一、基本概念

DCS（distributed control system），英文直译为“分布式控制系统”。由于产品的生产厂家众多，系统设计不尽相同，功能和特点各具千秋，所以，对产品的命名也各具特色。国内在翻译时，也有不同的称呼：

分散控制系统（distributed control system，DCS）；

集散控制系统（total distributed control system，TDCS 或 TDC）；

分布式计算机控制系统（distributed computer control system，DCCS）。

集散控制系统的主要特征是它的集中管理和分散控制，即危险分散、控制分散，而操作和管理集中。

二、体系结构

集散控制系统的体系结构如图 7－2 所示。

1. 集散控制系统体系结构的特征

（1）纵向分层。

（2）横向分散。

（3）设备分级。按照功能，集散控制系统设备分为四级：现场控制级、过程控制级、过程管理级、经营管理级。

（4）网络分层。与四级设备对应的四层网络：现场网络（Fnet）、控制网络（Cnet）、监控网络（Snet）、管理网络（Mnet）。

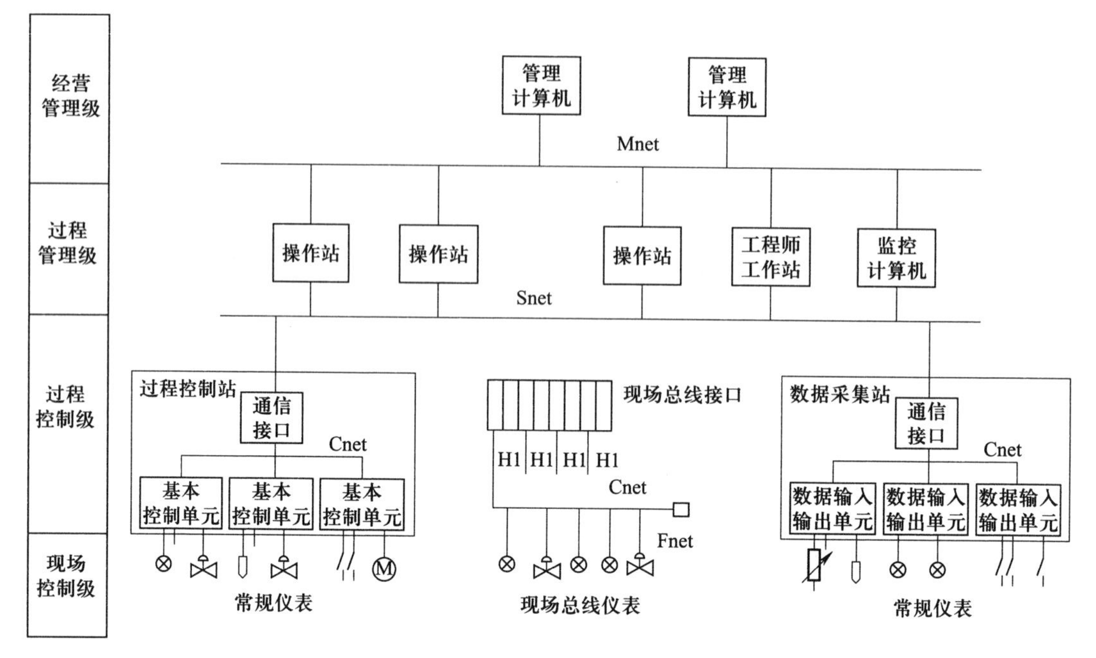

图 7－2　集散控制系统的体系结构

2. 现场控制级

（1）典型的现场控制级设备包括各类传感器、各类变送器、各类执行器。

（2）现场控制级设备的主要任务。完成过程数据采集与处理；直接输出操作命令，实现分散控制；完成与上级设备的数据通信，实现网络数据库共享。

3. 过程控制级

（1）过程控制级主要设备。

1）过程控制站。过程控制站产生控制作用，可以实现反馈控制、逻辑控制、顺序控制和批量控制等功能。

2）数据采集站。数据采集站接收大量的非控制过程信息，但不直接完成控制功能。

3）现场总线服务器。现场总线服务器是一台安装了现场总线接口卡与 DCS 监控网络接口卡的计算机。

（2）过程控制级设备的主要功能。采集过程数据，进行数据转换与处理；对生产过程进行监测和控制；现场设备及 I/O 卡件的自诊断；与过程管理级进行数据通信。

4. 过程管理级

（1）过程管理级的主要设备。

1）操作站。操作站是操作人员与 DCS 相互交换信息的人机接口设备，是 DCS 的核心显示、监视、操作和管理装置。

2）工程师站。工程师站负责对 DCS 的配置、组态、调试、维护。

3）监控计算机。监控计算机负责对生产过程的监督控制、机组运行优化和性能计算、先进控制策略的实现等。

（2）过程管理级设备的主要功能。对生产过程进行监测和控制；对 DCS 进行配置、组态、调试、维护；对各种设计文件进行归类和管理；实现对生产过程的监督控制、故障检测和数据存档。

5. 经营管理级

（1）经营管理级的设备。可能是厂级管理计算机，也可能是若干个生产装置的管理计算机。厂级管理系统的主要功能是监视企业各部门的运行情况。管理计算机的要求是具有能够对控制系统做出高速反应的实时操作系统。

（2）经营管理级设备的主要功能。监视企业各部门的运行情况；承担全厂实时监视、运行优化、全厂负荷分配和日常运行管理等任务；在日常管理中承担全厂的管理决策、计划管理、行政管理等任务。

三、硬件结构

1. 现场控制站

现场控制站可使生产过程控制的安全性和可靠性得到保证。

（1）主要设备。现场控制单元。

1）主要任务。进行数据采集及处理，对被控对象实施闭环反馈控制、顺序控制和批量控制。

2）用户可以根据不同的应用需求，选择配置不同的现场控制单元以构成现场控制站。

①以面向连续生产的过程控制为主，顺序逻辑控制为辅，构成一个可以实现多种复杂控制方案的现场控制站。

②以顺序控制、联锁控制功能为主的现场控制站。

③构成对大批量过程信号进行总体信息采集的现场控制站。

（2）现场控制站机柜如图 7－3 所示。

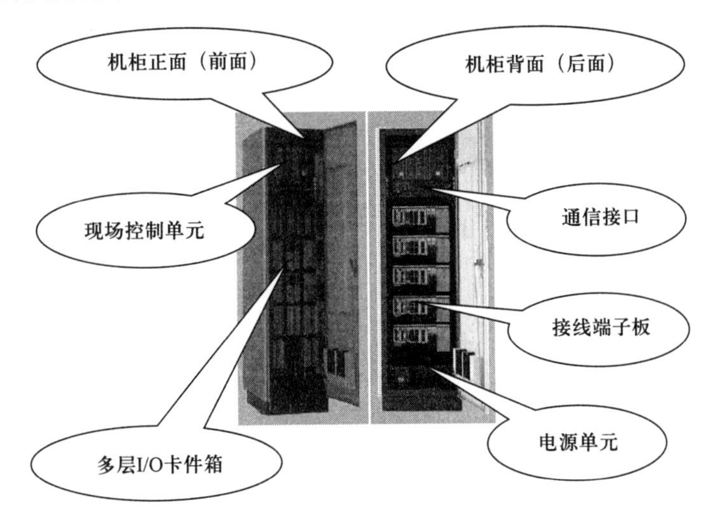

图 7－3　现场控制站机柜的结构

（3）电源。

1）电源系统的可靠性措施。

①每一个现场控制站均采用双电源供电，互为冗余。

②采用超级隔离变压器，将其初级、次级线圈间的屏蔽层可靠接地，以克服共模干扰的影响。

③采用交流电子调压器，快速稳定供电电压。

④配有不间断供电电源 UPS，以保证供电的连续性。

2）现场控制站内各功能模块所需直流电源一般为 ±5 V、±15 V（或 ±12 V），以及 ±24 V。

3）增加直流电源系统的稳定性措施。

①给主机供电与给现场设备供电的电源要在电气上隔离，以减少相互间的干扰。

②采用冗余的双电源方式给各功能模块供电。

③一般由统一的主电源单元将交流电变为 24 V 直流电供给柜内的直流母线，然后通过 DC－DC 转换方式将 24 V 直流电源变换为子电源所需的电压。

④主电源一般采用 1∶1 冗余配置，而子电源一般采用 N∶1 冗余配置。

（4）控制计算机。控制计算机一般是由 CPU、存储器、输入/输出通道等基本部分组成。如图 7－4 所示。

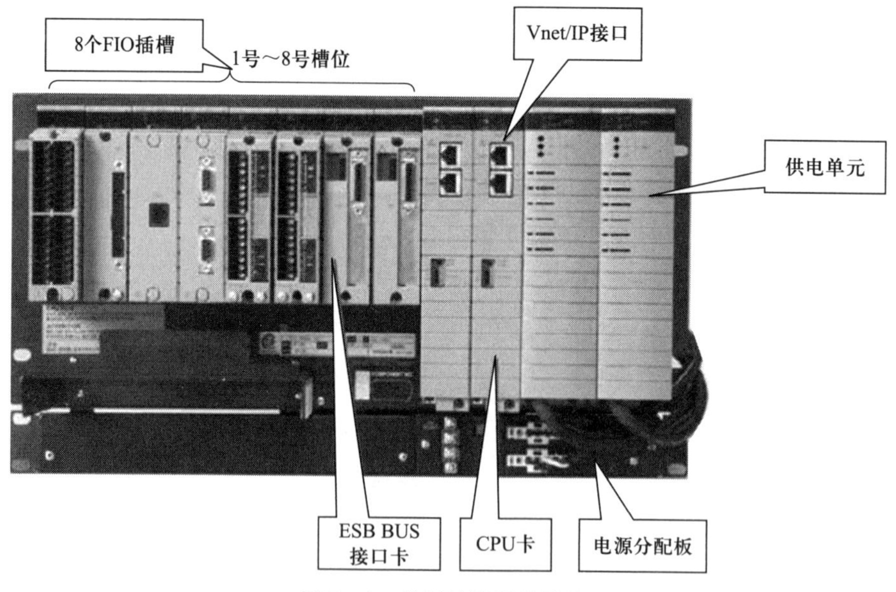

图 7－4　控制计算机的结构

1）CPU。

①用以实现算术运算和逻辑运算。

②可以执行复杂的先进控制算法，如自动整定、预测控制、模糊控制和自适应控制等。

2）存储器。

①控制计算机的存储器分为 RAM 和 ROM。

②在控制计算机中 ROM 占有较大的比例。

③由于控制计算机在正常工作时运行的是一套固定的程序，DCS 中大都采用了程序固化的办法。

④在冗余控制计算机系统中，还特别设有双端口随机存储器 RAM，其中存放有过程输入/输出数据、设定值和 PID 参数等。

3）总线。将现场控制站内部各单元连接起来的通信介质。

4）输入/输出通道。

①模拟量输入/输出（AI/AO）。模拟量输入通道（AI）将来自在线检测仪表和变送器的连续性模拟电信号转换成数字信号，送给 CPU 进行处理；模拟量输出通道（AO）一般将计算机输出的数字信号转换为 4 ~ 20 mA DC（或 1 ~ 5 V DC）的连续直流信号，用于控制各种执行机构。

②开关量输入/输出（SI/SO）。开关量输入通道（SI）主要用来采集各种限位开关、继电器或电磁阀联动触点的开、关状态，并输入至计算机；开关量输出通道（SO）主要用于控制电磁阀、继电器、指示灯、声光报警器等只具有开、关两种状态的设备。

③数字量输入/输出（DI/DO）。

④脉冲量输入通道（PI）。脉冲量输入通道（PI）将现场仪表（如涡轮流量计等）输出的脉冲信号处理后送入计算机。

2. 操作站

DCS 操作站一般分为操作员站和工程师站两种。如图 7－5 所示。

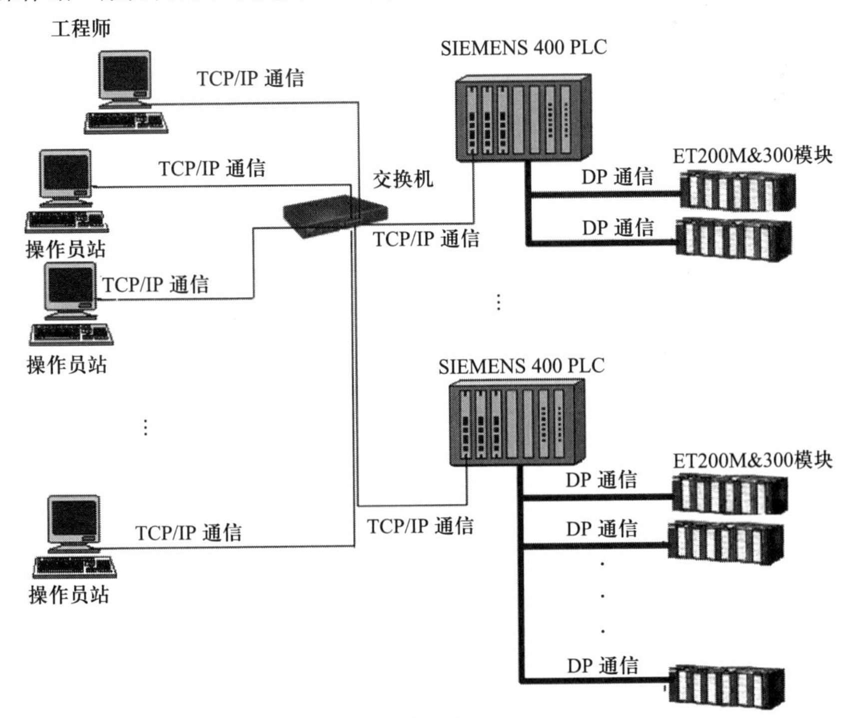

图 7－5　中央控制室设备

（1）工程师站。工程师站主要是技术人员与控制系统的人机接口，可以对应用系统进行监视，工程师站为用户提供了一个灵活的、功能齐全的工作平台，通过组态软件来实现用户所要求的各种控制策略，有些小型 DCS 的工程师站可以用一个操作员站代替。

（2）DCS 操作站主要设备包括操作台、微处理机系统、外部存储设备、图形显示设备、操作键盘和鼠标、打印输出设备等。如图 7－6 所示。

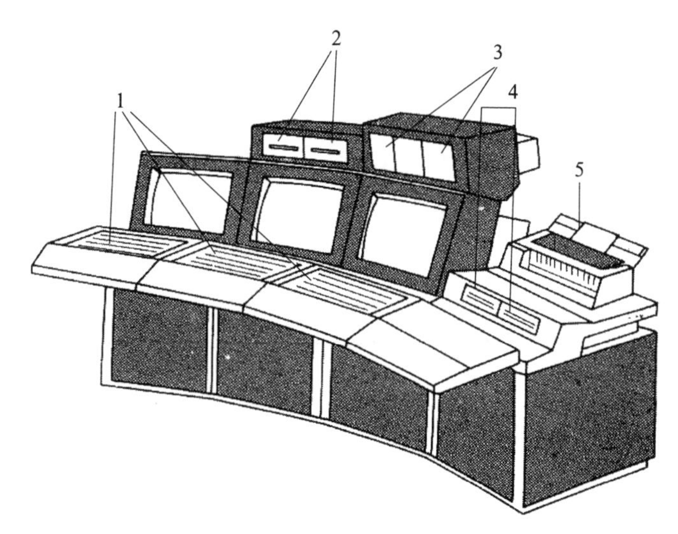

图 7－6　DCS 操作站主要设备

1—操作员键盘　2—软盘（可选）　3—趋势笔记录仪（可选）　4—卡盘或软盘（可选）　5—打印机（可选）

3. 冗余技术

（1）冗余方式分为 4 种。

1）同步运转方式。让两台或两台以上的设备或部件同步运行，进行相同的处理，并将其输出进行核对，如图 7－7 所示。

①两台设备同步运行，只有当它们的输出一致时，才作为正确的输出，这种系统称为双重化系统（dual system）。

②3 台设备同步运行，将 3 台设备的输出信号进行比较，取两个相等的输出作为正确的输出值，这就是设备的三重化设置。

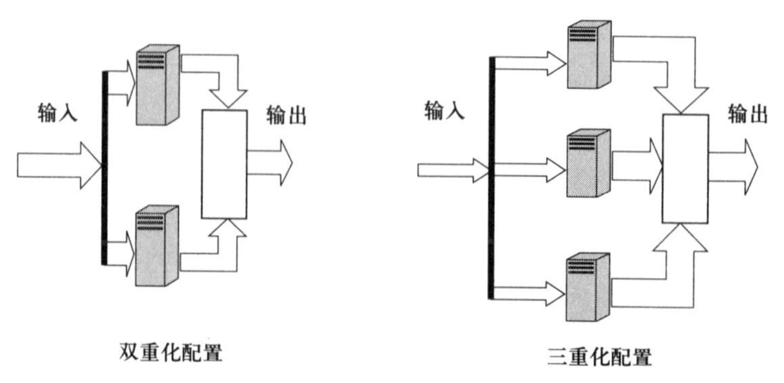

图 7－7　同步运转方式

2）待机运转方式。同时配备两台设备，使一台设备处于待机备用状态。当工作设备发生故障时，启动待机设备来保证系统正常运行。这种方式称为1∶1 的备用方式。对于 *N* 台同样设备，采用一台待机设备的备用方式称为 *N*∶1 备用方式。待机运行方式是 DCS 中主要采用的冗余技术。

3）后退运转方式。使用多台设备，在正常运行时，各自分担各种功能运行。当其中之一发生故障时，其他设备放弃其中一些不重要的功能，进行相互备用。

4）简易的手动备用方式。采用手动操作方式实现对自动控制方式的备用。当自动方式发生故障时，通过切换成手动工作方式，来保持系统的控制功能。

（2）冗余措施具体如下：

1）通信网络的冗余。采用一备一用的配置。

2）操作站的冗余。采用工作冗余的方式。

3）现场控制站的冗余。有的采用1∶1 冗余，也有的采用 *N*∶1 冗余。采用无中断自动切换方式。

4）电源的冗余。除了 220 V 交流供电外，还采用了镍镉电池、铅钙电池以及干电池等多级停电保护措施。

5）输入/输出模块的冗余。部分重要卡件采用1∶1 冗余。

6）DCS 软件采用了信息冗余技术。

四、DCS 的特点

1. 数字方式

从系统的结构形式看，DCS 确实与仪表控制系统相类似，它在现场端仍然采用模拟仪表的变送单元和执行单元，在主控制室端是计算单元和显示、记录、给定值等单元，但 DCS 和仪表控制系统有着本质的区别。

（1）DCS 是基于数字技术的，除了现场的变送和执行单元外，其余均采用数字方式。

（2）DCS 的计算单元并不是针对每一个控制回路设置一个计算单元，而是将若干个控制回路集中在一起，由一个现场控制站来完成这些控制回路的计算功能。这样的结构形式不只是为了成本上的考虑，一个控制站执行多个回路控制的结构形式，是由于 DCS 的现场控制站有足够的能力完成多个回路的控制计算。

（3）从功能上讲，由一个现场控制站执行多个控制回路的计算和控制功能更便于这些控制回路之间的协调，这在模拟仪表系统中是无法实现的。

（4）一个现场控制站应该执行多少个回路的控制与被控对象有关，系统设计师可以根据控制方法的要求具体安排在系统中使用多少个现场控制站，每个现场控制站中各安排哪些控制回路。在这方面，DCS 有着极大的灵活性。

2. 分散方式

（1）从仪表控制系统的角度看，DCS 的最大特点在于其具有传统模拟仪表所没有的通信功能。

（2）从计算机控制系统的角度看，DCS 的最大特点则在于它将整个系统的功能分成若干台不同的计算机去完成，各个计算机之间通过网络实现相互之间的协调和系统的集成。

（3）在 DCS 系统中，计算机的功能可分为检测、计算、控制及人机界面等几部分，检测、计算和控制由现场控制站的计算机完成，而人机界面则由操作员站的计算机完成。这是两类功能完全不同的计算机。

（4）一个系统有多台现场控制站和多台操作员站，每台现场控制站或操作员站对部分被控对象实施控制或监视。

因此，DCS 中多台计算机的划分有功能上的，也有控制、监视范围上的。这两种划分形成了 DCS 的“分布”一词的含义。

3. 数据库

系统总体数据库是分散控制系统的核心，有了这个总体数据库，分散控制系统才能真正实现资源共享。各控制站上存在分布式数据库，仅包含各自站所需要的数据点信息。通过分散的数据采集和处理，在上位数据库依据总数据库形成总体数据库，是分散控制系统的软件核心。

数据库设计是分散控制系统的核心。

（1）上位数据库和下位数据库要保持一致，避免冲突。

（2）数据库组态也是整个分散控制系统设计的关键，需合理地分配数据点，才能使各现场站结构更合理、数据交换更合理，所以说，数据库设计是分散控制系统的核心。

（3）数据库确定后，可以进行进一步的组态工作，所有的显示、操作、报表、历史记录都是围绕数据库进行的。

任务实施

一、完成实训装置 DCS 控制系统构成表格

1. 完成 DCS 控制系统 I/O 点数表

完成表 7－1 所示控制系统 I/O 点数表。

表 7－1　DCS 控制系统 I/O 点数表

序号	信号类型		I/O 点数
1	模拟量输入（AI）	4～20 mA	
2	模拟量输出（AO）	4～20 mA	
3	开关量输出（DO）		
4	开关量输入（DI）		

2. 完成 DCS 控制站硬件表

完成表 7－2 所示 DCS 控制站硬件表。

表 7－2　DCS 控制站硬件表

序号	设备名称	型号	数量	单位	功能点数与备注

3. 完成 DCS 工程师站软件表

完成表 7－3 所示 DCS 工程师站软件表。

表 7－3　DCS 工程师站软件表

序号	软件名称	型号	数量	单位	功能

4. 完成 DCS 操作站硬件表

完成表 7－4 所示 DCS 操作站硬件表。

表 7－4　DCS 操作站硬件表

序号	设备名称	型号	数量	单位	功能点数与备注

二、根据装置操作手册，完成常规开停车操作训练

1. 开车操作训练。

2. 停车操作训练。

任务二　认识集散控制系统组态

学习目标

1. 了解集散控制系统的软件体系和基本功能。
2. 通过实训装置，能够完成 DCS 温度控制系统的组态。

任务引入

某企业 DCS 温度控制系统结构示意图如图 7－8 所示，请根据实训装置操作手册完成 DCS 温度控制系统的组态操作实训。

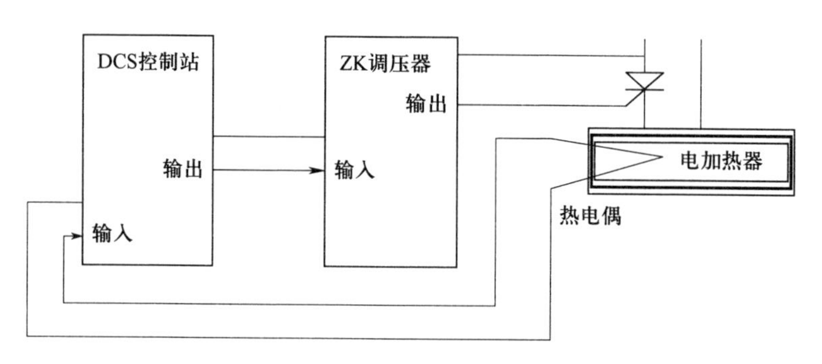

图 7－8　DCS 温度控制系统结构示意图

相关知识

一、集散控制系统的软件体系

DCS 软件主要分为组态软件、控制层软件、监控软件。

1. 组态软件

组态软件安装于工程师站，用来完成系统控制层软件和监控软件的组态功能。根据实际生产过程控制的需要，需预先将 DCS 所提供的硬件设备和软件功能模块组织起来，以完成特定的任务。要做的组态主要包括硬件配置、数据库组态、控制算法组态、流程显示及操作画面组态、报表组态、编译和下装。

2. 控制层软件

控制层软件特指运行于现场控制站的控制器中的软件，针对控制对象完成控制功能。

其基本功能包括 I/O 数据的采集、数据预处理、数据组织管理、控制运算及 I/O 数据的输出。

3. 监控软件

监控软件是指操作员站或工程师站上的软件，主要完成操作人员所发出的各个命令的执行、图形与画面的显示、报警信息的显示处理、对现场各类检测数据的集中处理。

二、集散控制系统的基本功能

1. 现场控制站的基本功能

（1）反馈控制。反馈控制包括 5 种功能。

1）输入信号处理。

①模拟输入信号处理。合理性检验、零偏修正、规格化、工程量变换、非线性处理、开方运算、补偿运算、脉冲序列的瞬时值变换及累计。

②对于数字信号。状态报警及输出方式处理。

③对于脉冲序列。瞬时值变换及累积计算。

2）报警处理。

①报警类型。仪表异常报警、绝对值报警、偏差报警、速度报警以及累计值报警等。

②报警限值。为了实现预报警，DCS 中通常还设置多重报警限，如上限、上上限、下限、下下限等。

③报警优先级。报警优先级参数、报警链中断参数、最高报警选择参数。

3）控制运算。常规 PID、微分先行 PID、积分分离、开关控制、时间比例式开关控制、信号选择、比率设定、时间程序设定、Smith 预估控制、多变量解耦控制、一阶滞后运算、超前－滞后运算、其他运算等。

4）控制回路组态。根据控制策略的需要，将一些功能模块通过软件连接起来，构成检测回路或控制回路，如图 7－9 所示。串级控制的主回路输出端 OUT 与副回路给定端 SET 相连。

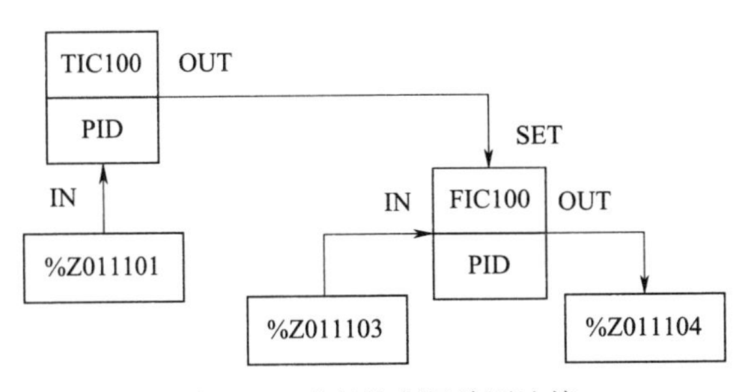

图 7－9　串级控制回路图连接

5）输出信号处理。输出开路检验、输出上下限检验、输出变化率限幅、模拟输出、开关输出、脉冲宽度输出。

（2）逻辑控制。根据输入变量的状态，按逻辑关系进行的控制。在 DCS 中，由逻辑功能模块实现逻辑控制功能。

逻辑控制功能包括与（AND）、或（OR）、非（NOT）、异或（XOR）、连接（LINK）、进行延时（ON DELAY）、停止延时（OFF DELAY）、触发器（FLIP-FLOP）、脉冲（PULSE）。

（3）顺序控制。顺序控制是按预定的动作顺序或逻辑，依次执行各阶段动作程序。顺序控制中可以兼用反馈控制、逻辑控制和输入/输出监视等功能。实现顺序控制的常用方法如下：

1）顺序表法。顺序表法是将控制顺序按逻辑关系和时间关系预先编成顺序记录，存储于管理文件中，然后逐项执行。

2）程序语言方式。程序语言方式是指通过语言编程来实现顺序控制。

3）梯形图法（梯形逻辑控制语言）。梯形图法是由继电器逻辑电路图演变而来的一种解释执行程序的设计语言。

随着 DCS 的发展，已出现了梯形逻辑与连续控制算法相结合的复合控制功能。

（4）批量控制。批量控制是指根据工艺要求，将反馈控制与逻辑、顺序控制结合起来，使一个间歇式生产过程得到合格产品的控制。

1）顺序控制的条件信号。反馈控制的报警信号，回路状态信号，模拟信号的比较、判断、运算结果。

2）由顺序控制转换为反馈控制的条件。回路的切换，参数的变更，设定值的调整，控制算法的变更，控制方案的变更。

（5）辅助功能。

1）控制方式选择。控制方式可选择手动（MAN）、自动（AUT）、串级（CAS）、计算机（COMP）。

2）测量值跟踪。测量值跟踪是指在手动方式时，使本回路的设定值不再保持原来的值，而跟踪测量值。

3）输出值跟踪。

①在手动方式时，使内存单元中 PID 输出值跟踪手操输出值。

②从手动切换到自动时，内存单元中的自动输出数值与手操输出值相等，切换是无扰动的。

③在自动方式时，手操器的输出值是始终跟踪控制器的自动输出值的。

④从自动切换到手动时，手操器的输出值与 PID 的输出值相等，切换是无扰动的。

2. 操作站的基本功能

（1）显示。以模拟方式、数字方式及趋势曲线实时显示每个控制回路的测量值（PV）、设定值（SV）及控制输出值（MV）。在显示器上，工艺设备和控制设备的各种状态能以字符方式、模拟方式、图形及色彩等多种方式显示出来。

（2）操作。操作站可对全系统每个控制回路进行操作，对设定值、控制输出值、控制算式中的常数值、顺序控制条件值和操作值进行调整，对控制回路中的各种操作方式，如手动、自动、串级、计算机、顺序手动等进行切换。对报警限设定值、顺控定时器及计数器的设定值进行修改和再设定。

（3）报警。操作站以画面方式、色彩（或闪光）方式、模拟方式、数字方式及音响信号方式对各种变量的越限和设备状态异常进行各种类型的报警。

（4）系统组态。DCS 实际应用于生产过程控制时，需要根据设计要求，预先将硬件设备和各种软件功能模块组织起来，以使系统按特定的状态运行，即为系统组态。

1）应用组态软件用来建立功能模块，包括输入模块、输出模块、运算模块、反馈控制模块、逻辑控制模块、顺序控制模块和程序模块等，将这些功能模块适当地组合，构成控制回路，以实现各种控制功能。

2）应用组态方式有填表式、图形式、窗口式及混合式等。

3）组态过程是先系统组态，后应用组态。组态主要针对过程控制级和过程管理级。

4）设备组态的顺序是自上而下，先过程管理级，后过程控制级。

5）功能组态的顺序恰好相反，先过程控制级，后过程管理级。

（5）系统维护。当系统中的某设备发生故障时，一方面立刻切换到备用设备，另一方面经通信网络传输报警信息，在操作站上显示故障信息，蜂鸣器等也会发出音响信号，督促工作人员及时处理故障。

（6）报告生成。根据生产管理需要，操作站可以打印各种班报、日报、操作日记及历史记录，还可以拷贝流程图画面等。

3. 自诊断功能

在系统投运前，用离线诊断程序检查各部分的工作状态。在系统运行中，各设备不断执行在线自诊断程序，一旦发现错误，立即切换到备用设备，同时经过通信网络在显示器上显示出故障代码，等待及时处理。故障代码可以定位到卡件板，用户只需及时更换卡件。

任务实施

根据操作手册，完成 DCS 温度控制系统的组态

系统组态是在工程师站上利用组态软件完成整个 DCS 方案设定，进行总体编译后，下载到控制站执行，并传送至其他操作站，成为操作站监控软件所调用的信息文件。

具体组态步骤包括：

1. 总体信息组态

总体信息组态主要根据项目实际情况，确定控制站、操作站的数量及其地址。

2. 控制站组态

控制站组态主要包括 I/O 组态、控制方案组态、自定义变量组态等内容。

3. 操作站组态

操作站组态主要包括操作小组设置、监控画面组态、流程图组态、报表等内容。

4. 编译、下载及传送

上述组态内容完成后需进行全体编译，以检查组态正确与否，并生成控制站能执行的程序及监控软件所能调用的信息文件，编译无误后下载到控制站，并传送到各操作站。

知识拓展

集散控制通信

一、数据通信原理

数据通信是计算机或其他数字装置与通信介质相结合，实现对数据信息的传输、转换、

存储和处理的通信技术。在 DCS 中，各单元之间的数据信息传输就是通过数据通信系统完成的。如图 7－10 所示。

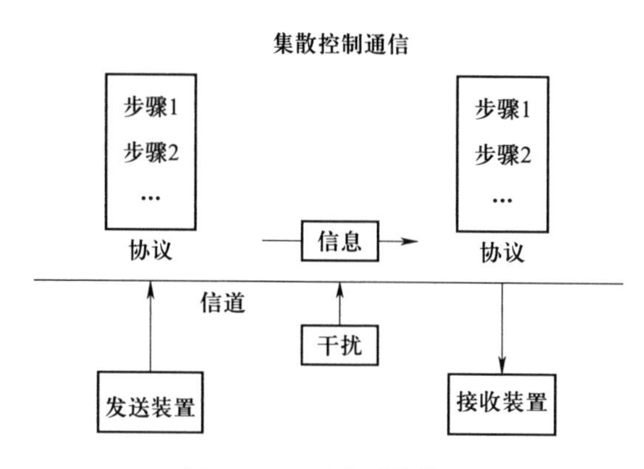

图 7－10　通信系统模型

通信是用特定的方法，通过某种介质将信息从一处传输到另一处的过程。

1. 数据通信系统的组成

（1）信号（报文）。信号是指需要传送的数据，由文本、数字、图片或声音等组合组成。

（2）发送装置。发送装置是指具有作为二进制数据源的能力，任何能够产生和处理数据的设备。

（3）接收装置。接收装置是指能够接收模拟或数字形式数据的任何功能的设备。

（4）信道。信道是指发送装置与接收装置之间的信息传输通道。信道包括传输介质和有关的中间设备。常用的传输介质有双绞线、同轴电缆、光缆、无线电波、微波。

（5）通信协议。通信协议是指控制数据通信的一组规则、约定与标准。通信协议定义了通信的内容、格式，通信如何进行、何时进行等。

（6）通信过程。通信过程是指发送装置把要发送的信息送上信道，再经过信道将信息传输到接收装置的过程。信息在传输过程中会受到来自通信系统内外干扰的影响。

2. 通信类型

（1）模拟通信。模拟通信是指以连续模拟信号传输信息的通信方式。

（2）数字通信。数字通信是指将数字信号进行传输的通信方式。

（3）数据信息。数据信息是指具有一定编码、格式和字长的数字信息。

3. 传输方式

如图 7－11 所示，传输方式分为 3 种。

（1）单工通信。信息只能沿一个方向传输，而不能沿相反方向传输。

（2）半双工通信。信息可以沿着两个方向传输，但在指定时刻，信息只能沿一个方向传输。

（3）全双工通信。信息可以同时沿着两个方向传输。

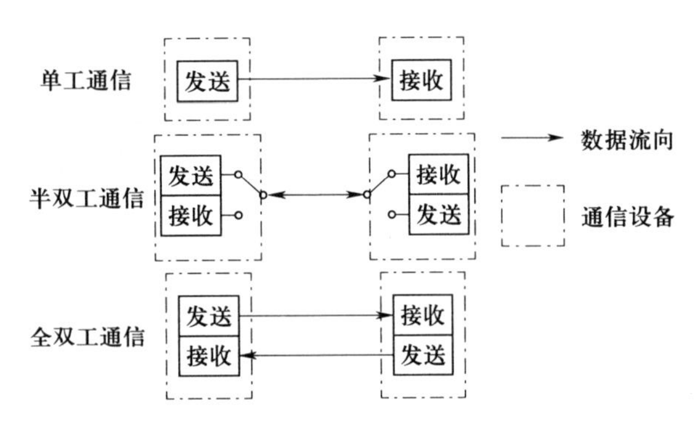

图 7－11　信息传输方式

4. 串行传输与并行传输

串行传输与并行传输如图 7－12 所示。

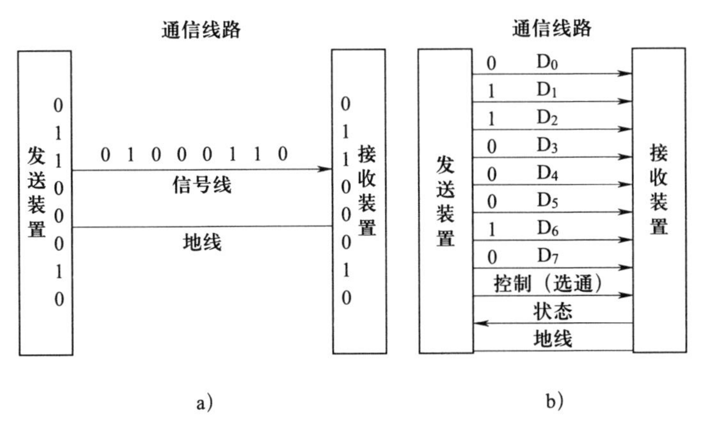

图 7－12　串行传输与并行传输

a）串行传输　b）并行传输

（1）串行传输。串行传输是指数据逐位依次在信道上进行传输的方式。

（2）并行传输。并行传输是指数据多位同时在信道上进行传输的方式。

在 DCS 中，数据通信网络绝大多数采用串行传输方式。

5. 基带传输与宽带传输

（1）基带传输。基带传输是指直接将电脉冲信号原样进行传输，基带指电信号所固有的频带。

（2）宽带传输。宽带传输是指在信道上传输调制信号，实现多路信号同时传输。

6. 异步传输与同步传输

在异步传输中，信息以字符为单位进行传输。每个信息字符都具有自己的起始位和停止位。一个字符中的各个位是同步的，但字符与字符之间的时间间隔是不确定的。

在同步传输中，信息是以数据块为单位进行传输的。通信系统中有专门用来让发送装置和接收装置保持同步的时钟脉冲，使两者以同一频率连续工作，并且保持一定的相位关系。

7. 信息传输速率

信息传输速率又称为比特率，是指单位时间内通信系统所传输的信息量。比特率一般以每秒钟所能够传输的比特数来表示，记为 Rb。信息传输速率的单位是比特/秒，记为 bit/s 或 bps。

8. 信息编码

信息在通过通信介质进行传输前必须先转换为电磁信号，将信息转换为信号需要对信息进行编码。

（1）数字－模拟编码。数字－模拟编码是指用模拟信号表示数字信息的编码。在模拟传输中，发送设备产生一个高频信号作为基波，来承载信息信号。

（2）移动键控。将信息信号调制到载波信号上，这种形式的改变称为调制（移动键控），信息信号称为调制信号。

数字信息是通过改变载波信号的一个或多个特性（振幅、频率或相位）来实现编码的。载波信号是正弦波信号，它有 3 个描述参数，即振幅、频率和相位，所以相应地也有 3 种调制方式，即调幅方式、调频方式和调相方式。如图 7－13 所示。

（1）幅移键控法（amplitude shift keying，ASK）。用调制信号的振幅变化来表示二进制数。例如，用高振幅表示 1，用低振幅表示 0。

（2）频移键控法（frequency shift keying，FSK）。用调制信号的频率变化来表示二进制数。例如，用高频率表示 1，用低频率表示 0。

（3）相移键控法（phase shift keying ，PSK）。用调制信号的相位变化来表示二进制数。例如，用 0°相位表示 0，用 180°相位表示 1。

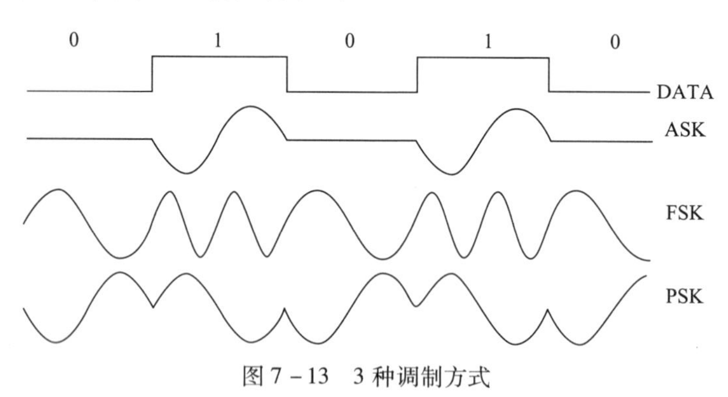

图 7－13　3 种调制方式

9. 数据交换方式

（1）线路交换方式如图 7－14 所示。

（2）报文交换方式（存储转发方式）。经由中间节点的存储转发功能来实现数据交换。报文交换方式交换的基本数据单位是一个完整的报文。

报文是由源地址、数据、控制信息、目的地址组成的。

（3）报文分组交换方式。基本数据单位是一个报文分组，报文分组是一个完整的报文按顺序分割开来的比较短的数据组。

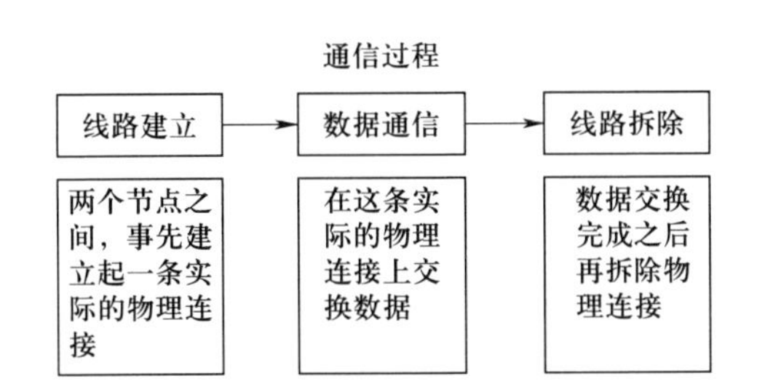

图 7－14　线路交换方式示意图

二、通信网络

计算机网络是把分布在不同地点且具有独立功能的多个计算机系统通过通信设备和介质连接起来，在功能完善的网络软件和协议的管理下，实现网络中的资源共享。DCS 的通信网络实质上就是计算机网络。

1. 局部网络的概念

局部区域网络（local area network，LAN）是指分布在有限区域内的计算机网络。即，将分布在不同地理位置上的多个具有独立工作能力的计算机系统连接起来，并配置了网络软件的一种网络。用户能够共享网络中的所有硬件、软件和数据等资源。

2. 局部网络拓扑结构

（1）网络拓扑结构是指网络节点互联的方法。

（2）网络拓扑结构类型。

1）星型。每一个节点都通过一条链路连接到中央节点上。

任何两个节点之间的通信都要经过中央节点。在中央节点中，有一个“智能”开关装置，用来接通两个节点之间的通信路径。中央节点的构造比较复杂，一旦发生故障，整个通信系统就要瘫痪。星型拓扑结构如图 7－15 所示。

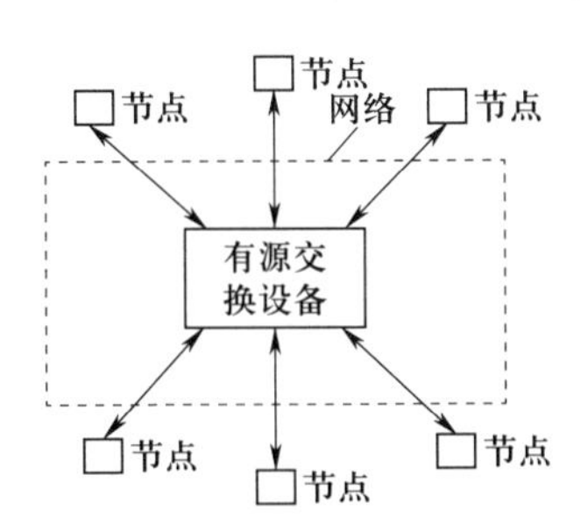

图 7－15　星型拓扑结构

2）环型。所有的节点通过链路组成一个封闭的环路。需要发送信息的节点将信息送到环上，信息在环上只能按某一确定的方向传输。当信息到达接收节点时，该节点识别信息中的目的地址。若与自己的地址相同，就将信息取出，并加上确认标记，以便由发送节点清除。环型拓扑结构如图 7－16 所示。

3）总线型。所有的工作站都通过相应的硬件接口直接接到总线上。所有的节点都共享一条公用的传输线路，每次只能由一个节点发送信息，信息由发送它的节点向两端扩散。总线型拓扑结构如图 7－17 所示。

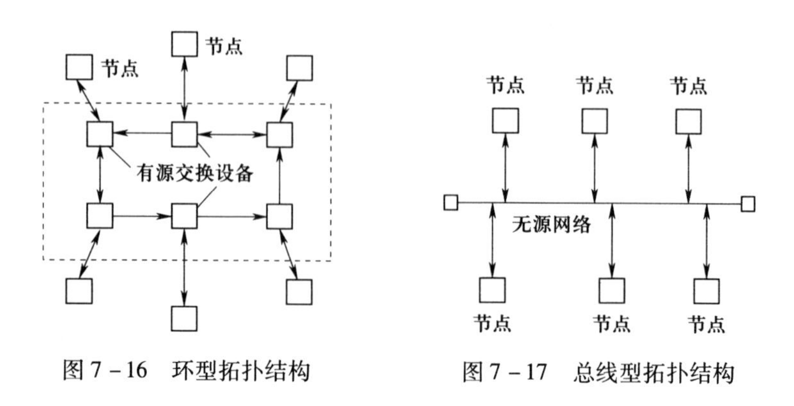

图 7－16　环型拓扑结构　　图 7－17　总线型拓扑结构

4）树型。树型拓扑形状像一棵倒置的树，顶端有一个带分支的根，每个分支还可延伸出子分支。当节点发送信息时，根接收该信息，然后再重新广播发送到全网。树型拓扑结构如图 7－18 所示。

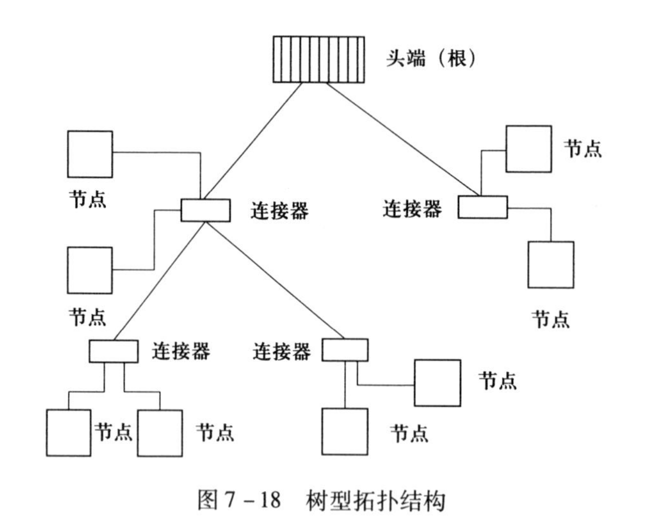

图 7－18　树型拓扑结构

5）菊花链。用一个网段分别连接两个节点的连接器。多个节点的连接器依次互联，从而形成一个链状通信网络。菊花链型拓扑结构如图 7－19 所示。

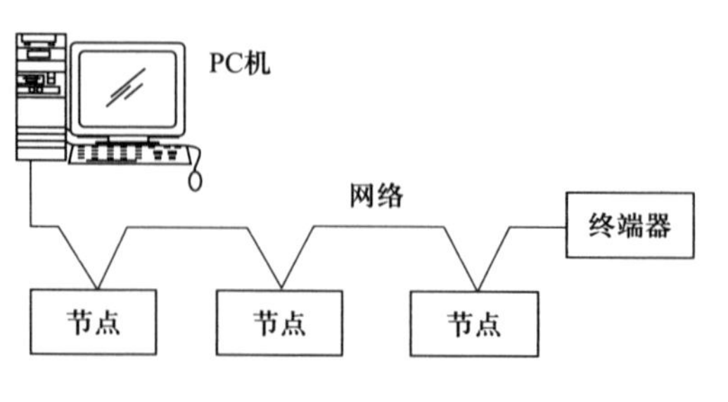

图 7－19　菊花链型拓扑结构

（3）传输介质。传输介质是通信网络的物质基础。常见传输介质有以下几类：

1）双绞线。双绞线是由两条相互绝缘的导体扭绞而成的线对。在线对的外面常有金属箔组成的屏蔽层和专用的屏蔽线，当传输距离比较远时，其传输速率受到限制，一般不超过10 Mbps。屏蔽双绞线结构如图7－20所示。

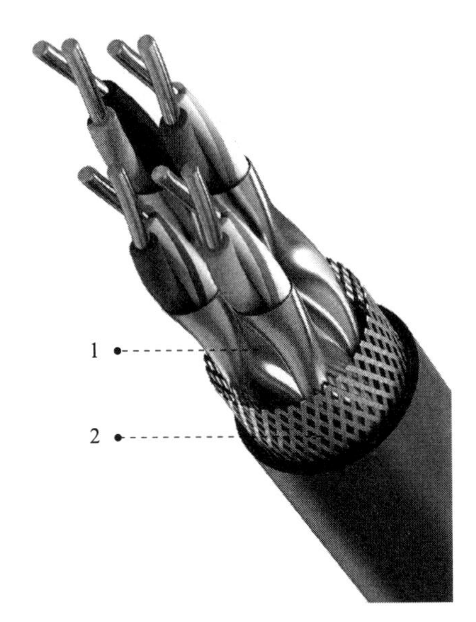

图7－20　屏蔽双绞线结构

1—铝箔屏蔽　2—编织网屏蔽

2）同轴电缆。同轴电缆由内导体、中间绝缘层、外导体和外绝缘层构成。信号通过内导体和外导体传输。外导体一般是接地的，起屏蔽作用。同轴电缆结构如图7－21所示。

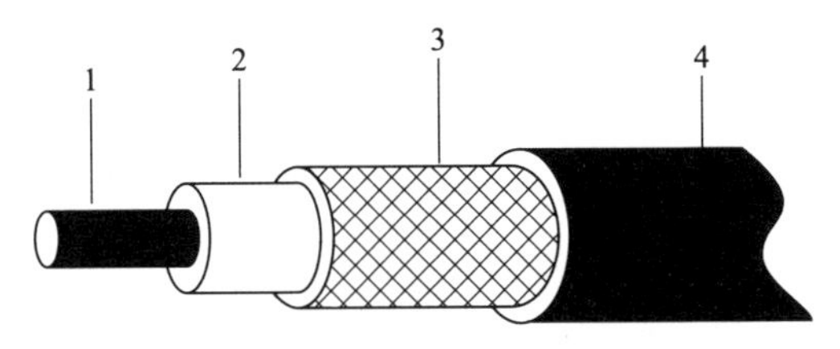

图7－21　同轴电缆结构

1—铜芯　2—绝缘层　3—网状金属屏蔽层　4—塑料保护层

基带同轴电缆（如50 Ω同轴电缆）用于基带传输。

宽带同轴电缆（如75 Ω电视天线电缆）用于宽带传输。

同轴电缆的数据传输速率、传输距离、可支持的节点数、抗干扰等性能优于双绞线，成本也高于双绞线，但低于光纤。

3）光缆。光缆的内芯是由二氧化硅拉制成的光导纤维，外面敷有一层玻璃或聚丙烯材料制成的覆层，如图7－22所示。

由于内芯和覆层的折射率不同，以一定角度进入内芯的光线能够通过覆层折射回去，沿着内芯向前传播以减少信号的损失。如果光的入射角足够大，就会出现全反射，光也就从输入端传到了输出端。因为光缆中的信息是以光的形式传播的，电磁干扰对它几乎毫无影响，所以，光缆具有良好的抗干扰性能，如图 7－23 所示。

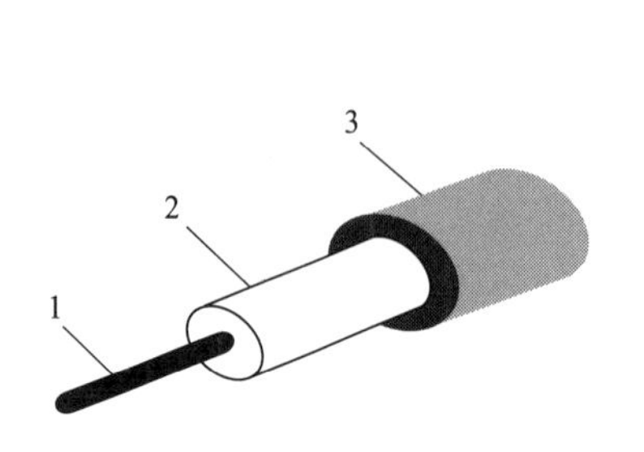

图 7－22　光缆的结构

1—光芯　2—屏蔽层　3—塑料外皮

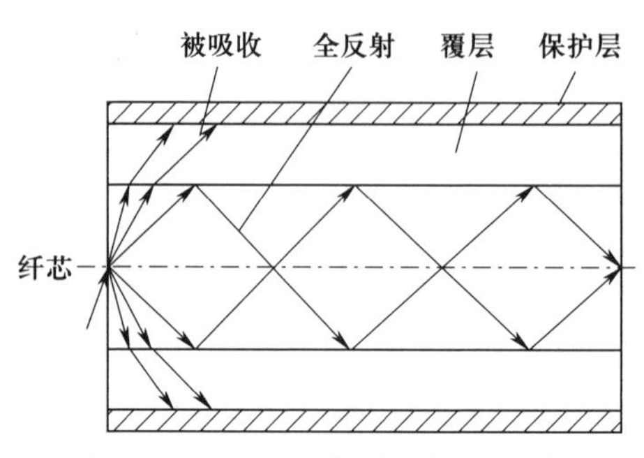

图 7－23　光在纤芯中的传播原理

（4）网络控制方法。网络控制方法是指在通信网络中，使信息从发送装置迅速而正确地传递到接收装置的管理机制。常用的方法有：

1）查询式。如星型网络或具有主站的总线型用于主从结构网络。主站依次询问各站是否需要通信，收到通信应答后再控制信息的发送与接收。当多个从站要求通信时，按站的优先级安排发送。

2）自由竞争式。控制策略包括竞争发送、广播式传输、载体侦听、冲突检测、冲突时退回、再试发送。

3）令牌传送。有一个称为令牌（token）的信息段在网络中各节点之间依次传递。令牌有空、忙两种状态，开始时为空闲。节点只有得到空令牌时才具有信息发送权，同时将令牌置为忙。令牌沿网络而行，当信息被目标节点取走后，令牌被重新置为空。

令牌传送的方法实际上是一种按预先的安排让网络中各节点依次轮流占用通信线路的方法。令牌是一组特定的二进制代码，它按照事先排列的某种逻辑顺序沿网络而行。只有获得令牌的节点才有权控制和使用网络。如图 7－24 所示。

令牌传送的次序是由用户根据需要预先确定的，而不是按节点在网络中的物理次序传送的。

4）存储转发式。信息传送过程是由源节点发送信息，到达它的相邻节点；相邻节点将信息存储起来，等到自己的信息发送完，再转发这个信息，直到把此信息送到目的节点；目的节点加上确认信息（正确）或否认信息（出错），向下发送直至源站；源节点根据返回信息决定下一步动作，如取消信息或重新发送。

（5）差错控制技术。

1）差错控制。在信息传输过程中，各种各样的干扰可能造成传输错误。这些错误轻则会使数据发生变化，重则会导致生产安全事故。必须采取一定的措施来检测错误并纠正错误，检错和纠错统称为差错控制。

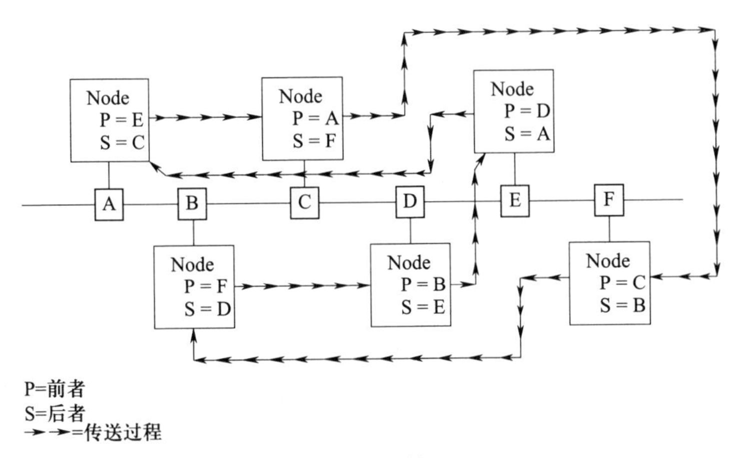

图 7－24　令牌传递过程

2）传输错误及可靠性指标。在通信网络上传输的信息是二进制信息，它只有 0 和 1 两种状态。如果把 0 误传为 1，或者把 1 误传为 0 就是传输错误。传输错误有两类。

①突发错误。由突发噪声引起的，其特征是误码连续成片出现。

②随机错误。随机错误是由随机噪声引起的，它的特征是误码与其前后的代码是否出错无关。

DCS 的传输速率一般在 0.5～100 Mbps 左右。传输速率越大，每一位二进制代码（又称码元）所占用的时间越短、波形越窄、抗干扰能力越差、可靠性越低。

误码率是指通信系统所传输的总码元数中发生差错的码元数所占的比例（取统计平均值），即

$$P_e = \frac{P_w}{P_t} \tag{7-1}$$

式中　P_e——误码率；

P_w——出错的码元数；

P_t——传输的总码元数。

误码率越低，通信系统的可靠性就越高。在 DCS 中，常用每年出现多少次误码来代替误码率。对大多数 DCS 来说，这一指标大约在每年 0.01 次到 4 次左右。

3）反馈重发纠错方式（ARQ）。在发送端，首先要对所发送的数据进行某种运算，产生能检测错误的帧校验序列，然后把校验序列与数据一起发往对方。在接收端，根据事先约定的编码运算规则及校验序列，检查数据在传输过程中是否出错，并通过反馈信道把判决结果发回发送端。发送端收到反馈信号若标明传送出错，则发送端重发数据，直到接收端返回信号标明接收正确为止。

ARQ 方式中，必须有一个反馈信道，并且只用于点对点的通信方式。检错编码的方法很多，常用的有奇偶校验码和循环冗余校验码。

①奇偶检验。奇偶检验是在传递字节后附加一位校验位。该校验位根据字节内容取 1 或 0。奇校验时传送字节与校验位中“1”的数目为奇数。偶校验时传送字节与校验位中“1”

的数目为偶数。接收端按同样的校验方式对收到的信息进行校验。如发送时规定为奇校验时，若收到的字符及校验位中“1”的数目为奇数，则认为传输正确，否则，认为传输错误。

②循环冗余码校验。在传输的信息中按照规定附加一定数量的冗余位。有了冗余位，真正有用的代码数就少于所能组合成的全部代码数。当代码在传输过程中出现错误，并且接收到的代码与有用的代码不一致时，说明发生了错误。

为了提高检错和纠错能力，可以在信息后面按一定规则附加若干个冗余位，使信息的合法状态之间有很大差别，一种合法信息错译成另一合法信息的可能性就会大大减小。

编码是发送端在信息码的后面，按一定的规则附加冗余码组成传输码组的过程。

译码是在接收端按相同规则检测和纠错的过程。

编码和译码都是由硬件电路配合软件完成的。

在 DCS 中应用较多的是循环冗余码（cyclic redundancy code，CRC）校验方法。

三、通信协议

1. 通信协议的概念

网络通信功能包括两大部分：数据传输和通信控制。在通信过程中，信息从开始发送到结束发送可分为若干个阶段，相应的通信控制功能也分成一组组操作。一组组通信控制功能应当遵守通信双方共同约定的规则，并受这些规则的约束。

（1）通信协议。通信协议是指对数据传输过程进行管理的规则。

（2）通信协议的关键要素。

1）语法。语法包括数据格式、信号电平等规定。

2）语义（semantics）。语义是比特流每部分的含义。一个特定比特模式如何理解，基于这种理解采取何种动作等。

3）时序（timing）。时序规定了速度匹配和排序。包括数据何时发送，以什么速率发送，使发送与接收方能够无差错地完成数据通信等。

2. 开放系统互联参考模型

开放系统互联（open system interconnection，OSI）参考模型简称 ISO/OSI 模型，是通信系统之间相互交换信息所共同使用的一组标准化规则，凡按照该模型建立的网络就可以互联。开放系统互联是彼此开放的系统通过共同使用适当的标准实现信息的交换，如图 7－25 所示。

开放系统互联参考模型（OSI）是信息处理领域内最重要的标准之一。该标准将开放系统的通信功能分为 7 层，描述了分层的意义及各层的命名和功能。

ISO/OSI 模型由 7 层组成，从下至上分别为物理层、链路层、网络层、传送层、会话层、表示层及应用层。可以认为低层实际上是高层的接口，每一层都详细地规定了通信协议和任务，一旦这一层的任务完成，它上面或下面层的任务就开始执行。

在分层结构中，把一个网络系统分成若干层，每一层都可以实现不同的功能，每一层的功能都以协议形式正规描述，协议定义了某层同远方一个对等层通信所使用的一套规则和约

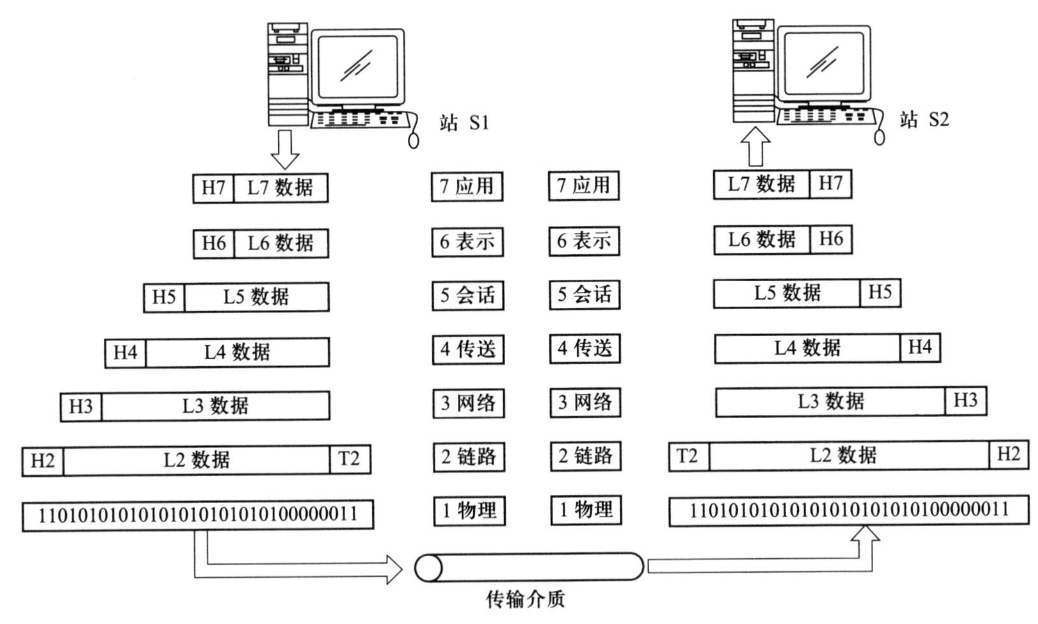

图 7－25　开放系统互联参考模型

定。每一层向相邻上层提供一套确定的服务，并且使用与之相邻的下层所提供的服务。两个相互通信的系统都有共同的层次结构，一个系统的 N 层与另一个系统的 N 层之间的相互通信遵循一套“协议”。

两个系统相互通信时应具有相同的层次结构。同等层之间应建立同等层的通信关系，在物理层，通过通信介质实际传输的比特流实现信息的传输。如果把要传送的信息称为“报文”，它也可以是数据，每一层上的标记则称为“报头”。

物理层是通信设备的硬件，是把封装后的信息由物理层放到通信线路上传输。

由此可见，从第七层到第二层根本没有进行站 Sl 到站 S2 的传送，都是软件方面的处理，直到第一层才靠硬件（传输介质）真正进行传送。到达接收站之后，按照相反的顺序逐层向上。每经过一层就去掉一个报头，到应用层之后，所有的报头报尾都去掉了，最后只剩数据或报文本身。至此，站 S1 到站 S2 的通信结束。反之，从站 S2 到站 Sl 的通信过程也是这样进行的，只是方向相反。

四、现场总线控制系统简介

现场总线控制系统（fieldbus control system，FCS）如图 7－26 所示，它是计算机技术和网络技术发展的产物，是建立在智能化测量与执行装置的基础上，发展起来并逐步取代 DCS 控制系统的一种新型自动化控制装置。

1. 基本概念

（1）现场总线。现场总线是指安装在制造或过程区域的现场装置与控制室内的自动控制装置之间的数字、串行、多点通信的数据总线。现场总线就是以数字通信替代了传统 4 ~ 20 mA 模拟信号及普通开关量信号的传输。

（2）现场总线控制系统。现场总线控制系统是指连接智能现场设备和自动化系统的全

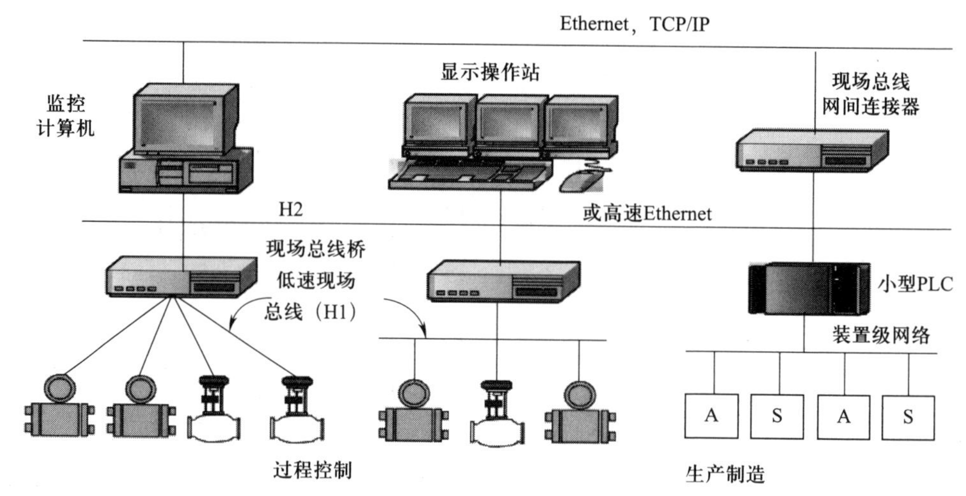

图 7－26　现场总线控制系统

数字、双向传输、多分支结构的通信网络。

2. 技术特点

（1）现场通信网络。现场通信网络是用于过程和制造自动化现场智能设备互联的数字通信网络，通过总线网络将控制功能延伸到现场，从而实现开放型的互联网络。

（2）互可操作性与互用性。互可操作性是指可实现互联设备间和系统间的信息传送与沟通，而互用性则意味着不同生产厂家的性能类似的设备可实现相互替换。

（3）分散功能块。现场设备是微机化设备，既有检测、变换和补偿功能，又有控制和运算功能。DCS 控制站控制功能被分散给现场仪表，使控制系统结构具备高度的分散性，从而废弃了 DCS 的 I/O 单元和控制站，把 DCS 控制站的功能块分散地分配给现场仪表，构成了虚拟控制站，彻底地实现了分散控制。

（4）通信线供电。通信线供电方式允许现场仪表直接从通信线上摄取能量，这种方式用于本质安全环境的低功耗现场仪表，体现了对现场环境的适应性。

（5）可组态性。所有厂商的现场仪表引入功能块概念，统一组态方法，使组态方法非常简单，不会因为现场设备或仪表种类不同带来组态方法的不同，从而给组态编程带来了很大方便。

（6）开放性。通信标准的公开、一致，使系统具备开放性，可以实现网络数据库的共享。

（7）可控性。操作员在控制室即可了解现场设备或现场仪表的工作状况，也能对其参数进行调整，还可预测或寻找故障。系统始终处于操作员的远程监控和可控状态，提高了系统的可靠性、可控性和可维护性。

3. 技术优势

现场总线技术优势主要体现在节省硬件数量、节省安装费用、节省维护开销、系统的准确性与可靠性更高、更高的系统集成主动权。

思考与练习

一、填空题

1. 一个最基本的DCS应包括4个大的组成部分，分别为：____________、____________、____________、____________。

2. DCS的软件构成包括____________、____________、____________。

3. DCS是以____________为基础的集中分散型控制系统，其主要特点是____________和____________。

4. DCS的回路控制功能由____________完成。

5. 在DCS中，控制算法的编程是在____________上完成的，工作人员对现场设备的监视是在____________上完成的。

6. 操作站的基本功能包括____________、____________、____________、____________、____________、____________。

7. DCS系统中DI表示____________、DO表示____________、AI表示____________、AO表示____________。

二、选择题

DCS系统其核心结构可归纳为“三点一线”结构，其中一线指计算机网络，三点分别指（　　）。

A. 现场控制站、操作员站、数据处理站　　B. 现场控制站、操作员站、工程师站

C. 现场控制站、数据处理站、工程师站　　D. 数据处理站、操作员站、工程师站

三、判断题

1. DCS更适合于模拟量检测控制较多、回路调节性能要求高的场合。（　　）

2. DCS控制站具备所有DCS的控制功能，而工程师站只需将标准的控制模块进行组态就可以实现许多复杂的控制。（　　）

3. DCS的软件包括系统软件和组态数据库。系统软件是组态系统、重装工作站的工具组态数据库是电厂过程监控的应用软件。任何修改软件工作必须按照规定进行。同时，修改工作应有完善的备份手段。（　　）

4. DCS是集计算机技术、控制技术、通信技术和CRT技术为一体的控制系统，实现了彻底的分散控制。（　　）

5. PLC和DCS都是控制系统的一种类型。（　　）

课题八

先进控制系统

现代工业生产过程过程控制经历了3个阶段，为经典PID反馈控制阶段、状态空间（优化）控制阶段、先进控制（APC）阶段。

任务　认识先进控制系统原理

学习目标

了解常见的几种先进控制系统原理。

任务引入

现代工业生产过程的大型化、复杂化，对产品质量、生产率、安全及对环境影响的要求越来越严格。对于许多复杂、多变量、时变的关键变量的控制，常规PID已不能胜任，因此，先进控制受到了广泛关注。

先进过程控制（advanced process control，APC）技术是指不同于常规PID，比常规PID具有更好控制效果的控制策略的统称。

先进控制的任务是用来处理那些采用常规控制效果不好，甚至无法控制的复杂工业过程控制问题。

相关知识

一、软测量技术

过程控制中有时需对一些与产品质量相关的变量进行实时控制和优化，这些变量往往是密度、浓度、干度等质量变量，由于技术或经济原因，很难通过传感器进行测量。

1. 软测量技术的定义

软测量技术，就是选择与被估计变量相关的一组可测变量，构造某种以可测变量为输入、被估计变量为输出的数学模型，用计算机软件实现这些过程变量的估计，也称为软仪表、软传感器。

软测量估计值可作为控制系统的被控变量，还可为优化控制与决策提供重要信息。

2. 软测量中各模块之间的关系

软测量的结构如图 8－1 所示。

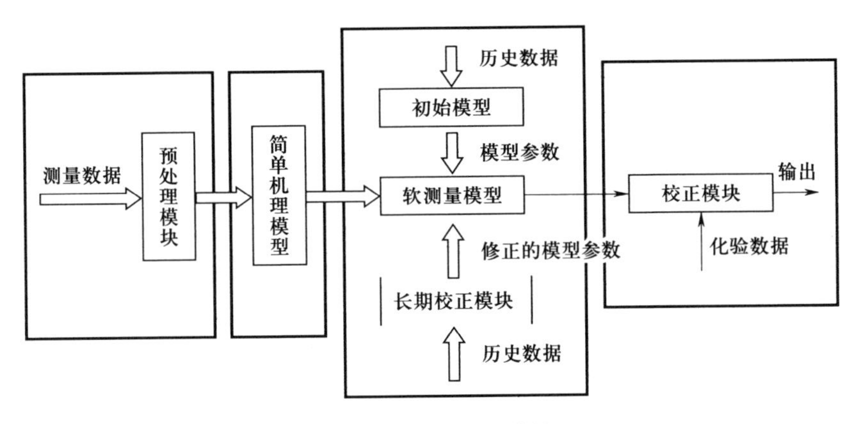

图 8－1　软测量的结构

3. 软测量的技术构成

（1）辅助变量的选择。选择影响主导变量的可测相关变量作为辅助变量。

精馏塔塔顶产品的成分软测量如图 8－2 所示。

1）选择初始辅助变量。

①塔的进料特性。

②塔釜加热特性。

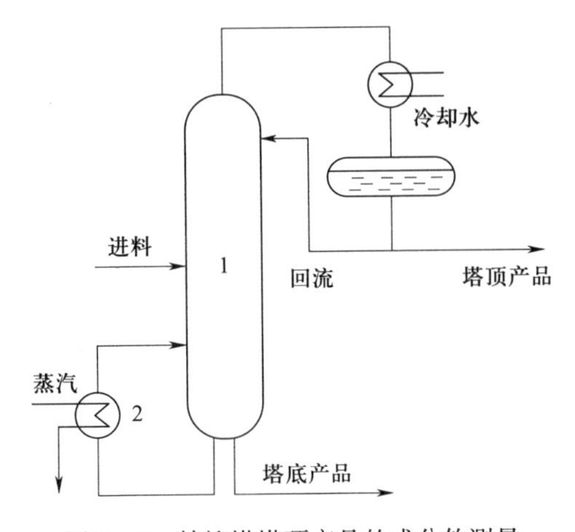

图 8－2　精馏塔塔顶产品的成分软测量

③塔顶回流特性。

④塔顶操作状态。

⑤塔抽出料特性。

2）对初始辅助变量降维。

①方法一。通过机理分析，选择响应灵敏、测量精度高的变量作为最终辅助变量。

②方法二。主元分析法，可利用现场历史数据作统计分析计算，将原始辅助变量与被测量变量的关联度排序，实现变量精选。

例如，在相关气相温度变量、压力变量之间选择压力变量。

（2）数据采集与处理。过程数据包含了工业对象的大量相关信息，因此采集被估计变量和原始辅助变量的历史数据时，数据的数量越多越好。具体要求如下：

1）数据覆盖面在可能条件下应宽一些，以便软测量具有较宽的适用范围。

2）为了保证软测量精度，数据的正确性和可靠性十分重要，因此现场数据必须经过显著误差检测和数据协调，保证数据的准确性。

3）采集的数据要注意纯滞后的影响。

（3）软测量模型的建立。建模方法有机理建模、经验建模及两者结合等方法。

1）机理建模是从内在物理和化学规律出发，通过物料平衡、能量平衡和动量平衡建立模型。可充分利用过程知识，依据过程机理，有较大的适用范围。

2）经验建模是通过实测或依据积累的操作数据，采用数学回归方法或神经网络等方法得到经验模型。

选择软测量模型时，还应考虑模型的复杂性，以及在实际系统硬件、软件平台的可实现性。静态线性模型实施成本较小，神经网络模型所需计算资源较多。

（4）软测量模型的校正。当对象特征发生较大变化，软测量经过在线学习无法保证预估精度时，须利用测量器运算所累积的历史数据，进行模型更新或在线校正。

软测量模型的在线校正可表示为模型结构和模型参数的优化。模型结构修正往往需要大量样本数据和较长计算时间，难以在线进行。为解决模型结构修正耗时长和在线校正的矛盾，提出短期学习和长期学习的校正方法。

短期学习算法简单，学习速度快，便于实时应用。

长期学习是当软测量仪表在线运行一段时间积累足够的新样本模式后，重新建立软测量模型。

二、时滞补偿控制

控制通道不同程度存在纯滞后（时滞），如皮带传送存在纯滞后，衡量纯滞后常采用纯滞后时间 τ 和时间常数 T 之比。当 $\tau/T<0.3$，是一般纯滞后过程；当 $\tau/T>0.3$，为大纯滞后过程。如图 8－3 所示。

1. 史密斯（Smith）预估补偿控制

1957 年，为改善大纯滞后系统控制品质，Smith 提出预估补偿控制。在 PID 反馈控制基础

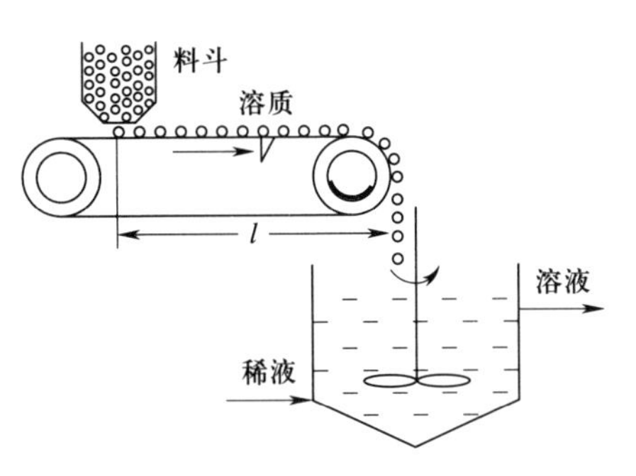

图 8－3　皮带传送

上，引入预估补偿环节，使闭环系统方程不含纯滞后项，提高了控制质量。如图 8－4 所示。

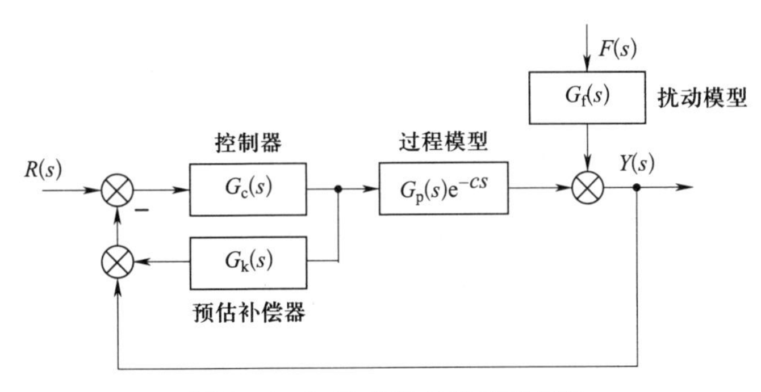

图 8－4　Smith 预估补偿控制方案

为实施 Smith 预估补偿控制，必须求取补偿器的数学模型。若模型与过程特性不一致，则闭环系统方程中还会存在纯滞后项，两者严重不一致时，甚至会引起系统稳定性变差。

实际工业过程的被控对象当参数变化不大时可近似作为常数处理，采用 Smith 预估补偿控制方案有一定的效果。

2. 控制实施中的若干问题

（1）Smith 预估补偿控制是基于模型已知的情况下进行的，实现 Smith 预估补偿控制必须已知动态模型，即过程数学关系和纯滞后时间。

（2）经预估补偿后，系统闭环方程已不含纯滞后项，因此，常规控制参数整定与无纯滞后的控制参数相同。但是，通常纯滞后环节采用近似表示，实施会造成误差，再者，补偿器模型与对象参数间存在偏差，因此，应适当减小控制器增益，减弱控制作用，以满足系统稳定要求。

（3）Smith 预估补偿控制对预估器精度要求较高，过程模型精确时，对纯滞后补偿效果较好，缺点是对模型的误差十分敏感。当过程参数变化为 10%～15% 时，预估补偿就失去了良好的控制效果。

三、解耦控制

1. 耦合现象影响及分析

精馏塔塔顶、塔釜温度控制的耦合实例如图 8－5 所示。

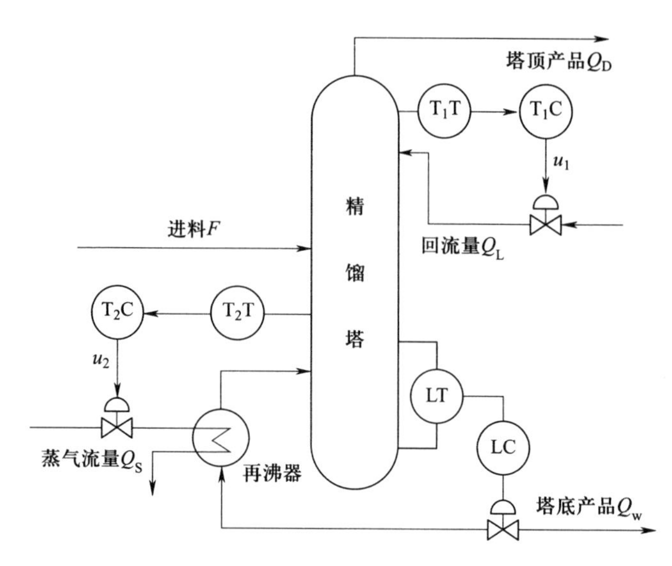

图 8－5　精馏塔塔顶、塔釜温度控制

（1）耦合。被控变量为塔顶温度 T_1 和塔底温度 T_2，操纵变量为回流量 Q_L 和蒸气流量 Q_S。u_1变化不仅影响 T_1，同时还影响 T_2；同样，u_2变化在影响 T_2的同时，还影响 T_1。这种情况称为两个控制回路间存在耦合。

（2）解耦。解耦是使一个控制变量的变化只对与其匹配的被控变量影响，而对其他回路被控变量没有影响或影响很小。

使耦合的多变量控制系统分解为若干个独立的单变量控制系统，称为解耦控制。

2. 解耦控制方法

（1）正确匹配被控变量与控制变量。

（2）整定控制器参数，减小系统关联。

1）具体实现方法。通过整定控制器参数，把两个回路中次要系统的比例度和积分时间放大，使它受到干扰后，反应适当缓慢一些，调节过程长一些，这样可达到减少关联的目的。

2）缺点。次要被控变量的控制品质往往较差，这一点在工艺允许的情况下是值得牺牲的，但在另外一些情况下却可能是个严重缺点。

（3）减少控制回路。把方法（2）推到极限，次要控制回路的控制器比例度取无穷大，此时这个控制回路不存在，它对主要控制回路的关联作用也消失。

例如，在精馏塔控制系统设计中，工艺对塔顶和塔底组分均有一定要求时，若塔顶和塔底的组分均设有控制系统，那么这两个控制系统相关，在扰动较大时无法投运。

这种情况需要采用减少控制回路的方法来解决。如塔顶重要，则塔顶设置控制回路，塔底不设置组分含量指标控制回路，而往往设置加热蒸汽流量控制回路。

（4）串接解耦控制。在控制器输出与执行器输入之间，可串接解耦装置 $D(s)$，双输入双输出串接解耦如图 8－6 所示。

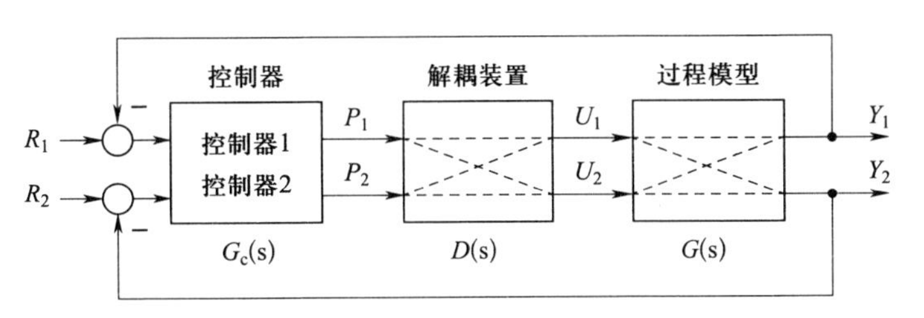

图 8－6　双输入双输出串接解耦

由图可得：

$$Y(s)=G_c(s)D(s)G(s)$$

设计要求：找到合适的 $D(s)$ 使 $D(s)G(s)$ 相乘成为对角矩阵，就解除了系统之间的耦合，两个控制系统不再关联。

四、预测控制

预测控制是在工业过程控制实践中产生和发展起来的。

实际工业过程具有非线性、时变性和不确定性，而且大多数工业过程是多变量的，难于建立精确的数学模型，其结构也往往十分复杂，难以设计并实现有效的控制。

20 世纪 70 年代以来，人们针对工业过程特点寻找各种对模型精度要求低、控制综合质量好、在线计算方便的优化控制算法。预测控制是在这样的背景下发展起来的。

预测控制的基本出发点与传统 PID 控制不同，PID 控制是根据过程当前输出测量值和设定值的偏差来确定当前的控制输入；预测控制不但利用当前的和过去的偏差值，而且还利用预测模型来预估过程未来的偏差值，以滚动优化确定当前的最优控制策略。从基本思想看，预测控制优于 PID 控制。

1. 预测控制的基本原理

预测控制种类很多，各类算法都有一些共同点，主要有 4 个基本特征，如图 8－7 所示。

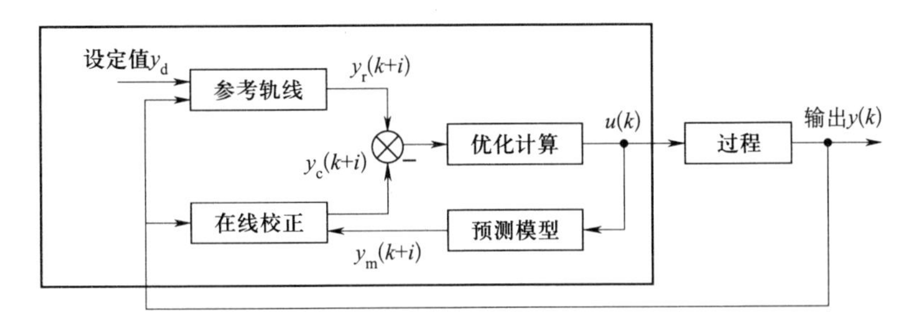

图 8－7　预测控制的基本结构

（1）预测模型。预测控制需要描述系统动态行为的模型，称为预测模型。预测模型能够根据系统的现时刻的控制输入以及过程的历史信息，预测过程输出的未来值。

在预测控制中有各种不同算法，可采用不同类型的预测模型。通常采用在实际工业过程中较易获得的脉冲响应模型和阶跃响应模型等非参数模型。

（2）反馈校正。在预测控制中，采用预测模型进行过程输出值的预估只是一种理想方式。对于实际过程，由于存在非线性、时变、模型失配和扰动等不确定因素，使基于模型的预测很难与实际相符。

在预测控制中，通过输出测量值与模型的预估值进行比较，得出模型的预测误差，再利用模型预测误差来校正模型的预测值，从而得到较为准确的将输出的预测值。

预测模型加反馈校正过程，使预测控制具有很强的抗扰动和克服系统不确定性的能力。

（3）滚动优化。预测控制是一种优化控制算法，通过某一性能指标的最优化来确定未来的控制作用。

采用滚动式的有限时域优化策略。即优化过程不是一次离线完成的，而是反复在线进行的，在每一采样时刻，优化性能指标只涉及从该时刻起到未来有限时间，而到下一个采样时刻，这一优化时段会同时向前推移。

预测控制不是一个全局相同的优化性能指标，而是在每一时刻有一个相对于该时刻的局部优化性能指标。

（4）参考轨线。在预测控制中，为使过程避免出现输入和输出的急剧变化，往往要求过程输出沿着一条所期望的、平缓的曲线达到设定值。这条曲线通常称为参考轨线。它是设定值经过在线“柔化”后的产物。

（5）预测控制的优良性质。对数学模型要求不高，能直接处理具有纯滞后过程的问题，具有良好的跟踪性能和较强的抗扰动能力，对模型误差具有较强的鲁棒性（鲁棒性是指系统在不确定性的扰动下，具有保持某种性能不变的能力）等。这些优点使预测控制更加符合工业过程的实际要求，这是 PID 控制无法相比的。

2. 预测控制工业应用

（1）第一代预测控制软件包。以 IDCOM 和 DMC 为代表，主要处理无约束过程的预测控制。

（2）第二代预测控制软件包。以 QDMC（二次动态矩阵控制）为代表，20 世纪 70 年代由壳牌石油公司开发，是化学工业中常用的模型预测控制软件包，用来处理约束多变量过程的控制问题。

（3）第三代预测控制软件包。主要有美国 DMC 公司的 DMC、Setpoint 公司的 IDCOMM、SMCA、Honeywell 公司的 RMPCT、Aspen 公司的 DMCPLUS、法国 Adersa 公司的 PFC、加拿大 Treiber Controls 公司的 OPC 等，成功应用于石油化工的催化裂化、常减压、连续重整、延迟焦化、加氢裂化等重要装置。

我国通过重点科技攻关，在先进控制与优化方面积累了许多经验，成功应用实例亦不少，部分成果已逐渐形成商品化软件。

五、自适应控制

PID 控制系统均指控制器有固定参数的系统。实际上，复杂的工艺过程往往具有不确定性（如环境结构和参数的未知性、时变性、随机性、突变性等）。对于这类生产过程，采用之前介绍的 PID 常规控制方案往往不能获得令人满意的控制效果，甚至还可能导致整个系统失控。

为了解决在被控对象的结构和参数存在不确定性时，系统仍能自动地工作于最优或接近于最优的状态，就提出了自适应控制。

1. 自适应控制的概念

自适应控制是建立在系统数学模型参数未知的基础上，在控制系统运行过程中，系统本身不断测量被控系统的参数或运行指标，根据参数或运行指标的变化，改变控制参数或控制作用，以适应其特性的变化，保证整个系统运行在最佳状态下。如图 8－8 所示。

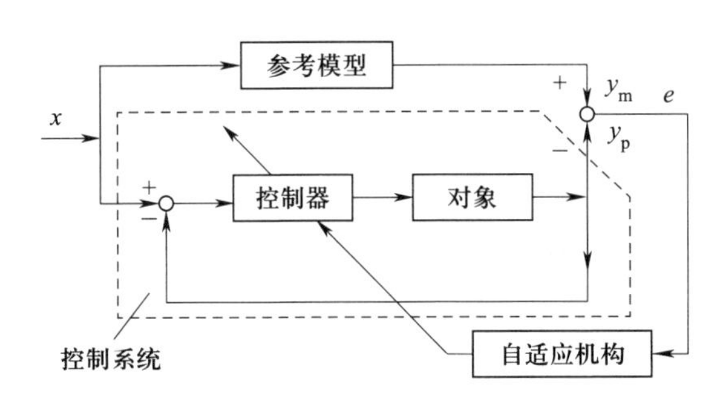

图 8－8　自适应控制系统

2. 一个自适应控制系统至少应包含以下 3 个部分

（1）具有一个检测或估计环节，目的是监视整个过程和环境，并能对消除噪声后的检测数据进行分类。通常是指对过程的输入、输出进行测量，进而对某些参数进行实时估计。

（2）具有衡量系统控制优劣的性能指标，并能够测量或计算，以此来判断系统是否偏离最优状态。

（3）具有自动调整控制器的控制规律或参数的能力。

3. 自校正控制系统

自校正控制系统模型参考自适应控制系统，主要用于随动控制。这类控制的典型特征是参考模型与被控系统并联运行，参考模型表示了控制系统的性能要求。如图 8－9 所示。

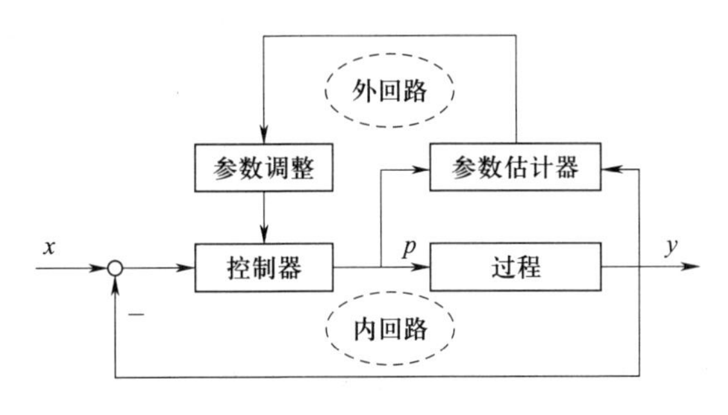

图 8－9　自校正控制系统

六、模糊控制

1. 手动控制

操作人员根据对象的当前状态和以往的控制经验，用手动控制的方法给出适当的控制量，对被控对象进行控制。

2. 模糊控制

模糊控制是用模糊数学的知识模仿人脑的思维方式，对模糊现象进行识别和判断，给出精确的控制量，对被控对象进行控制。

3. 手动控制和模糊控制的比较

手动控制和模糊控制的比较如图 8－10 所示。

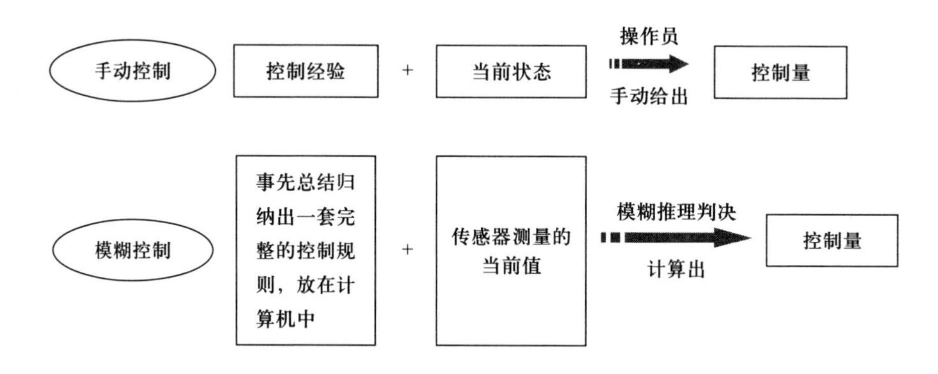

图 8－10　手动控制和模糊控制的比较

4. 模糊控制的基本思想

首先根据操作人员手动控制的经验，总结出一套完整的控制规则，再根据系统当前的运行状态，经过模糊推理、模糊判决等运算，求出控制量，实现对被控对象的控制。然后用计算机模拟操作人员手动控制的经验，对被控对象进行控制。

5. 模糊控制的特点

与经典控制理论和现代控制理论相比，模糊控制的主要特点是不需要建立对象的数学模型。

6. 模糊控制的发展

（1）模糊控制的起源。1965 年，美国加利福尼亚大学自动控制专家扎德（Zadeh）教授发表了论文《模糊集合论》；1974 年，英国工程师马丹尼（Mamdani）将模糊集合理论应用于锅炉和蒸汽机的控制获得成功，自此，模糊数学走向应用，取名模糊控制。

（2）模糊控制发展的 3 个阶段。

1）基本模糊控制。针对特定对象设计，控制效果好。控制过程中规则不变，不具有通用性，设计工作量大。

2）自组织模糊控制。某些规则和参数可修改，可对一类对象进行控制。

3）智能模糊控制。具有人工智能的特点，能对原始规则进行修正、完善和扩展，通用

性强。

7. 模糊控制的原理

模糊控制的原理如图 8－11、图 8－12 所示。

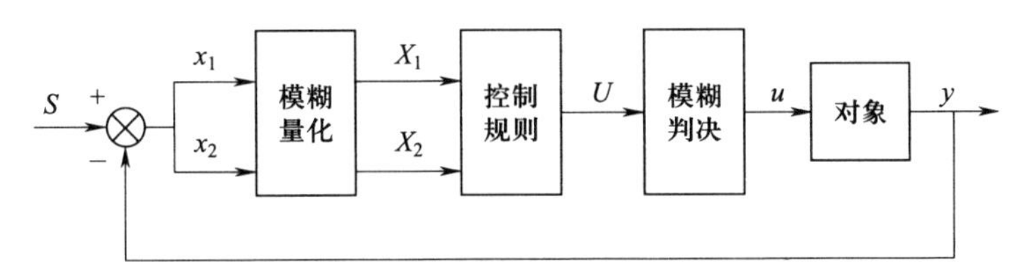

图 8－11　模糊控制的原理 1

S—系统的设定值　x_1，x_2—模糊控制的输入（精确量）

X_1，X_2—模糊量化处理后的模糊量

U—经过模糊控制规则和近似推理后得出的模糊控制量

u—经模糊判决后得到的控制量（精确量）　y—对象的输出

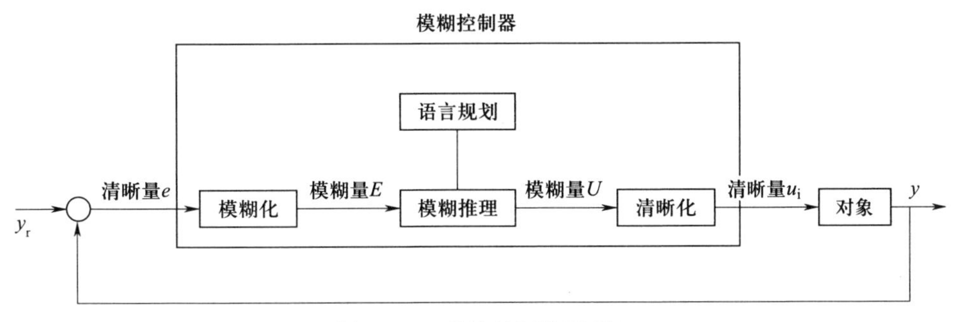

图 8－12　模糊控制的原理 2

课题九

安全仪表系统

安全仪表系统（SIS）是指用仪表实现安全功能的系统，它能够在化工生产中起到重要的联锁保护作用，对可能发生的危险或不当措施状态进行及时响应和保护，以保障人员、设备和生产装置的安全。本课题简要介绍安全仪表系统的原理和设计。

任务一　认识安全仪表系统原理

学习目标

1. 了解安全仪表系统的基本概念。
2. 认识安全仪表系统的实现方式。

任务引入

2014 年，国家安监总局发布了《关于加强化工安全仪表系统管理的指导意见》（安监总管三〔2014〕116 号），2020 年初，国务院安全生产委员会印发了《全国安全生产专项整治三年行动计划》，再次强调了安全仪表系统的重要性。SIS 基本结构如图 9－1 所示，请根据图片介绍 SIS 的工作原理。

相关知识

一、安全仪表系统

1. 安全仪表系统（safety instrumented system，SIS）

在《电气/电子/可编程电子安全相关系统的功能安全》（IEC 61508）中，SIS 被称为安

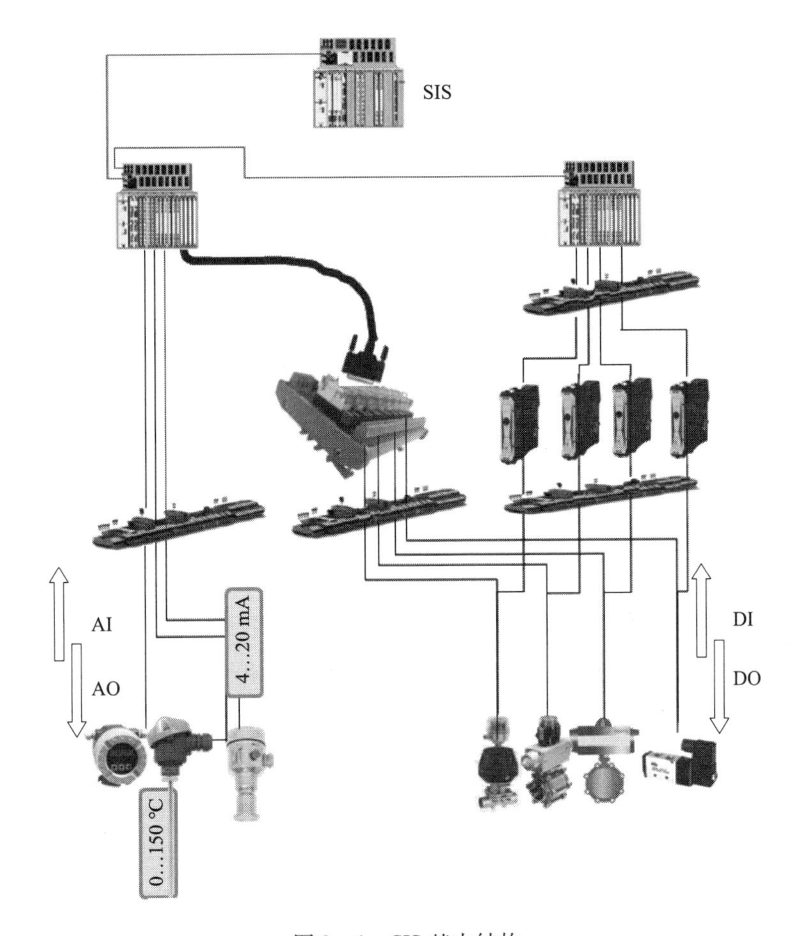

图 9－1　SIS 基本结构

全相关系统（safety related system），将被控对象称为被控设备（EUC）。

《过程工业领域安全仪表系统的功能安全》（IEC 61511）将安全仪表系统 SIS 定义为用于执行一个或多个安全仪表功能（safety instrumented function，SIF）的仪表系统。SIS 是由传感器（如各类开关、变送器等）、逻辑控制器以及最终控制元件（如电磁阀、电动门等）进行组合而成，如图 9－2 所示。

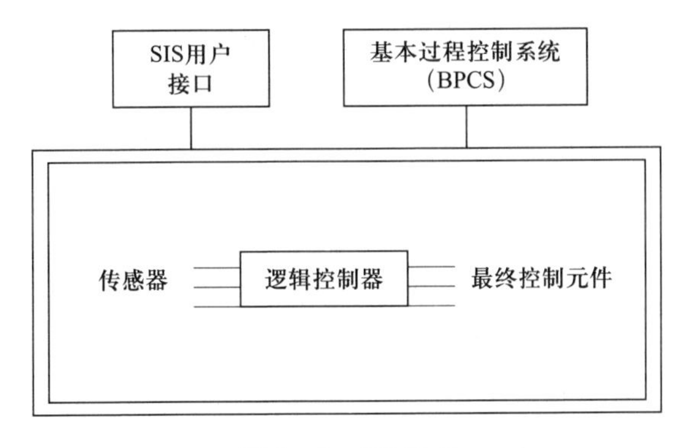

图 9－2　SIS 组成

按照SIS的定义，下述系统均属于安全仪表系统：

（1）安全联锁系统（safety interlock system，SIS）。

（2）安全关联系统（safety related system，SRS）。

（3）仪表保护系统（instrument protective system，IPS）。

（4）透平压缩机集成控制系统（integrated turbo & compressor control system，ITCC）。

（5）火灾及气体检测系统（fire and gas systems，F&G）。

（6）紧急停车系统（emergency shutdown device，ESD）。

（7）燃烧管理系统（burner management system，BMS）。

（8）列车自动防护系统（ATP）。

IEC 61511又进一步指出，SIS可以包括也可以不包括软件。另外，当操作人员的手动操作被视为SIS的有机组成部分时，必须在安全规格书（safety requirement specification，SRS）中对人员操作动作的有效性和可靠性做出明确规定，并包括在SIS的绩效计算中。

从SIS的发展过程看，其控制单元部分经历了电气继电器（electrical）、电子固态电路（electronic）和可编程电子系统（programmable electronic system），即E/E/PES 3个阶段。由PES构成的SIS如图9－3所示。

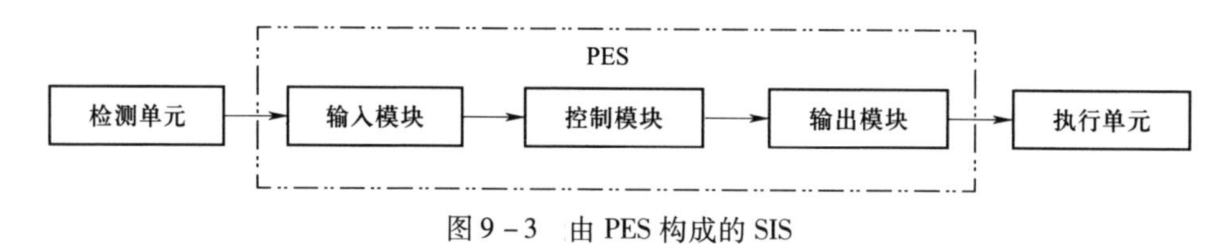

图9－3　由PES构成的SIS

2. 安全仪表功能（safety instrumented function，SIF）

安全仪表功能可以是安全仪表保护功能，也可以是安全仪表控制功能或包含这两者。每个SIF针对特定的风险，每套SIS可以执行多个SIF。

需要说明的是，这里所说的安全仪表控制功能是指以连续模式（continuous mode）操作并具有特定的安全度等级（safety integrity level，SIL），用于防止危险状态发生或者减轻其发生的后果，与常规的PID控制功能是完全不同的概念。

实例：图9－4所示，是一个气液分离容器A液位控制的安全仪表功能回路。对这个安全仪表功能完整的描述是：当容器液位开关达到安全联锁值时，逻辑运算器（如图9－5所示）使电磁阀S断电，则切断进调节阀膜头信号，使调节阀切断容器A进料，这个动作要在3 s内完成，安全等级必须达到SIL2。这是一个安全仪表功能的完整描述，而所谓的安全仪表系统，则是类似一个或多个这样的安全仪表功能的集合。

运行说明：L液面超高—L1接点闭合—Z带电；Z1常闭—接点打开—S线圈断电；S电磁阀切断，往调节阀膜头的控制信号调节阀切断工艺进料，完成联锁保护作用；$K_{起}$表示按钮开关起动联锁保护回路兼有复位作用；$K_{停}$表示人工强制起动联锁保护作用；$K_{旁}$表示旁路联锁保护作用，用于开车或检修联锁信号仪表。

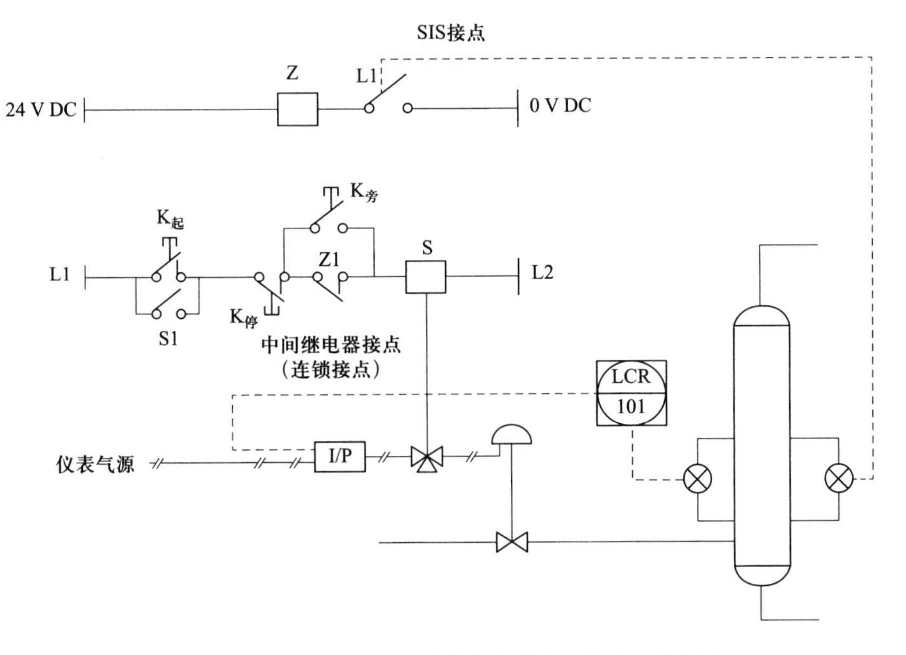

图 9-4　气液分离容器 A 液位控制的安全仪表功能回路

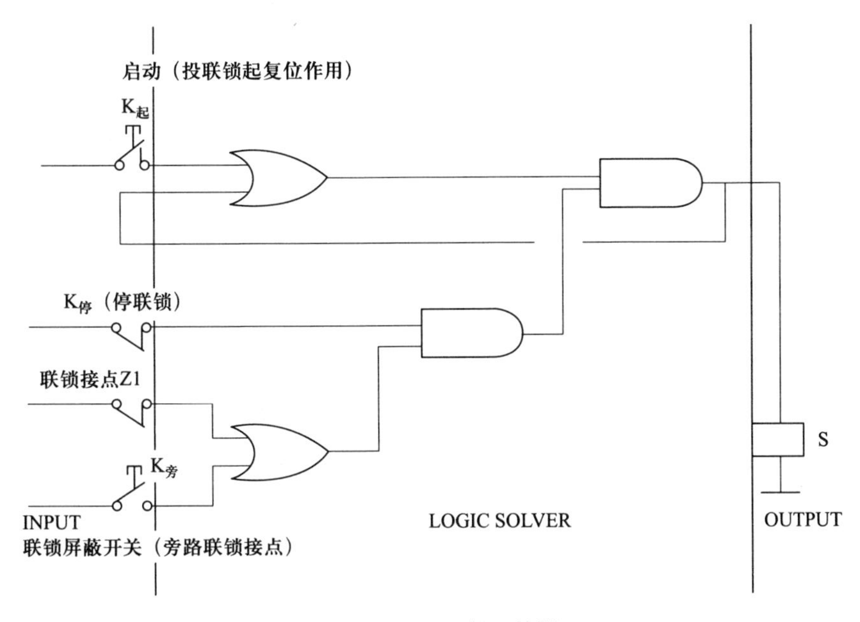

图 9-5　SIS 逻辑运算器

3. 安全度等级（safety integrity level，SIL）

IEC 61508 为国际电工委员会制定的国际标准，用于确定过程、交通、医药工业等的安全周期（safety life cycle），对设备的完整性、设计、操作、测试和维护提出了要求，主要针对制造商和设备供应商。标准根据发生故障的可能性分成 4 个安全完整性等级，见表 9-1。

表 9－1　　等级表

安全完整性等级	描述
SIL 1	每年故障危险的平均概率为 0.1～0.01
SIL 2	每年故障危险的平均概率为 0.01～0.001
SIL 3	每年故障危险的平均概率为 0.001～0.000 1
SIL 4	每年故障危险的平均概率为 0.000 1～0.000 01

4. 作用

监视生产过程的状态，在出现危险的条件时，自动执行其规定的安全仪表功能，防止危险事件发生，或减轻危险事件造成的影响。

安全仪表系统在保护层中的位置如图 9－6 和表 9－2 所示。

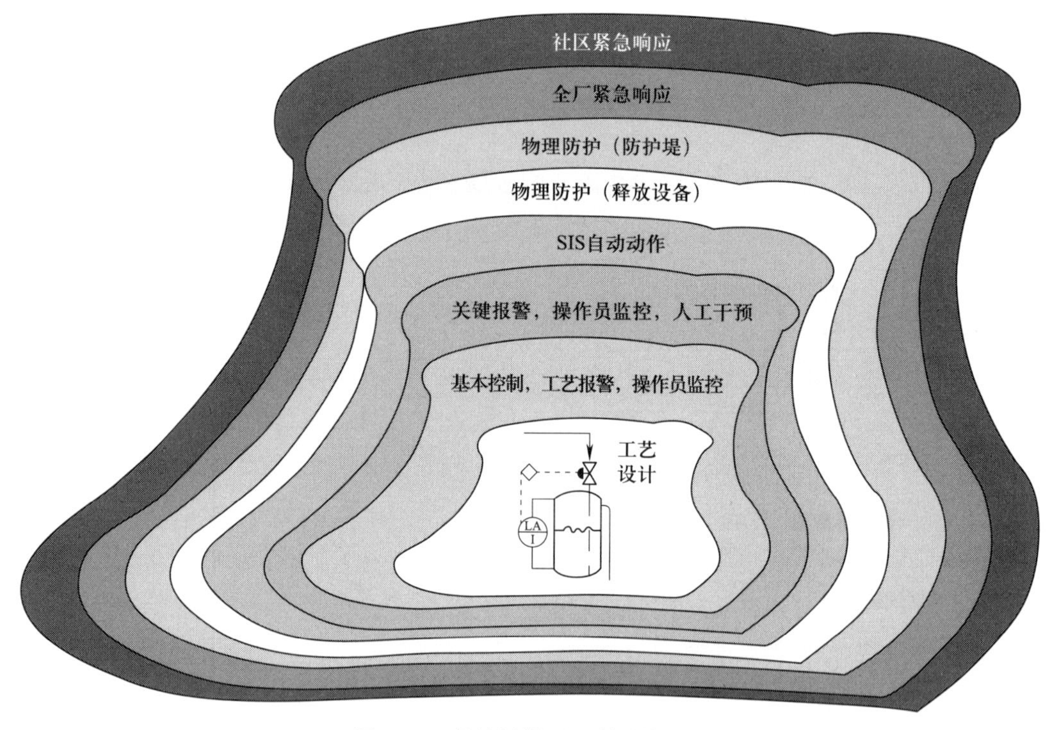

图 9－6　保护层模型（洋葱模型）

表 9－2　　保护层模型说明

层次	名称	说明
第一层	过程设计	过程设计中实现本质安全工厂
第二层	基本过程控制系统（BPCS）	如 DCS，以正常运行的监控为目的
第三层	区别于 BPCS 的重要报警	操作员介入需要有一定的必要余度时
第四层	安全仪表系统（SIS）	系统自动使工厂安全停车
第五层	物理防护层（一）	安全阀泄压、过压保护系统
第六层	物理防护层（二）	将泄漏液体局限在局部区域的防护堤

续表

层次	名称	说明
第七层	工厂内部紧急应对计划	工厂内部的应急计划
第八层	周边区域防灾计划	周边居民、公共设施的应急计划

二、SIS 的相关标准及认证

1. SIS 相关的标准

由于 SIS 涉及人员、设备、环境的安全，各国均制定了相关的标准、规范，使 SIS 的设计、制造和使用均有章可循，并由权威的认证机构对产品能达到的安全等级进行确认。SIS 相关的标准主要有：

（1）《电气/电子/可编程电子安全相关系统的功能安全》（GB/T 20438—2017）。等同于采用 IEC 61508 国际标准。

（2）《过程工业领域安全仪表系统的功能安全》（GB/T 21109—2007）。等同于采用 IEC 61511 国际标准。

（3）《电气/电子/可编程电子安全相关系统的功能安全》（IEC 61508）标准。

IEC 61508 标准规定了常规系统运行和故障预测能力两方面的基本安全要求。这些要求涵盖了一般安全管理系统、具体产品设计和符合安全要求的过程设计，其目标是既避免系统性设计故障，又避免随机性硬件失效。

（4）《过程工业领域安全仪表系统的功能安全》（IEC 61511）标准。

IEC 61511 是专门针对过程工业领域安全仪表系统的功能安全标准，它是国际电工委员会继功能安全基础标准 IEC 61508 之后推出的专业领域标准，解决了安全仪表系统应达到怎样的安全完整性和性能水平的问题。

（5）《石油化工安全仪表系统设计规范》（GB/T 50770—2013）。该规范适用于石油化工工厂或装置新建、扩建及改建项目的安全仪表系统的工程设计，目的是防止和降低石油化工工厂或装置的过程风险，保证人身和财产安全，保护环境。

该规范主要技术内容包括安全生命周期、安全完整性等级，设计基本原则，测量仪表，最终元件，逻辑控制器，通信接口，人机接口，应用软件，工程设计，组态、集成与调试、验收测试，操作维护、变更管理，文档管理，是从事工程设计、施工安装等相关工作人员的指导性文件。

2. SIL 认证

安全完整性等级 SIL（safety integrity level）是指在规定的条件下，规定的时间内安全相关系统成功完成所要求的安全功能的可能性，也就是在要求安全系统动作时其功能失效概率的倒数。

SIL 认证是基于 GB/T 20438、GB/T 21109、IEC 61508、IEC 61511、IEC 61513、IEC 13849—1、IEC 62061、IEC 61800—5—2 等标准，对安全设备的安全完整性等级（SIL）或

者性能等级（PL）进行评估和确认的第三方评估、验证和认证。SIL 认证主要涉及针对安全设备开发流程的文档管理（FSM）评估，硬件可靠性计算和评估、软件评估、环境试验、EMC 电磁兼容性测试等内容。

SIL 认证包括对产品和系统两个层面，共分 4 个等级，即 SIL1、SIL2、SIL3、SIL4，其中 SIL4 的要求最高。

目前，国内外有一些机构已开展 SIL 认证。

三、DCS 与 SIS 的比较

DCS 与 SIS 对比表见表 9－3。

表 9－3　DCS 与 SIS 对比表

项目	DCS	SIS
构成	不含检测、执行	含检测、执行单元
作用（功能）	使生产过程在正常工况乃至最佳工况下运行	超限安全停车
工作方式	动态、连续	静态、间断
安全级别	低、不需认证	高、需认证

1. 系统的组成

DCS 一般是由人机界面操作站、通信总线及现场控制站组成，不包含检测执行部分；SIS 是由传感器、逻辑解算器和最终元件 3 部分组成。

2. 实现功能

DCS 用于过程连续测量、常规控制（连续、顺序、间歇等）操作控制管理，使生产过程在正常情况下运行至最佳工况；SIS 是超越极限安全即将工艺、设备转至安全状态。

3. 工作状态

DCS 是主动的、动态的，它始终对过程变量连续进行检测、运算和控制，对生产过程动态控制，确保产品的质量和产量；SIS 是被动的、休眠的。

4. 安全级别

DCS 安全级别低，不需要安全认证；SIS 级别高，需要安全认证。

5. 应对失效方式

DCS 系统大部分失效都是显而易见的，其失效会在生产的动态过程中自行显现，很少存在隐性失效；SIS 失效就没那么明显了，因此确定这种休眠系统是否还能正常工作的唯一方法，就是对该系统进行周期性的诊断或测试。因此，安全仪表系统需要人为地进行周期性的离线或在线检验测试，而有些安全系统则带有内部自诊断。

任务实施

一、认识 SIS 的本安防爆性能

要使 SIS 具有本安防爆性能，应满足两个条件：

1. 在危险场所使用本质安全型防爆仪表，如本安型变送器、电－气转换器、电气阀门定位器等。

2. 在控制室仪表与危险场所仪表之间设置安全栅，以限制流入危险场所的能量。本安防爆系统的结构如图 9－7 所示。

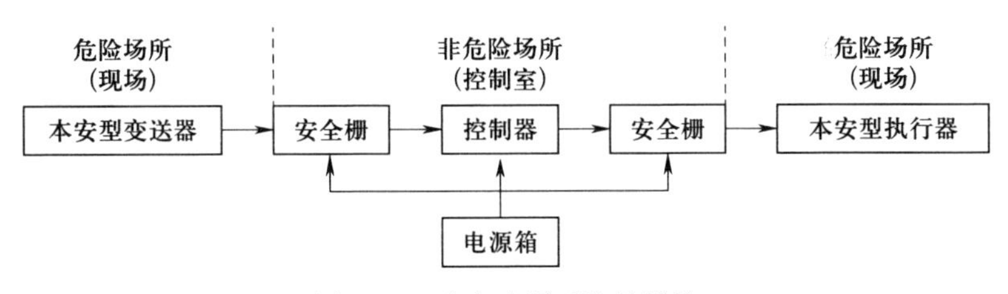

图 9－7　本安防爆系统的结构

应当指出，使用本安仪表和安全栅是系统的基本要求，要真正实现本安防爆的要求，还需注意系统的安装和布线。

(1) 按规定正确安装安全栅，并保证良好接地。

(2) 正确选择连接电缆的规格和长度，其分布电容、分布电感应在限制值之内。

(3) 本安电缆和非本安电缆应分槽（管）敷设，慎防本安电路与非本安电路混触。

详细规定可参阅安全栅使用说明书和国家有关电气安全规程。

3. 安全栅

安全栅作是本安型仪表的关联设备，其一方面传输信号，另一方面控制流入危险场所的能量在爆炸性气体或混合物的点火能量以下，以确保系统的本安防爆性能。

安全栅的构成形式有多种，常用的有齐纳式安全栅和隔离式安全栅两种：

(1) 齐纳式安全栅。齐纳式安全栅是基于齐纳二极管反向击穿性能而工作的，如图 9－8 所示。在正常工作时，安全栅不起作用。

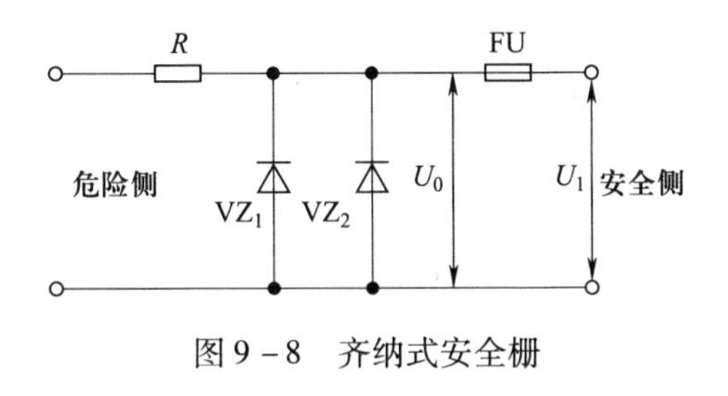

图 9－8　齐纳式安全栅

当现场发生事故，如形成短路时，由 R 限制过大电流进入危险侧，以保障现场安全。当安全栅端电压 U_1 高于额定电压 U_0 时，齐纳二极管被击穿，进入危险侧的电压将被限制在 U_0 值上。同时，安全侧电流急剧增大，使 FU 很快熔断，从而使高电压与现场隔离，也保护了齐纳二极管。

齐纳式安全栅具有结构简单、经济、可靠、通用性强，使用方便等特点。

(2) 隔离式安全栅。隔离式安全栅是通过隔离、限压和限流等措施来保障安全防爆性能的。通常采用变压器隔离的方式，使其输入、输出之间没有直接电的联系，以切断安全侧高电压窜入危险侧的通道。同时，在危险侧还设置了电压、电流限制电路，限制流入危险场所的能量，从而实现本安防爆的要求。

变压器隔离式安全栅的一种电路结构如图 9－9 所示。来自变送器的直流信号，由调制器调制成交流信号，经变压器耦合，再由解调器还原为直流信号，送入安全区域。

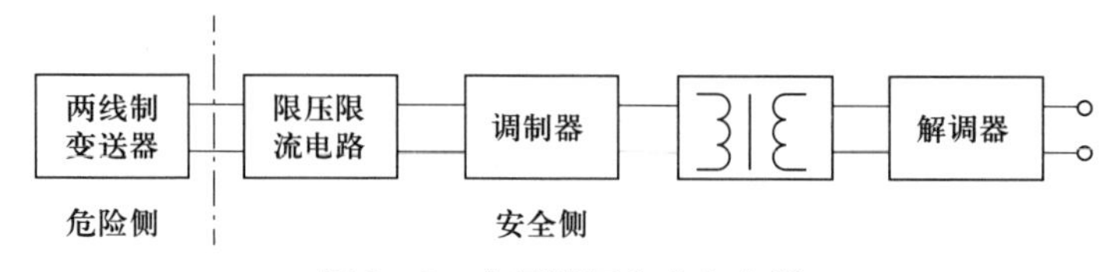

图 9－9　变压器隔离式安全栅

变压器隔离式安全栅的特点是线路较复杂，但其性能稳定，抗干扰能力强，可靠性高，使用也较方便。不同类型安全栅防爆措施见表 9－4。

表 9－4　不同类型安全栅防爆措施

安全栅类别	防爆措施
电阻式安全栅	电阻限流
齐纳式安全栅	齐纳管限压、电阻限流
中继放大器式安全栅	放大器的高输入阻抗
光电隔离式安全栅	光电隔离、限流、限压
变压器隔离式安全栅	变压器隔离、限流、限压
线性光偶合隔离放大器	光电隔离

二、认识防爆电气设备

了解防爆电气设备的分类及其控制仪表，防爆标志 ExiaⅡAT5 和 ExdⅡBT4 是何含义？

1. 防爆电气设备分类

按照《爆炸性环境 第 1 部分：设备 通用要求》（GB 3836.1—2021）的规定，爆炸性环境用电设备分为三大类：

（1）Ⅰ类电气设备。适用于煤矿瓦斯气体环境。用于煤矿的电气设备，当其环境中除甲烷外还可能含有其他爆炸性气体时，应按照Ⅰ类和Ⅱ类相应可燃性气体的要求进行制造和试验。该类电气设备应有相应的标志［如“Ex dⅠ/ⅡB T3”或“Ex dⅠ/Ⅱ（NH3）”］。

（2）Ⅱ类电气设备。适用于除煤矿瓦斯气体之外的其他爆炸性气体环境。Ⅱ类电气设备按照其拟使用的爆炸性环境的种类可进一步再分类。Ⅱ类电气设备的再分类，标志分别为 A、B、C。

1）ⅡA 类：代表性气体是丙烷。

2）ⅡB 类：代表性气体是乙烯。

3）ⅡC 类：代表性气体是氢气。

以上分类的依据，对于隔爆外壳电气设备是最大试验安全间隙（MESG），对于本质安全型电气设备是最小点燃电流比（MICR）。

ⅡA：$1.14 > MESG \geqslant 0.9$；$1.0 > MICR > 0.8$。

ⅡB：0.9 > MESG > 0.5；0.8 ≥ MICR ≥ 0.45。

ⅡC：0.5 ≥ MESG；0.45 > MICR。

标志ⅡB的设备可适用于ⅡA设备的使用条件，标志ⅡC类的设备可适用于ⅡA和ⅡB类设备的使用条件。

（3）Ⅲ类电气设备。适用于除煤矿以外的爆炸性粉尘环境。Ⅲ类电气设备按照其拟使用的爆炸性粉尘环境的特性可进一步再分类。

1）ⅢA类：可燃性飞絮。

2）ⅢB类：非导电性粉尘。

3）ⅢC类：导电性粉尘。

标志ⅢB的设备可适用于ⅢA设备的使用条件，标志ⅢC类的设备可适用于ⅢA或ⅢB类设备的使用条件。

2. 防爆型控制仪表

（1）隔爆型仪表。隔爆型仪表具有隔爆外壳，仪表的电路和接线端子全部置于防爆壳体内，其表壳的强度足够大，隔爆结合面足够宽，它能承受仪表内部因故障产生爆炸性气体混合物的爆炸压力，并阻止内部的爆炸向外壳周围爆炸性混合物传播。这类仪表适用于1区和2区危险场所。隔爆型仪表安装及维护正常时，能达到规定的防爆要求，但当揭开仪表外壳后，它就失去了防爆性能，因此不能在通电运行的情况下打开表壳进行检修或调整。

（2）本质安全型仪表。本质安全型仪表（简称本安仪表）的全部电路均为本质安全电路，电路中的电压和电流被限制在一个允许的范围内，以保证仪表在正常工作或发生短接和元器件损坏等故障情况下产生的电火花和热效应不致引起其周围爆炸性气体混合物爆炸。本安仪表不需要笨重的隔爆外壳，具有结构简单、体积小、质量轻的特点，可在带电工况下进行维护、调整和更换仪表零件的工作。

3. 解释防爆标志ExiaⅡAT5 和ExdⅡBT4是何含义？

三、解释SIS的工作原理

任务二　认识安全仪表系统方案及运行维护

》学习目标

1. 了解安全仪表系统的设计要求。
2. 了解安全仪表系统运行维护基本知识。

》任务引入

SIS在生产装置的开车、停车、运行以及维护期间，对人员健康、装置设备及环境提供安全保护。无论是生产装置本身出现的故障危险，还是人为因素导致的危险以及一些不可抗拒因素引发的危险，SIS 都应立即作出正确反应并给出相应的逻辑信号，使生产装置安全联锁或停车，阻止危险的发生和事故的扩散，将危害减少到最小。某企业溴素生产存储过程的安全仪表控制系统方案如图 9－10 所示，请解释该方案。

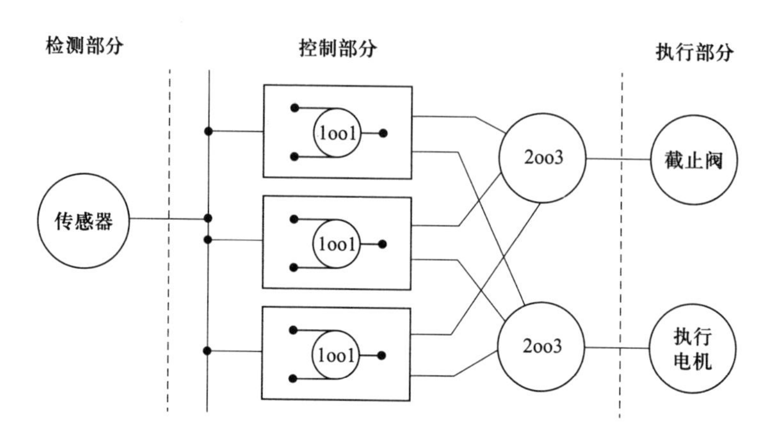

图 9－10　某企业溴素生产存储过程的安全仪表控制系统方案

相关知识

一、安全仪表系统生命周期

如图 9－11 所示，安全仪表系统生命周期分为下面几个阶段：

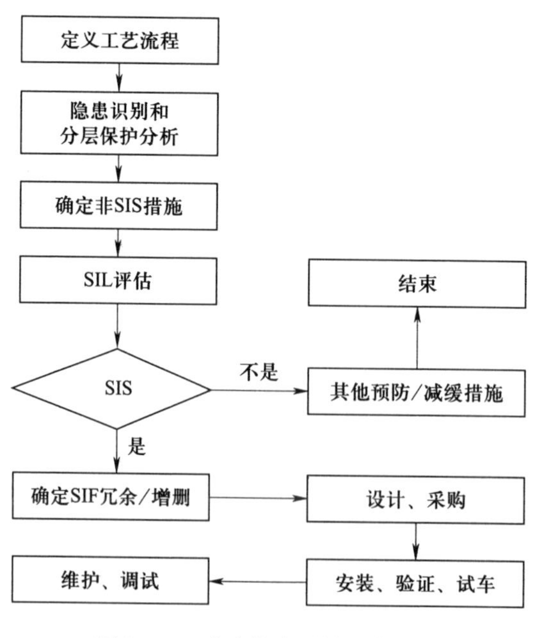

图 9－11　安全仪表系统生命周期

1. 工艺流程——概念设计。
2. 识别隐患——危险源识别。
3. SIL 评估——LOPA 分析。
4. SIL 等级——确定 SIF 冗余、增删和其他非 SIS 措施。
5. SIF 设计——确定因果图和技术参数。
6. 采购安装——PFD 要求和验证。
7. 调试——频率和维护。

二、安全仪表系统故障模式

仪表故障可分为“安全失效 λ_S”和“危险失效 λ_D”，安全失效致误跳车，降低生产连续性；危险失效导致事故，降低安全可靠性。如图 9－12 所示。

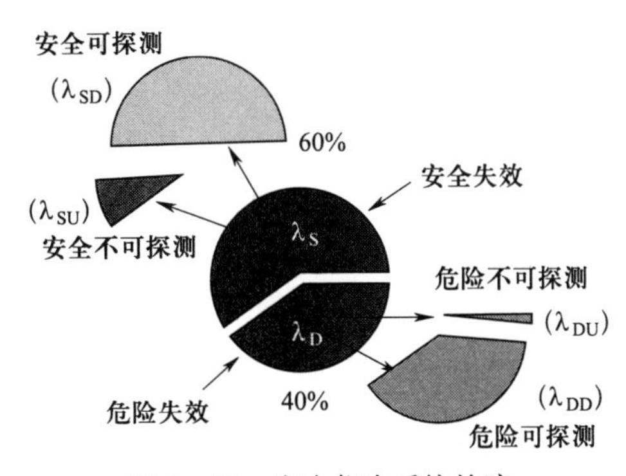

图 9－12　安全仪表系统故障

仪表故障分为可探测的和不可探测的，“安全失效”和“危险失效”，均可分为“可探测的”和“不可探测的”。

可探测的和不可探测的“安全失效”，会导致误跳车，把工艺带回安全状态；可探测的“危险失效”，可转换信号为“安全失效”，把工艺带回安全状态；不可探测的“危险失效”，不能被系统识别，会导致安全事故。

三、SIS 常用术语

1. 冗余（redundant）

用多个相同模块或部件实现特定功能或数据处理。

2. 容错（fault tolerant）

功能模块在出现故障或错误时，仍继续执行特定功能的能力。

3. 安全度等级（safety integrity level，SIL）

用于描述安全仪表系统安全综合评价的等级。

4. 故障危险概率（probability of failing dangerously，PFD）

能够导致安全仪表系统处于危险或失去功能的故障出现的概率。

5. 故障安全（failing to safe，FTS）

安全仪表系统发生故障时，使被控制过程转入预定安全状态。

6. 可用性（availability）

系统可以使用工作时间的概率。如系统的可用性为99.99%，意味着在10 000 h的工作将有1 h的故障中断时间。

7. 可靠性（reliability）

可靠性是指系统在规定时间间隔（t）内发生故障的概率。如系统一年内的可靠性为99.99%意味着系统一年中工作时失败的概率为0.01%。

8. 表决（voting）

用多数原则确定结果。

（1）1oo1D（1 out of 1D）1取1带诊断。

（2）1oo2（1 out of 2）2取1。

（3）1oo2D（1 out of 2D）2取1带诊断。

（4）2oo3（2 out of 3）3取2。

（5）2oo4D（2 out of 4D）4取2带诊断。

四、安全度等级的初步确定

SIS的安全度等级是由构成SIS的3个单元的SIL来初步确定的：

$$SIL_{回路} = SIL_{传感器} + SIL_{逻辑单元} + SIL_{执行机构}$$

例如，传感器为SIL2级，而SIL2每年故障概率平均值为0.01～0.001，取中间值为0.005；逻辑单元为SIL3级，取中间值为0.000 5；执行机构为SIL1级，取中间值为0.05，则：

$$PFDavg = 0.005 + 0.000\,5 + 0.05 = 0.055\,5$$

因此初步确定为SIL1级。

即一个回路的安全度等级由其构成的3个单元中最低的SIL等级决定。

对于传感器和执行机构，如果不能满足安全功能的SIL等级要求，可以通过马尔可夫模型（Markov model）计算，确定选取1oo2D、2oo3、2oo4D等配置方案。

为使一个工艺装置达到安全目标，需在IEC 61508与IEC 61511及ISA S84.01安全标准的基础上，对工艺过程进行故障分析，采用风险评估的方法，来确定装置及SIS的SIL等级要求。

五、SIS设计选用原则

SIS独立于过程控制系统（DCS或其他系统），独立完成安全保护功能。当过程达到预定条件时，SIS动作，使被控制过程转入安全状态；根据对过程危险性及可操作性分析，人员、过程、设备及环保要求，安全度等级确定SIS的功能等级；SIS应设计成故障安全型；SIS应采用经TUV安全认证的PLC系统；SIS应具有硬件、软件诊断和测试功能；SIS构成

应使中间环节最少；SIS 的传感器、最终执行元件宜单独设置；SIS 应能和 DCS、MES 等进行通信；SIS 实现多个单元保护功能时，其公用部分应符合最高安全等级要求。

六、SIS 传感器设计选用

1. 独立设置原则

（1）1 级 SIS 传感器可与 DCS 共用。

（2）2 级 SIS 传感器宜与 DCS 分开。

（3）3 级 SIS 传感器应与 DCS 分开。

2. 冗余设置原则

（1）1 级 SIS 传感器可采用单一的传感器。

（2）2 级 SIS 传感器宜采用冗余的传感器。

（3）3 级 SIS 传感器应采用冗余的传感器。

3. 冗余选择原则

（1）看重系统的安全性时，采用“或”逻辑结构。

（2）看重系统的可用性时，采用“与”逻辑结构。

（3）系统的安全性和可用性均需保证时，采用“三取二”逻辑结构。

传感器宜采用隔爆型的变送器（压力、差压、差压流量、差压液位、温度），不宜采用各类开关传感器。SIS 用传感器供电由 SIS 提供。

七、SIS 最终执行元件设计选用

1. 最终执行元件

最终执行元件有气动切断阀（带电磁阀）、气动控制阀（带电磁阀）、电动阀或液动阀等。

2. 独立设置原则

（1）1 级 SIS 阀门可与 DCS 共用，应确保 SIS 优先于 DCS 动作。

（2）2 级 SIS 阀门宜与 DCS 分开。

（3）3 级 SIS 阀门宜与 DCS 分开。

3. 冗余设置原则

（1）1 级 SIS 可采用单一阀门。

（2）2 级宜采用冗余阀门：如采用单一阀门，电磁阀宜冗余配置。

（3）3 级宜采用冗余阀门，冗余配置阀门可采用一个控制阀和一个切断阀。

4. 电磁阀设置原则

（1）看重系统的安全性时，冗余电磁阀宜采用“与”逻辑连接。

（2）看重系统的可用性时，冗余电磁阀宜采用“或”逻辑连接。

（3）应采用长期带电、低功耗、隔爆型电磁阀。

（4）电磁阀电源应由 SIS 提供。

八、SIS 逻辑运算器设计选用

1. SIS 逻辑运算器

SIS 逻辑运算器包括继电器系统、可编程序电子系统、混合系统三种。继电器用于 I/O 点较少，逻辑功能简单的场合；可编程电子系统用于 I/O 点较多，逻辑功能复杂，可与 DCS、MES 通信等场合；可编程电子系统可以是经 TUV 认证的 PLC 系统，也可以是 DCS 和其他专用系统。

2. 独立设置原则

（1）1 级 SIS 逻辑运算器宜与 DCS 分开。

（2）2 级 SIS 逻辑运算器应与 DCS 分开。

（3）3 级 SIS 逻辑运算器必须与 DCS 分开。

3. 冗余设置原则

（1）1 级 SIS 可采用单一的逻辑运算器。

（2）2 级 SIS 宜采用冗余或容错逻辑运算器。其中 CPU 电源单元，通信单元应冗余配置，I/O 模件宜冗余配置。

（3）3 级 SIS 应采用冗余容错逻辑运算器。其中 CPU 电源单元、通信单元、I/O 模件应冗余配置。

九、SIS 工程设计中需注意的问题

1. I/O 模件应带光/电或电磁隔离，带诊断，带电插拔。
2. 来自现场的三取二信号应分别接到 3 个不同的输入卡。
3. SIS 关联现场变送器或最终执行元件应由 SIS 供电。
4. 当现场变送器信号同时用于 SIS、DCS 时，应先接到 SIS，后接到 DCS。
5. I/O 模件连接的传感器和最终执行元件应设计成故障安全型。
6. SIS 不应采用现场总线通信方式。
7. SIS 负荷不应超过 50% ~60% 。
8. SIS 电源应冗余配置。
9. SIS 应采用等电位接地。
10. SIS 关联的传感器及最终执行元件，在正常工况应是带电（励磁）状态；在非正常工况应是失电（非励磁）状态。
11. SIS 关联的电磁阀采用冗余配置时，有两种方式：

（1）并联连接。可用性好。

（2）串联连接。安全性好。

十、SIS 与 DCS 等的通信连接

1. 设置在现场机柜室的 SIS 与 DCS 采用冗余通信方式。

2. 设置在现场机柜室的 SIS 与 CCR 中的 AMS 站采用非冗余通信方式。

3. 设置在现场机柜室的 SIS 与 CCR 中的 SER 站采用非冗余通信方式。

4. 设置在现场机柜的 SIS 与 CCR 中的 SIS 采用冗余安全以太网通信方式；网络交换机完全冗余运行。

5. 设置在现场机柜室的 SIS 与 CCR 中的 SIS 工程师站采用 SIS 总线非冗余通信方式。

6. 在 CCR 辅助操作台上安装的紧急停车按钮、开关、选择器、旁路开关等用硬线接到 CCR 的 SIS 控制器，通过冗余安全以太网通信接到现场机柜室 SIS 控制器进行逻辑运算。

十一、SIS 的运行和维护

1. 对回路中各元件进行定期检修或更换，并做好记录。每天应对系统的诊断报警情况进行巡检，确保系统的完好运行状态。环境条件应满足系统正常运行要求，检查情况应做好相关记录，见表 9－5。

表 9－5　　安全仪表系统巡检记录

装置名称		系统型号	
检查项目		检查情况	
1. 机房温度、湿度			
2. 操作室温度、湿度			
3. 机房内各设备的卫生			
4. 机柜的风扇及风扇保护罩			
5. 过滤网			
6. 打印机、拷贝机运行			
7. 冗余设备的功能和链接			
8. 供电电压和波动的测量			
9. 各指示灯的确认			
10. 软件、硬件变更及时归档			
11. 主机设备的运行			
系统运行情况评价：			
		检查日期：	检查人：

2. 对 SIS 的仪表设备进行重点监控，实施预防性维护。

3. 根据检验测试计划，定期对系统进行点检测试，确认满足安全要求规格书规定，并做好记录，见表9－6。如在验证测试中发现元件/功能不满足要求，应及时修复或更换，并做好记录。

表9－6　　安全仪表系统点检记录

装置名称								
序号	控制系统类型	控制站	操作站	通信	仪表回路	电源状态	环境温度	环境湿度
检查情况及日常维护记录：								

注：①在各检查情况栏填写“正常”“故障”，在“环境温度、湿度”填写实际检查值。
②如果有问题请描述故障现象。

检查日期：　　检查人：　　校核人：

4. 所有SIS的作业（回路检查、维修、校验等）必须办理《联锁工作票》，见表9－7。作业时，必须实行监护操作（至少两人）。

表9－7　　安全仪表系统联锁工作票

装置名称		联锁名称	
仪表位号		申请单位	
工作内容	□解除　□恢复　□修改　□取消　□临时解除		
联锁类别	□设备联锁　□工艺联锁		
作业起始和截止时间			
事由、工作内容及要求			
作业风险评估内容			
工艺（设备）采取的安全措施			
作业方案			
作业结果			

批准日期：　　批准人：　　执行人：　　校核人：

5. SIS联锁投运后的变更（包括设定值、联锁条件、联锁程序、联锁方式等），必须办理联锁变更审批手续，见表9－8。SIS的变更原则上要重新设计，以满足SIS的SIL要求。联锁变更后必须经过联锁联校后方可投运。

表 9－8　　　安全仪表系统联锁变更审批表

装置名称		联锁名称		仪表位号	
申请单位		申请日期		有效期	
联锁类别	□设备联锁　□工艺联锁		变更类型	□解除　□恢复　□修改　□取消	
变更理由及内容：					
变更风险识别及工艺（设备）上采取的安全措施：					
作业方案和采取的安全措施：					
恢复过程及情况：					
批准日期：	批准人：		执行人：	校核人：	

6. SIS 的维护活动的各个步骤应有详细记录，如预防性维护、故障维修、联锁测试等。

7. SIS 的维护结束后，必须进行检查确认工作，方可恢复正常运行。

8. SIS 相关设备故障管理，包括设备失效、联锁动作、误动作情况等和分析处理、建立相关设备失效数据库。

》任务实施

一、认识 SIS 不同冗余设计特点

不同冗余设计对系统的影响，如图 9－13、图 9－14 所示。

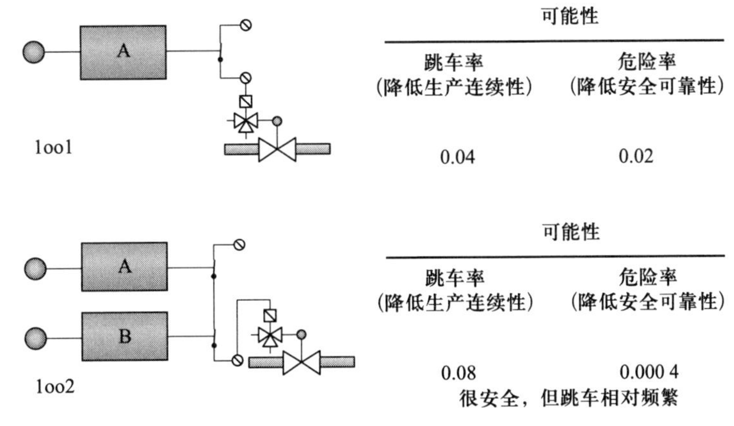

图 9－13　不同冗余设计对系统影响 1

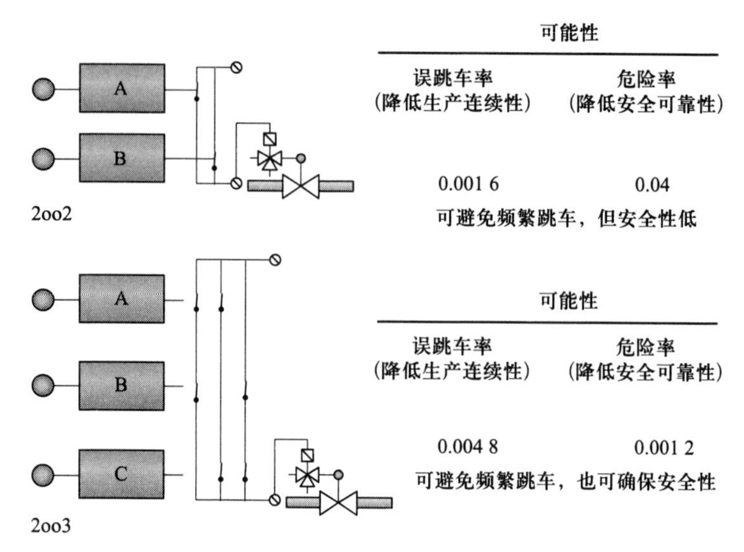

图 9－14　不同冗余设计对系统影响 2

由图可知：

1. 系统安全性。1oo2 > 2oo3 > 1oo1 > 2oo2。

2. 系统连续性。2oo2 > 2oo3 > 1oo1 > 1oo2。

3. 设计案例。如何确保系统可靠性？如何避免误跳车？

二、某企业安全仪表系统部分单元 PID 如图 9－15 所示。

其特点如下：

1. 压力变送器

（1）各为 2oo2 的两组变送器，分别保证生产连续性。

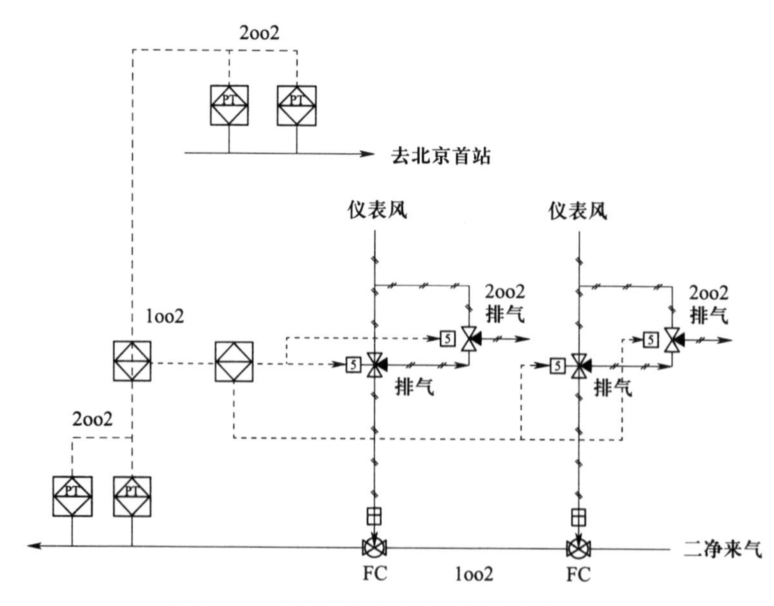

图 9－15　某企业安全仪表系统部分单元 PID

（2）2oo2 的两组变送器，组成 1oo2 确保安全可靠性。

2. 电磁阀和工艺阀门

（1）单个阀门两个电磁阀构成 2oo2，保证生产连续性。

（2）两个工艺阀门组成 1oo2，保证安全可靠性。

三、某企业溴素生产存储过程的安全仪表控制系统方案解读。

思考与练习

一、填空题

1. 防爆标志 EXia ⅡC T4 中 EX 表示防爆标记，ia 表示____________，ⅡC 表示____________，T4 表示____________。

2. 氢气的防爆等级为________类，T4 表示设备最高表面温度为________℃。

3. 安全栅的安全作用是将安全区域能够产生电火花能量的信号与危险区域的仪表进行____________。

4. 为保证安全生产，加热炉的燃料气系统应选____________式调节阀，而进料系统应选____________式调节阀；蒸馏塔的流出线应选用____________式调节阀，回流线应选用____________式调节阀。

二、简答题

简述安全仪表系统的工作原理及其构成。

课题十

典型化工单元的控制方案

化工生产过程是最具有代表性的过程工业，该生产过程是由一系列基本单元操作的设备和装置组成的。按照化工生产过程中的物理和化学变化来分，主要有流体输送过程、传热过程、传质过程和化学反应过程 4 类。下面以化工生产常见基本单元操作中代表性装置为例，讨论其基本控制方案。

任务一　反应单元控制方案

学习目标

1. 熟悉化工生产反应单元的基本知识。

2. 通过仿真实训平台，能够读懂反应单元控制方案，熟练调用 DCS 各个画面，完成相关操作。

任务引入

化学反应在化学反应器中进行。化学反应器在化工生产中占有很重要的地位，其重要性体现在两个方面：首先，它是整个化工生产中的龙头，提高产率，减少后处理的负荷，从而降低生产成本。其次，化学反应器经常处在高温、高压、易燃、易爆条件下进行反应，且许多化学反应伴有强烈的热效应，因此，整个化工生产的安全与化学反应器密切相关。

某企业间歇釜单元 DCS 如图 10－1 所示，请利用仿真实训平台完成间歇釜单元生产操作控制训练。

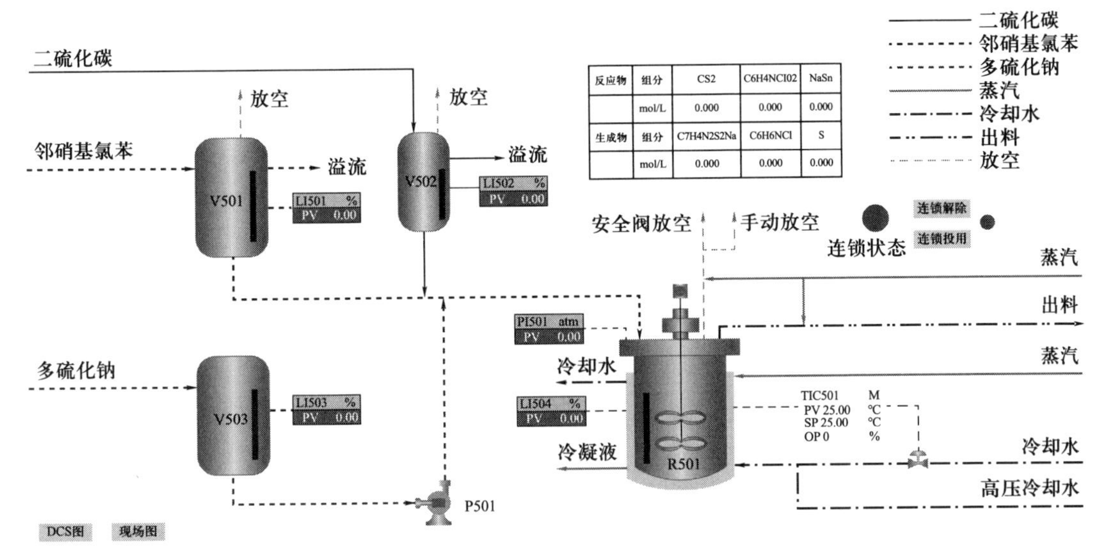

图 10－1 某企业间歇釜单元 DCS

相关知识

一、化学反应的基本概念

1. 反应速度

化学反应导致物质的转化，这种转化只有当具有足够能量的反应物分子与其他有关分子发生碰撞时才能发生，所以化学反应需要时间。化学反应的反应速度取决于分子的能量分布及有关分子间的碰撞机会。化学反应速度按照选取的基准，可采用不同的定义和表达方式。

影响反应速度的因素有反应系统的温度、压力及系统中各组分的浓度等。此外，在化学反应方程式中没有表达出来的某些物质，如催化剂或抑制剂，对反应速度也有较大的影响。

2. 反应的热效应

由于化学反应中的产物与反应物的分子结构不同，它们所具有的内能亦不同，所以化学反应过程总是伴随着能量的变化。这种表现为吸热或放热的能量变化称为反应热。

3. 反应过程常用指标

用来衡量反应进行情况的常用指标有转化率、产率、收率及选择性等。

4. 典型化学反应

用一个化学反应方程式和一个动力学方程式表示的反应称为单一反应，否则称为复合反应。实际生产中的化学反应多为复合反应，单一反应是很少的。复合反应有以下 4 种典型的化学反应。

（1）可逆反应。可逆反应是最常见的复合反应，从热力学的观点出发，所有化学反应均可看作可逆反应。提高反应物的浓度或降低生成物的浓度，将使反应平衡向反应的正方向移动。

（2）连串反应。连串反应是指第一步反应的产物能够作为反应物进一步发生新反应的反应，如：

$$A + B \rightarrow C$$

$$C + B \rightarrow P$$

（3）平行反应。在平行反应中，反应物能够同时分别进行两个或两个以上的化学反应，生成不同的产物和副产物，如：

$$A + B \rightarrow P\text{（产物）}$$

$$A + B \rightarrow R\text{（副产物）}$$

（4）催化反应。能够改变化学反应速度而反应前后自身不被消耗的物质称为催化剂，有催化剂参加的反应称为催化反应。在反应进行过程中，催化剂的活性会逐渐减弱，使反应过程的特性发生变化。

二、化学反应器的类型

1. 按反应器的进出物料状况分类

化学反应器按进出物料状况可以分为间歇式和连续式。

间歇式反应器是将反应物料分次或一次加入反应器中，经过一定反应时间后，取出反应器中所有的物料，然后重新加料再进行反应。间歇式反应器通常适用于小批量生产、反应时间长或对反应全过程的反应温度有严格程序要求的场合。连续反应器则是将物料连续加入，反应连续不断地进行，产品不断地产出，它是工业生产中最常用的一种。一些大型的、基本化工产品的反应器都采用连续的形式。

2. 按照物料流程的排列分类

化学反应器从物料流程的排列可分为单程与循环两类。

按照单程的排列，物料在通过反应器后不再进行循环，如图 10－2a 所示。当反应的转化率和产率都较高时，可采用单程的排列。如果反应速度较慢，或受化学平衡的限制，物料每一次通过反应器转化都不完全，则必须在产品进行分离之后，把没有反应的物料循环使用，与新鲜物料混合后，再送入反应器进行反应，这种流程称为循环流程，如图 10－2b 所示。需要指出的是，在进料中若含有惰性物质，则在多次循环后，惰性物将在系统中大量积聚，影响进一步的反应，为此需把循环物料部分放空。循环反应器有时也有溶剂的循环，或某些过于剧烈的化学反应，需在进料中并入一部分反应产物。

3. 按照反应器的结构形式分类

从反应器的结构形式分类，可以分为釜式、管式、塔式、固定床、流化床反应器等多种形式，如图 10－3 所示。

图 10－3a 为连续聚合釜，釜式反应器也有间歇操作的。

图 10－3b 为管式结构反应器，实际上就是一根管道。

图 10－3c 为塔式反应器，从机理上分析，塔式反应器与管式反应器十分相似。

固定床反应器是一种比较古老的反应器，如图 10－3d 所示。

为了增加反应物之间的接触，强化反应，可以将固相催化剂悬浮于流体之中，称为流化床反应器，如图 10－3e 所示。

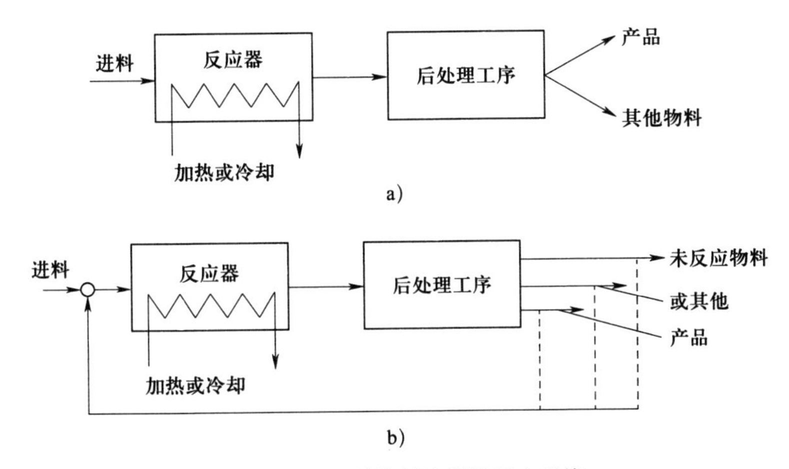

图 10－2　两种物料流程的反应系统

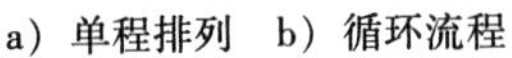
a）单程排列　b）循环流程

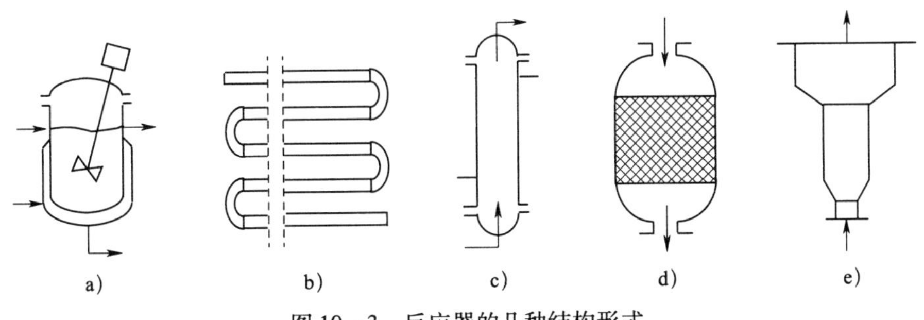

图 10－3　反应器的几种结构形式

4. 按照传热情况分类

按照传热情况分类可分为绝热式反应器和非绝热式反应器。

绝热式反应器与外界不进行热量交换，非绝热式反应器与外界进行热量交换。一般当反应过程的热效应大时，必须对反应器进行换热，其换热方式有夹套式、蛇管式、列管式等。

三、化学反应器的控制要求

对于一个化学反应器，需要从 4 个方面加以控制。

1. 物料平衡控制

化学反应器从稳态角度出发，流入量应等于流出量，因此经常需要对主要物料进行流量控制。另外，在一部分物料循环系统内，应定时排放或放空系统中的惰性物料。

2. 能量平衡控制

要保持化学反应器的热量平衡，应使进入化学反应器的热量与流出的热量及反应生成热之间相互平衡。能量平衡控制对化学反应器至关重要，它决定其安全生产，也可以保证化学反应器的产品质量达到工艺的要求。

3. 约束条件控制

要防止工艺参数进入危险区域或不正常工况，为此，应当配置一些报警、联锁和选择性控制系统，进行安全界限的保护性控制。

4. 质量控制

通过上述 3 项控制，保证反应过程平稳安全进行的同时，还应使反应达到规定的转化率，或使产品达到规定的成分，因此必须对反应进行质量控制。质量指标的选取，即被控变量的选择可分为两类：第一类是出料的成分或反应的转化率等指标，第二类是反应过程的工艺状态参数（间接质量指标）。

四、釜式反应器的温度自动控制

1. 控制进料温度

改变进料温度控制釜温如图 10－4 所示。

2. 改变传热量

由于大多数反应釜均有传热面引入或移去反应热，所以用改变引入传热量多少的方法就能实现温度控制。如图 10－5 所示。

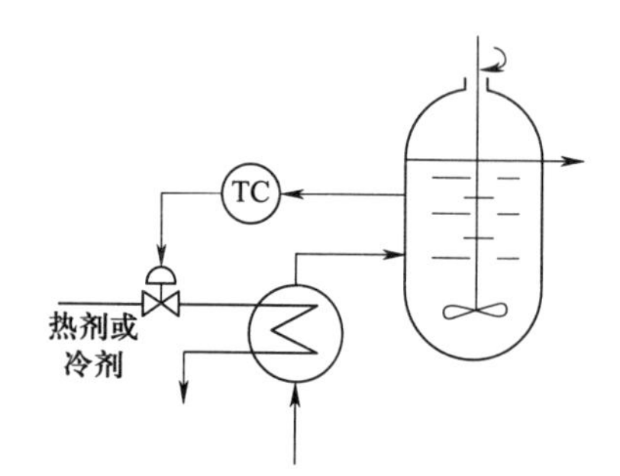

图 10－4　改变进料温度控制釜温

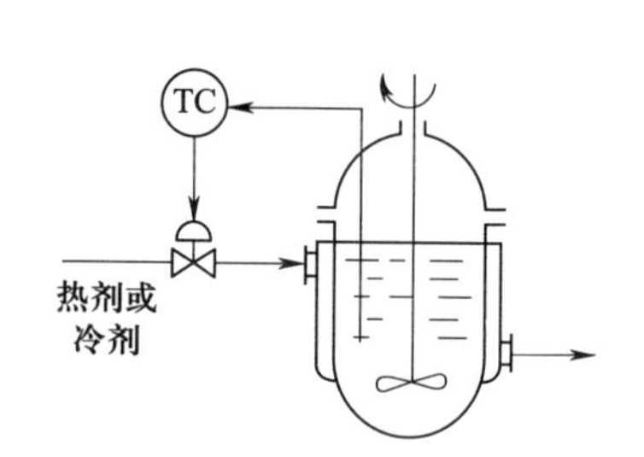

图 10－5　改变加热剂或冷却剂流量控制釜温

3. 串级控制

为了针对反应釜滞后较大的特点，可采用串级控制方案。如图 10－6 所示。

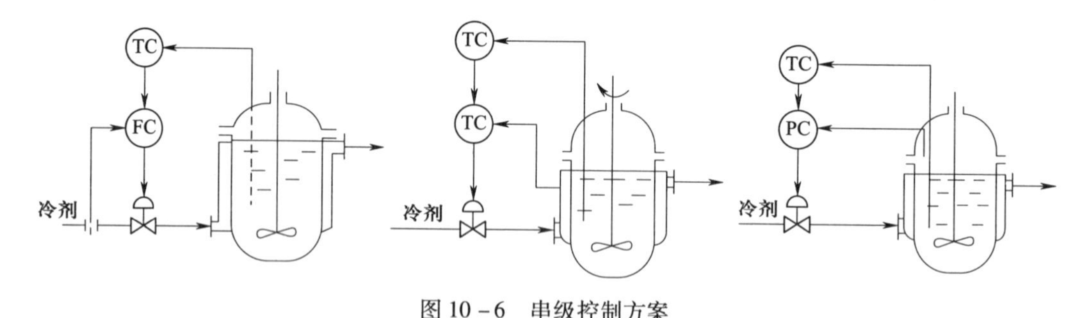

图 10－6　串级控制方案

五、固定床反应器的自动控制

固定床反应器是指催化剂床层固定于设备中不动的反应器，流体原料在催化剂的作用下进行化学反应以生成所需反应物。

常见的温度控制方案有：

1. 改变进料浓度。如图 10－7 所示。
2. 改变进料温度。如图 10－8、图 10－9 所示。
3. 改变段间进入的冷气量。如图 10－10、图 10－11 所示。

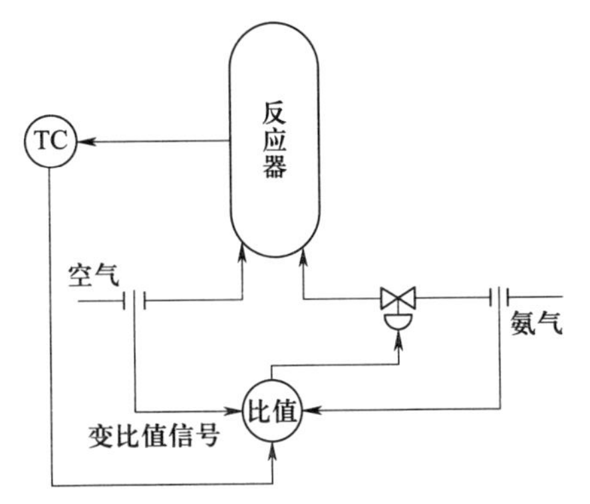

图 10－7　改变进料浓度控制反应器温度

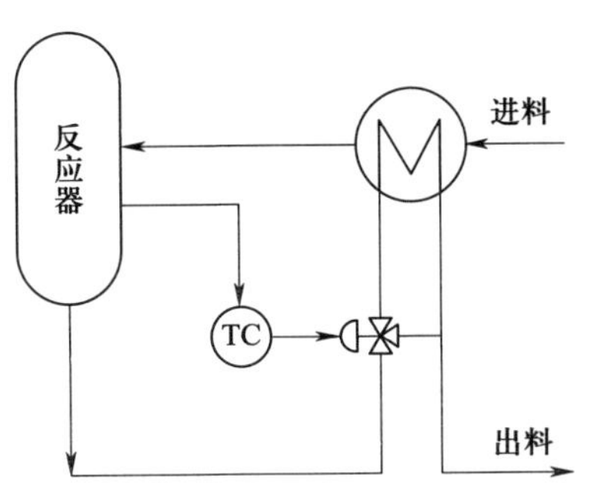

图 10－8　用载热体流量控制温度

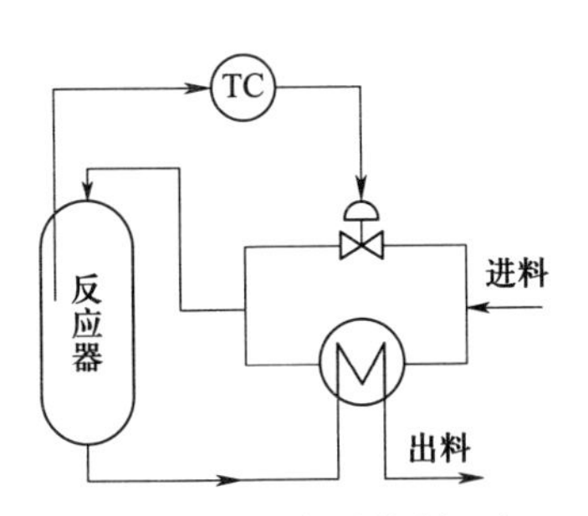

图 10－9　用旁路控制温度

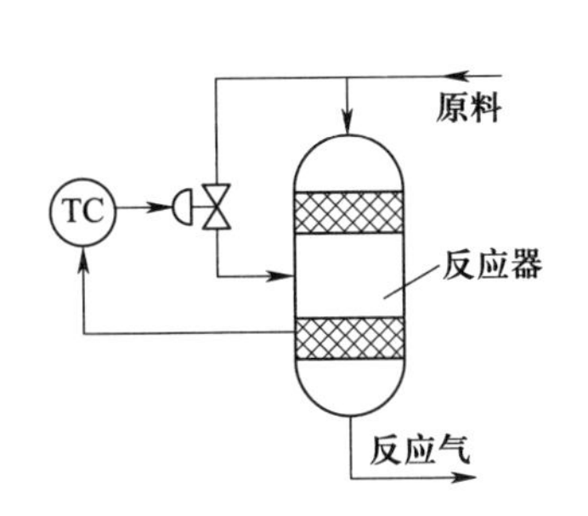

图 10－10　用改变段间冷气量控制温度

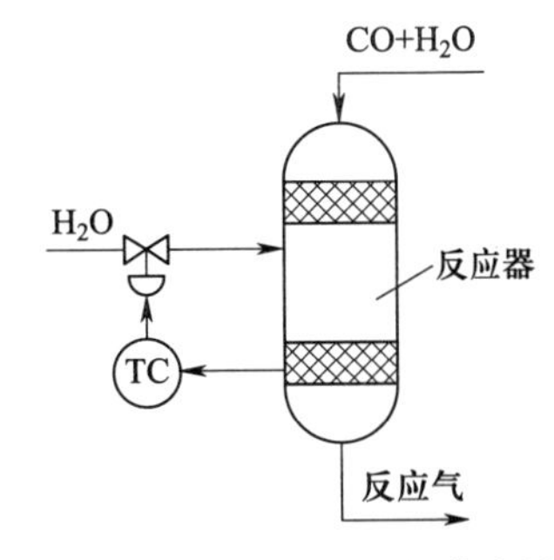

图 10－11　用改变段间蒸汽量控制温度

六、流化床反应器的自动控制

流化床反应器的自动控制如图 10－12～图 10－15 所示。

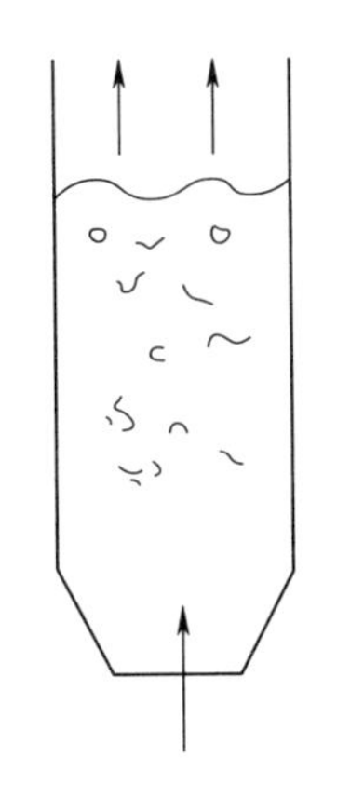

图 10－12　流化床反应器的原理

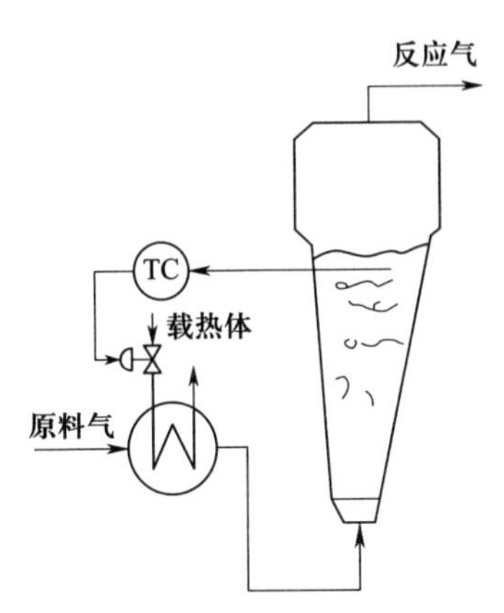

图 10－13　改变入口温度控制反应器温度

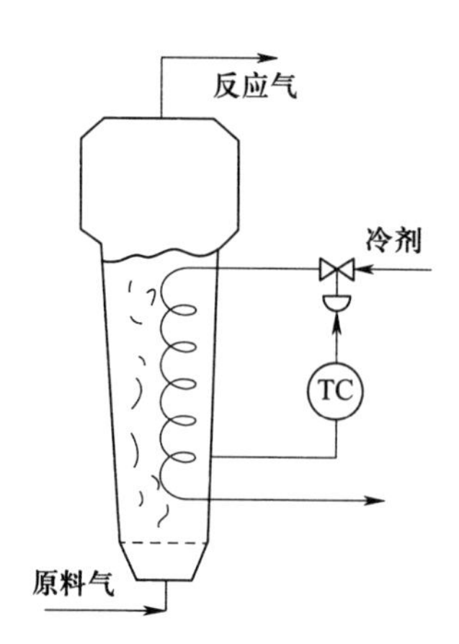

图 10－14 改变冷剂流量控制温度

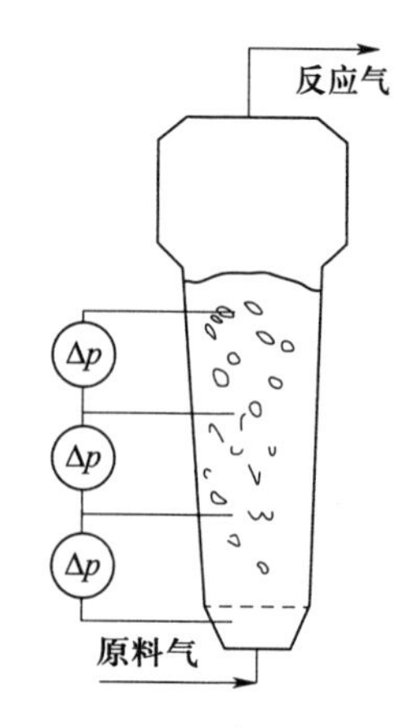

图 10－15 流化床差压指示系统

》任务实施

一、仿真实训软件熟悉

1. 间歇釜反应器的工作原理

间歇釜反应器是化工生产过程中应用最普遍的反应器，在精细化学品、高分子聚合物和生物化工产品的生产中应用广泛。

采用间歇操作的反应器叫做间歇反应器，其特点是将进行反应所需的原料一次性全部加入反应器，原料在其中发生反应。经过一定的时间，达到要求的反应程度后，卸除反应器内所有物料，其中主要是反应产物以及部分未被转化的原料。间歇反应器的优点是传质效率高、温度分布均匀、结构简单、加工方便、容易控制；缺点是生产效率低，间歇操作的辅助时间一般较长。

间歇反应在助剂、制药、染料等行业的生产过程中很常见。本工艺的产品（2－巯基苯并噻唑）是橡胶制品硫化促进剂 DM（2，2－二硫代苯并噻唑）的中间产品，它本身也是硫化促进剂，但活性不如 DM。

2. 流程说明

全流程的缩合反应包括备料工序和缩合工序。为突出重点，在此略去备料工序，并配有仿 DCS 图和现场图。缩合工序共有多硫化钠（Na_2S_n）、邻硝基氯苯（$C_6H_4ClNO_2$）及二硫化碳（CS_2）3 种原料。

主反应如下：

$$2C_6H_4ClNO_2 + Na_2S_n \rightarrow C_{12}H_8N_2S_2O_4 + 2NaCl + (n-2)S\downarrow$$

$$C_{12}H_8N_2S_2O_4 + 2CS_2 + 2H_2O + 3Na_2S_n \rightarrow 2C_7H_4NS_2Na + 2H_2S\uparrow + 2Na_2S_2O_3 + (3n-4)S\downarrow$$

副反应如下：

$$C_6H_4ClNO_2 + Na_2S_n + H_2O \rightarrow C_6H_6NCl + Na_2S_2O_3 + (n-2)S\downarrow$$

将来自备料工段的 $C_6H_4ClNO_2$、CS_2、Na_2S_n 3 种原料分别注入计量罐 V501 和 V502 中及

沉淀罐 V503 中，经计量沉淀后利用位差及离心泵 P501 输送至反应釜 R501 中，R501 的温度由夹套中的蒸汽、冷却水控制。为了获得较高的收率及确保反应过程安全，设有温度控制 TIC501，通过控制 R501 的温度来控制反应速度和副反应速度。

本工艺流程中，正反应的活化能比副反应的活化能要高，因而升温更有利于提高正反应速度。由于在 90 ℃ 的时候，正反应和副反应的速度比较接近，所以要尽量延长反应温度 TIC501 大于 90 ℃ 的时间，以获得更多的目的产物。

3. 联锁说明

为了确保反应安全，设有联锁，当联锁处于投用状态，且间歇反应釜 R501 的温度高于 128 ℃ 或压力高于 8 atm 时，会触发联锁（发生以下动作：开高压冷却水阀 V06R501，停止搅拌器 M501，关闭加热蒸汽阀 V05R501）。

二、读懂仿真实训 PID 图

间歇釜单元 PID 如图 10－16 所示，其反应过程控制要点是：当温度升至 70 ℃ 时关闭

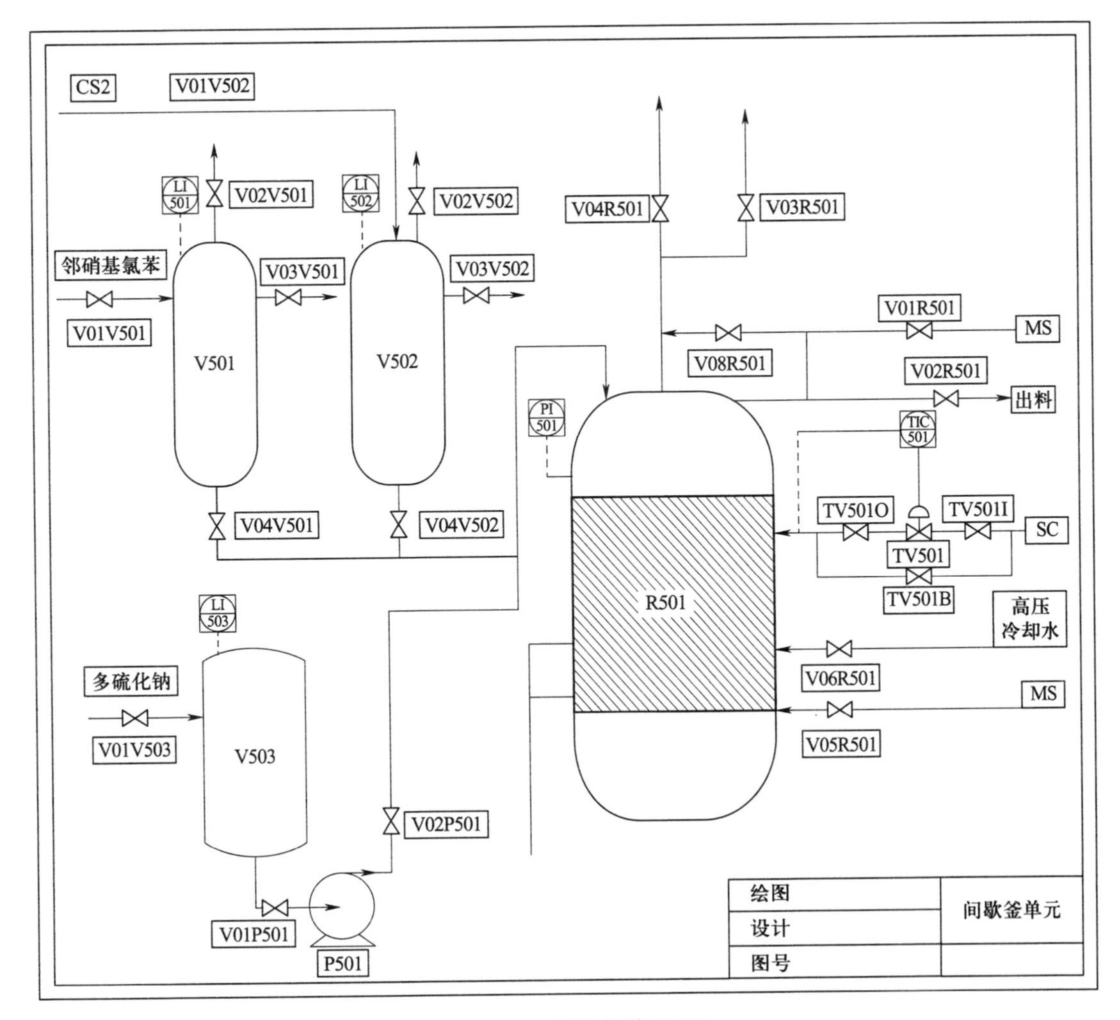

图 10－16　间歇釜单元 PID

蒸汽加热阀 V05R501，停止通蒸汽加热；当温度升至 110 ℃以上时，是反应剧烈阶段，应小心加以控制，防止超温。调节 TIC501 开度，维持反应温度在 110～125 ℃之间，当温度难以控制时，打开高压水阀 V06R501。并可关闭搅拌器 M501，降低反应速度。当压力超高时，可开放空阀 V03R501 降压，但会损失 CS_2，污染空气。当釜内压力高于 15 atm 时，安全阀 V04R501 会自动打开。反应温度超过 128 ℃时，处于不安全状态，此时联锁若投用，会发生联锁动作（开高压水阀 V06R501，停止搅拌器 M501，关蒸汽加热阀 V05R501），联锁指示变红色。调节 TIC501，在冷却水量很小的情况下反应釜温度下降仍较快，说明反应已接近尾声。2－硫基苯并噻唑浓度大于 0.1 mol/L；邻硝基氯苯浓度小于 0.2 mol/L。

三、根据实训仿真软件操作说明书完成间歇釜单元生产操作控制训练。

任务二　流体输送单元控制方案

学习目标

1. 了解化工生产流体输送单元的基本知识。

2. 通过仿真实训平台，能够读懂流体输送单元控制方案，熟练调用 DCS 各个画面，完成相关操作。

任务引入

化工生产过程中，大部分物料都是以液体或气体状态在密闭的管道、容器中进行物质、能量的传递。为了输送这些物料，就必须用泵、压缩机等设备对流体做功，使流体获得能量，从一端输送到另一端。输送流体的设备统称为流体输送设备，其中输送液体的机械称为泵，输送气体的机械称为风机或压缩机。

流体输送设备的控制主要是流量的控制。控制系统的被控对象通常是管路，其被控变量与操纵变量是同一物料的流量。流量控制系统被控对象的时间常数很小，所以基本可以看作是一个放大环节。

此外，还需注意的是流量控制系统的广义对象静态特性是非线性的，尤其是采用节流装置而不加开方器（开方器主要是用于构成流量检测或控制系统，即当采用差压方式测量流体流量时，通过开方器对差压变送器的输出信号进行开方运算，从而得到与被测流量成正比关系的信号）进行流量的测量变送时更为明显。

某企业离心泵单元现场图如图 10－17 所示，请利用仿真实训平台完成离心泵单元生产操作控制训练。

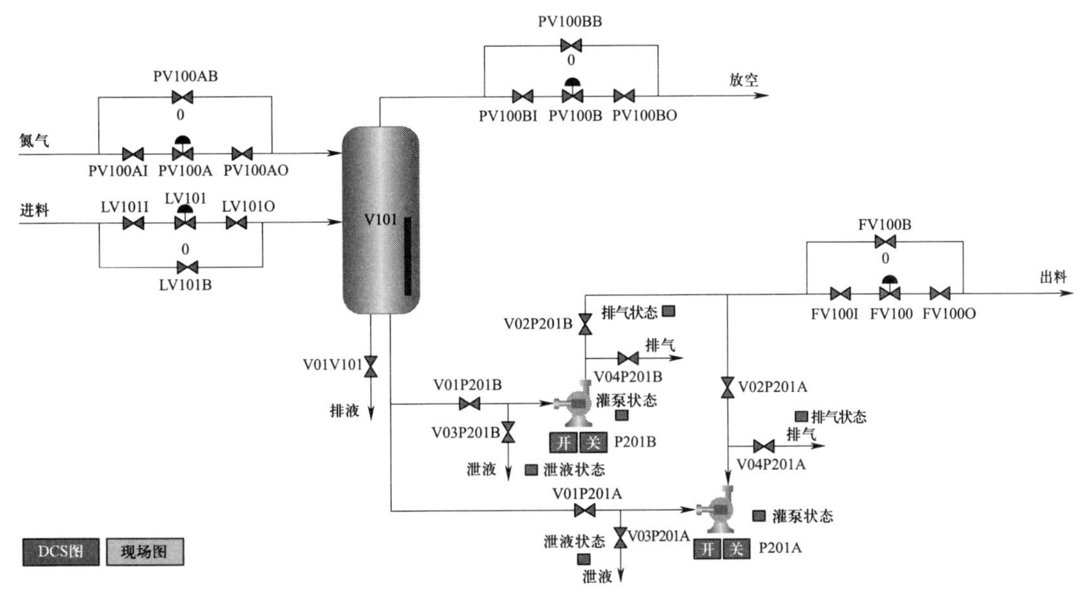

图 10－17　某企业离心泵单元现场图

相关知识

一、离心泵的控制方案

离心泵流量控制的目的是要将泵的排出流量恒定于某一给定的数值上。离心泵的流量控制大体有 3 种方法：

1. 控制泵的出口阀门开度

控制泵的出口阀门开度，改变泵的出口阻力可以控制流量，如图 10－18 所示。

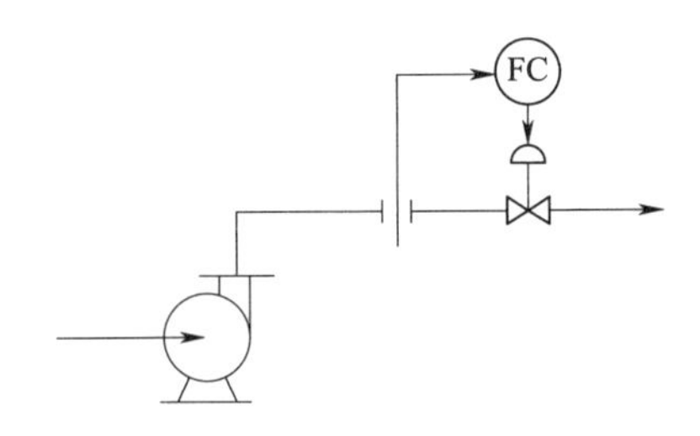

图 10－18　改变泵出口阻力控制流量

当干扰作用使被控变量（流量）发生变化偏离给定值时，控制器发出控制信号，阀门动作，控制结果使流量回到给定值。

注意：控制阀一般应该安装在泵的出口管线上，而不应该安装在泵的吸入管线上（特殊情况除外）。

2. 控制泵的转速

如图 10－19 所示，曲线 1、2、3 表示转速分别为 n_1、n_2、n_3 时的流量特性，且有 $n_1 >$

$n_2 > n_3$。

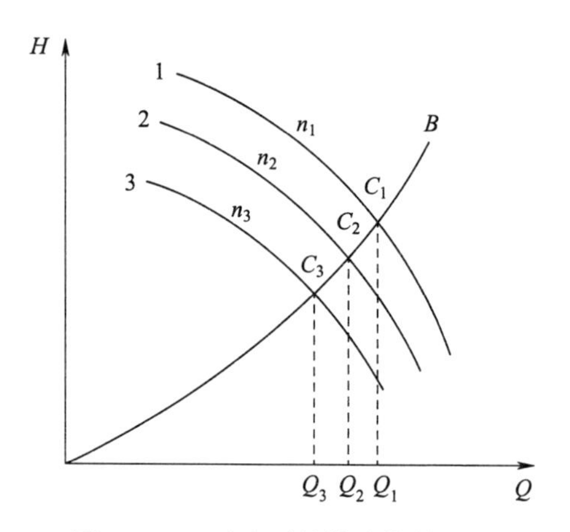

图 10－19　改变泵的转速控制流量

该方案从能量消耗的角度来衡量最为经济，机械效率较高，但调速机构一般较复杂，所以多用在蒸汽透平驱动离心泵的场合，此时仅需控制蒸汽量即可控制转速。

3. 控制泵的出口旁路

将泵的部分排出量重新送回到吸入管路，用改变旁路阀开启度的方法来控制泵的实际排出量。控制阀安装在旁路上，压差大、流量小，因此控制阀的尺寸较小。如图 10－20 所示。

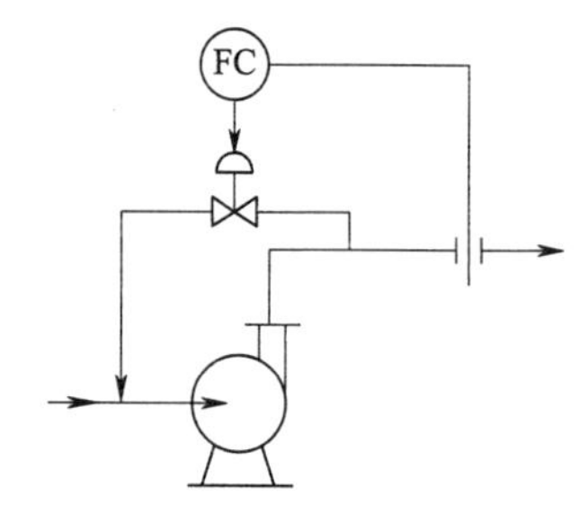

图 10－20　改变旁路阀控制流量

该方案资金投入较多，因为旁路阀会消耗一部分高压液体能量，使总的机械效率降低，故很少采用。

二、往复泵的控制方案

往复泵多用于流量较小、压头要求较高的场合，它是利用活塞在汽缸中往复滑行来输送流体的。

1. 改变原动机的转速

该方案适用于以蒸汽机或汽轮机作原动机的场合，此时，可借助于改变蒸汽流量的方法方便地控制转速，进而控制往复泵的出口流量。如图 10－21 所示。

2. 控制泵的出口旁路

该方案由于高压流体的部分能量要白白消耗在旁路上，故经济性较差。如图 10－22 所示。

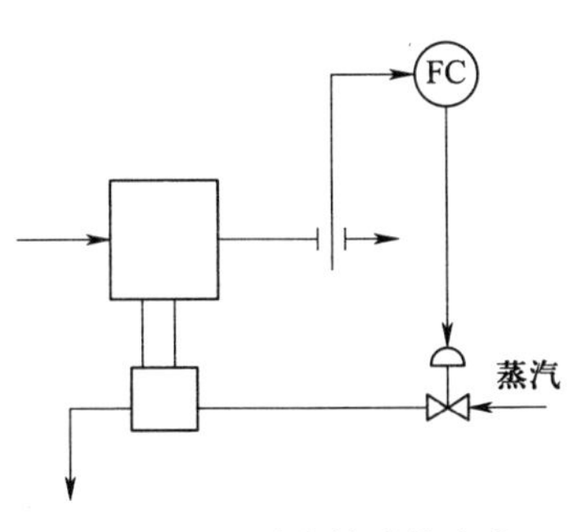

图 10－21　改变转速的方案

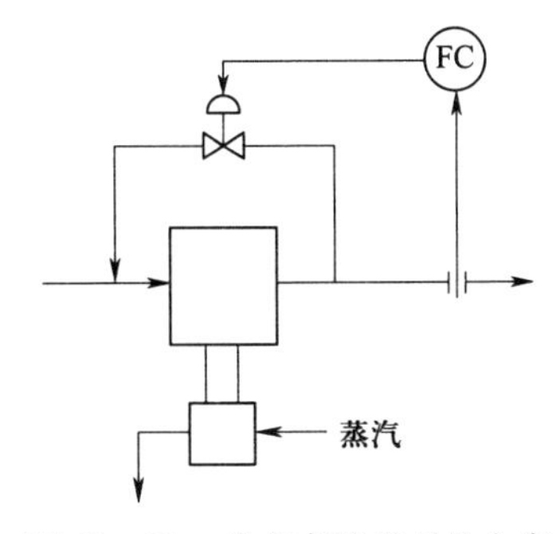

图 10－22　改变旁路流量的方案

3. 改变冲程 s

计量泵常用改变冲程 s 的方法来进行流量控制。冲程 s 的调整可在停泵时进行，也有一部分可在运转状态下进行。

三、压气机的控制方案

1. 压力机的分类

（1）按其作用原理不同可分为离心式和往复式两大类。

（2）按进、出口压力高低的差别，可分为真空泵、鼓风机、压缩机等类型。

2. 直接控制流量

对于低压的离心式鼓风机，一般可在其出口端直接用控制阀控制流量。由于管径较大，执行器可采用蝶阀。还有一些情况，为了防止出口压力过高，需在入口端控制流量。因为气体的可压缩性，这种方案对于往复式压缩机也是适用的。如图 10－23、图 10－24 所示。

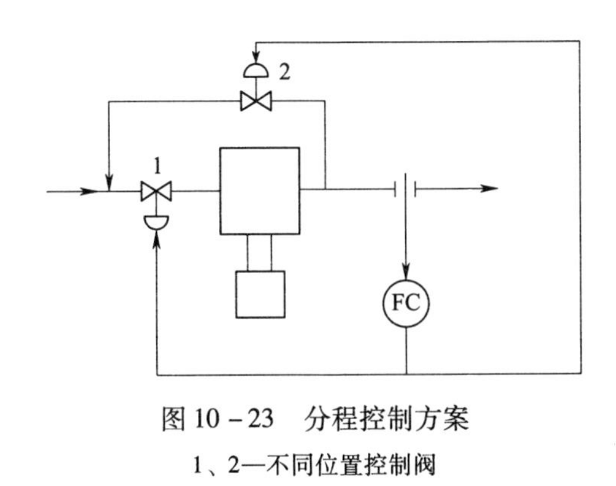

图 10－23　分程控制方案

1、2—不同位置控制阀

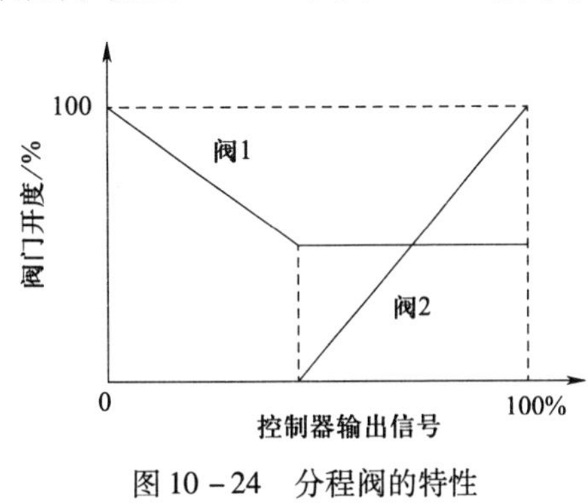

图 10－24　分程阀的特性

为了减少阻力损失，对大型压缩机，往往不用控制吸入阀的方法，而用调整导向叶片角度的方法。

3. 控制旁路流量

如图 10－25 所示，对于压缩比很高的多段压缩机，从出口直接旁路回到入口是不适宜的。这样控制阀前后压差太大，功率损耗太大。

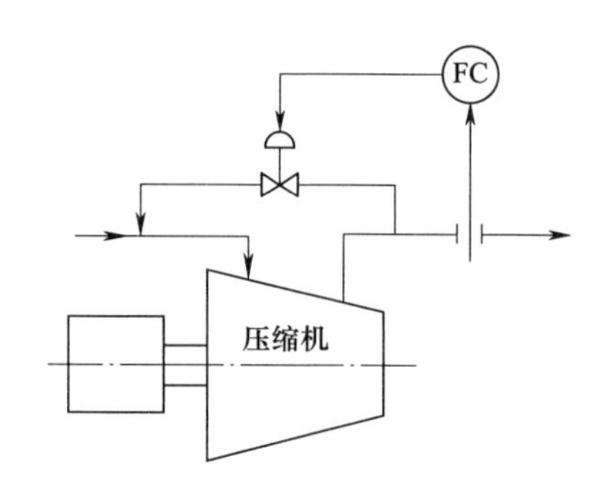

图 10－25　控制压缩机旁路方案

为了解决这个问题，可以在中间某段安装控制阀，使其回到入口端，用一只控制阀可满足一定工作范围的需要。

4. 调节转速

压气机的流量控制可以通过调节原动机的转速来达到，这种方案效率最高，节能最好。问题在于调速机构一般比较复杂，没有前两种方法简便。

四、离心式压缩机的防喘振控制

1. 离心式压缩机的特性曲线及喘振现象（如图 10－26、图 10－27 所示）

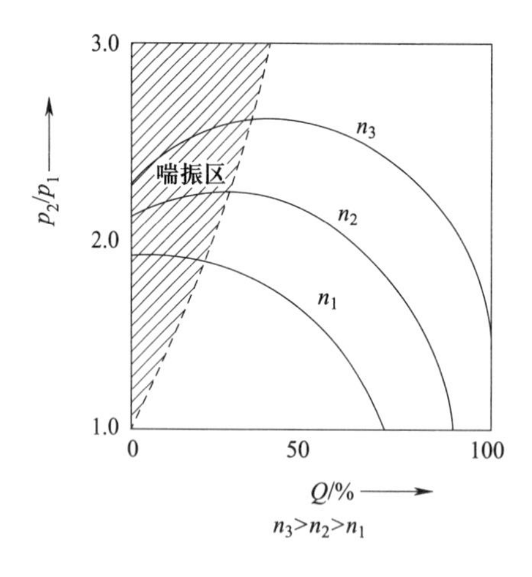

图 10－26　离心式压缩机特性曲线

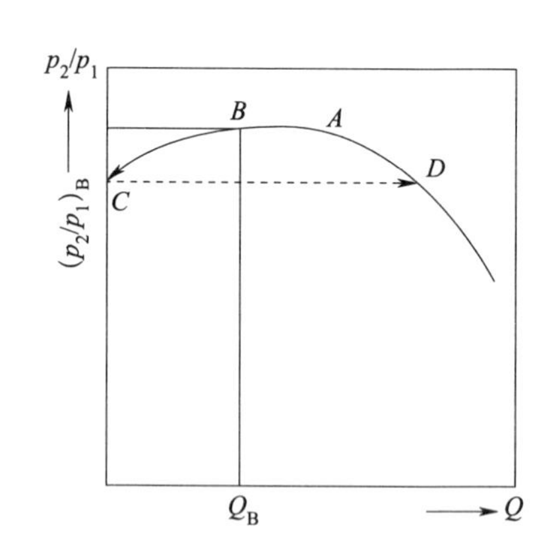

图 10－27　喘振现象

喘振，顾名思义就像人哮喘一样，压缩机出现周期性的出风与倒流，由于气体由压缩机忽进忽出，使转子受到交变负荷，机身发生振动并波及到相连的管线，表现在流量计和压力表的指针大幅度摆动。

喘振是离心式压缩机固有的特性。负荷减小是离心式压缩机产生喘振的主要原因；被输送气体的吸入状态，也是使压缩机产生喘振的因素。一般讲，吸入气体的温度或压力越低，压缩机越容易进入喘振区。

2. 防喘振控制方案

（1）固定极限流量法。让压缩机通过的流量总是大于某一定值流量，当不能满足工艺负荷需要时，采取部分回流，从而防止进入喘振区运行，这种防喘振控制称为固定极限流量法。固定极限流量防喘振控制的实施方案如图 10－28 所示。在压缩机的吸入气量 $Q_1 > Q_p$ 时，旁路阀关死；当 $Q_1 < Q_p$ 时，旁路阀打开，压缩机出口气体部分经旁路返回到入口处。这样，使通过压缩机的气量增大，需大于 Q_p 值，这样，实际向管网系统的供气量减少，既满足了工艺的要求，又防止了喘振现象的出现。

固定极限流量防喘振控制方案设定的极限流量值 Q_p 是一定值。正确选定 Q_p 值，是该方案正常运行的关键。对于压缩机处于变转速的情况下，为保证在各种转速下，压缩机均不会产生喘振，则需选最大转速时的喘振极限流量作为流量控制器 FC 的给定值，如图 10－29 中选定的 Q_p 值。

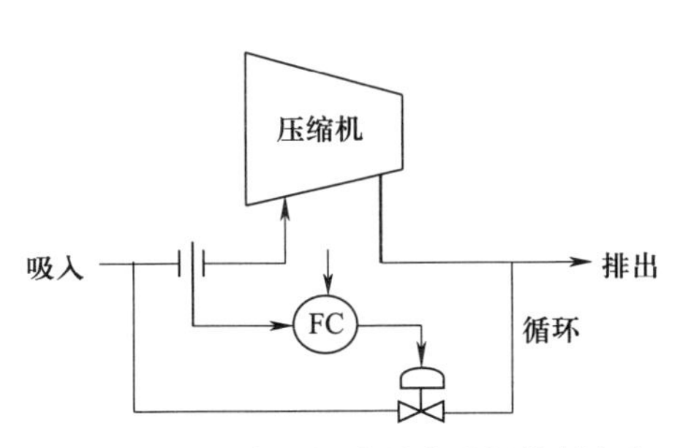

图 10－28　固定极限流量防喘振控制方案

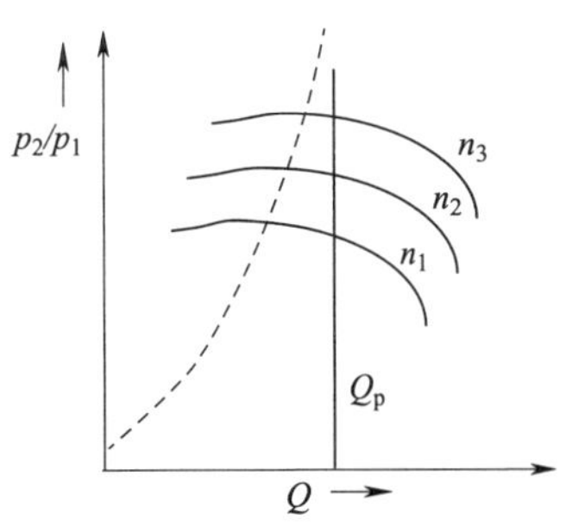

图 10－29　喘振极限值

固定极限流量防喘振控制具有方案简单，使用仪表少，可靠性高的优点。但当压缩机低速运行时，虽然压缩机并未进入喘振区，而吸入气量也有可能小于设置的固定极限值（按最大转速极限流量值设定），这时旁路阀打开，部分气体回流，造成能量的浪费。因此，这种防喘振控制适用于固定转速的场合或负荷不经常变化的生产装置。

（2）可变极限流量法。可变极限流量防喘振控制是在整个压缩机负荷变化范围内，设置极限流量跟随转速而变的一种防喘振控制。如图 10－30 所示的喘振极限线是对应于不同转速时的压缩机特性曲线的最高点的连线。只要压缩机的工作点在喘振极限线的右侧，就可以避免喘振发生。

实现可变极限流量防喘振控制，关键是确定压缩机喘振极限线方程。通过理论推导可获得喘振极限线的数学表达式。在工程上，为了安全上的原因，在喘振极限线右边建立了一条“安全操作线”，对应的流量要比喘振极限流量略大 5%～10%。为此，要完成压缩机的变极限流量防喘振控制，需解决以下两个问题：

1）安全操作线的数学方程的建立。

2）用仪表等技术工具实现上述数学方程的运算。

安全操作线近似为抛物线，其方程可用近似公式 10－1 表示：

$$\frac{p_2}{p_1} \leqslant a + \frac{bQ_1^2}{T_1} \tag{10-1}$$

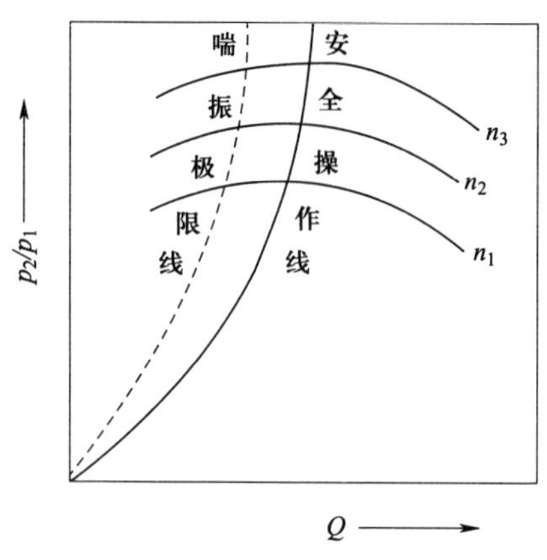

图 10－30　防喘振曲线

式中　p_1、p_2——分别为吸入口、排出口的绝对压力；

Q_1——吸入口气体的体积流量；

T_1——吸入口气体的绝对温度；

a、b——均为常数，一般由制造厂提供。

这时，$\frac{p_2}{p_1}=a+\frac{bQ_1^2}{T_1}$工况是安全的。

把式中流量 Q_1 以差压法测得的 Δp_1 来代替：

$$Q_1=K\sqrt{\frac{\Delta p_1}{\rho_1}} \tag{10-2}$$

式中　K——流量系数；

ρ_1——入口处气体的密度。

根据气体方程：

$$\rho_1=\frac{Mp_1T_0}{ZRT_1p_0} \tag{10-3}$$

式中　M——气体分子量；

Z——气体压缩修正系数；

R——气体常数；

p_1、T_1——入口处气体的绝对压力和绝对温度；

p_0、T_0——标准状态下的绝对压力和绝对温度。

把式（10－3）代入式（10－2）并简化后得：

$$Q_1^2=\frac{K^2}{r}\cdot\frac{\Delta p_1\cdot T_1}{p_1} \tag{10-4}$$

其中：
$$r=\frac{MT_0}{ZRp_0}$$

经过换算，可将式（10－1）写成如下形式：

$$\Delta p_1 \geqslant \frac{r}{bk^2}(p_2 - ap_1) \tag{10-5}$$

变极限流量防喘振控制方案实例如图 10－31 所示，该方案控制器 FC 的给定值是经过运算得到的，能根据压缩机负荷变化的情况随时调整入口流量的给定值，而且由于这种方案将运算部分放在闭合回路之外，因此可像单回路流量控制系统那样整定控制器参数。

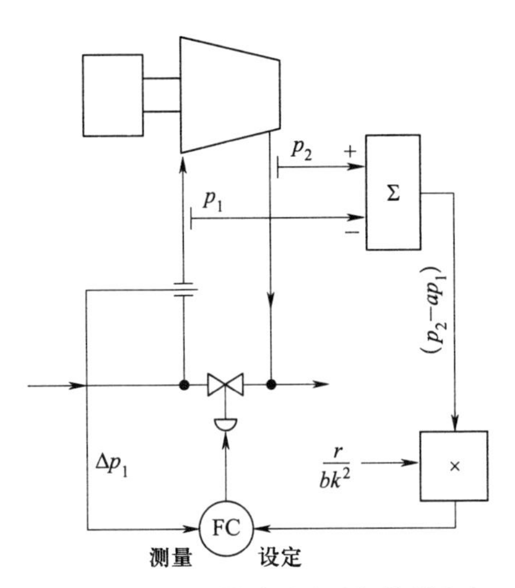

图 10－31　变极限流量防喘振控制方案

任务实施

一、熟悉仿真实训软件

1. 离心泵工作原理

流体输送过程是化工生产中最常见的单元操作。为了克服输送过程中的机械能损失，提高位能、流体的压强，流体输送必须采用输送设备以提高能量。一般，将输送液体的机械设备称为泵，其中依靠离心作用工作的称为离心泵。离心泵有结构简单、流量均匀、效率高等特点。

离心泵的基本结构有叶轮、泵体、泵轴、轴承、密封环、填料函 6 个部分。离心泵启动前需进行灌泵操作，即在壳体内充满被输送的液体，排出泵腔内的空气，使泵腔形成低压或真空。离心泵在电动机的带动下，泵轴带动叶轮高速旋转，叶轮的叶片推动其间的液体转动，液体在离心力的作用下，从叶轮中心被甩向外围，获得动能，高速流入泵壳，当液体到达蜗形通道后，由于截面积逐渐扩大，大部分动能变成静压能，于是液体被较高的压力送至所需的地方。叶轮中心的液体被甩出后，叶轮中心的压力下降，形成一定的真空，此时叶轮中心处的压强小于储槽液面上方的压强，产生了压力差，液体便吸入泵壳内，如此往复循环实现离心泵的运行。

离心泵在操作中应避免气蚀和气缚现象的发生。气蚀又称气蚀现象，此现象的发生是指离心泵的安装高度过高，导致泵内压力降低，当泵内压力最低点降至被输送液体的饱和蒸汽压时，被吸上的液体在真空区发生大量汽化产生蒸汽泡，产生的蒸汽泡在随液体从入口向外围流动的过程中，又因压力快速增大而急剧破裂或凝结。致使凝结点处产生瞬间真空，周围液体便以极高的速度从周围冲向该点，产生巨大的局部冲击力，损坏设备，这种现象称为气蚀现象。另外一种现象是离心泵启动时，如果泵内未充满液体而存有空气，由于空气密度相对于输送液体很低，旋转后产生的离心力会小很多，无法排出空气，致使叶轮中心区形成的低压不足以将液体吸入泵内，此时，虽启动离心泵也不能输送液体，此种现象称为离心泵的气缚现象。因此离心泵启动前必须灌泵，并且要封闭启动。

2. 离心泵的工艺流程

离心泵系统 PID 如图 10－32 所示。

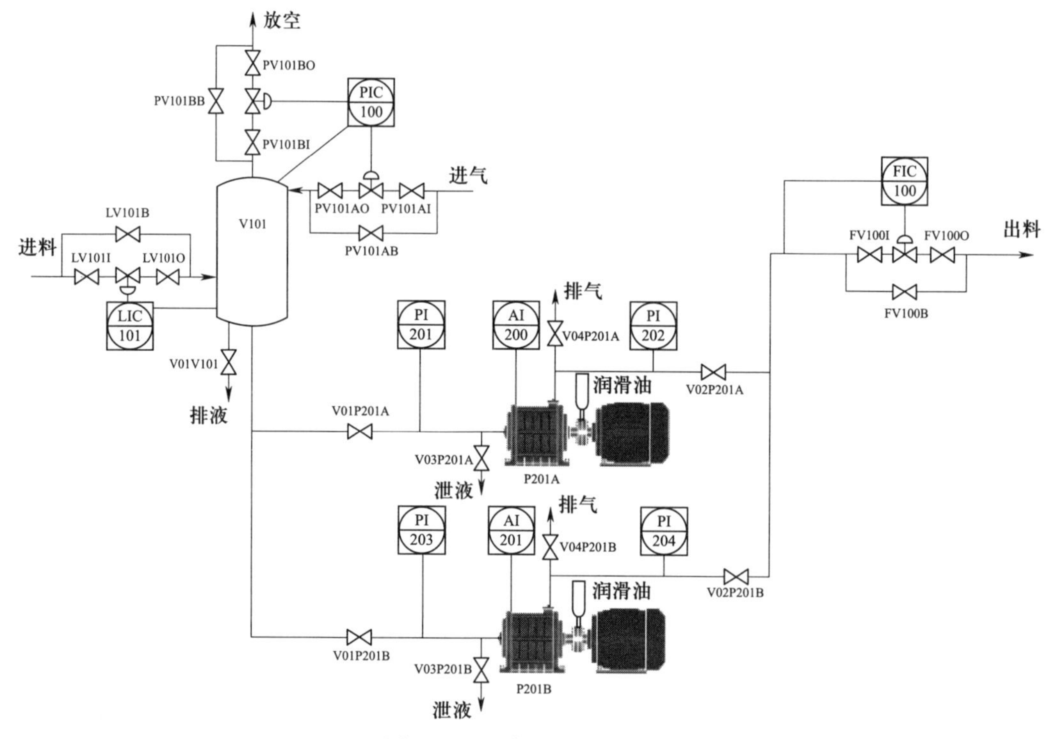

图 10－32　离心泵系统 PID

来自界区的 40 ℃带压液体经调节阀 LV101 进入储槽 V101，V101 压力由调节器 PIC100 分程控制在 0.5 MPa，PV100A、PV100B 分别调节进入 V101 的氮气量。当压力高于 0.5 MPa 时，调节阀 PV100B 打开泄压；当压力低于 0.5 MPa 时，调节阀 PV100A 打开充压。V101 液位由调节器 LIC101 控制进料量维持在 50%，罐内液体由泵 P201A/B 抽出，送至界区外，泵出口流量由流量控制器 FIC100 控制在 20 000 kg/h。

3. 复杂控制

（1）分程控制。在分程控制回路中，一台控制器的输出可以同时控制两只以上的控制阀，控制阀的输出信号被分割成若干个信号的范围段，而由每一段信号去控制一只控制阀。

（2）本单元的分程控制回路。PIC100 分程控制充压阀 PV100A、泄压阀 PV100B。当压力高于 0.5 MPa 时，调节阀 PV100B 打开泄压；当压力低于 0.5 MPa 时，调节阀 PV100A 打开充压。如图 10－33 所示。

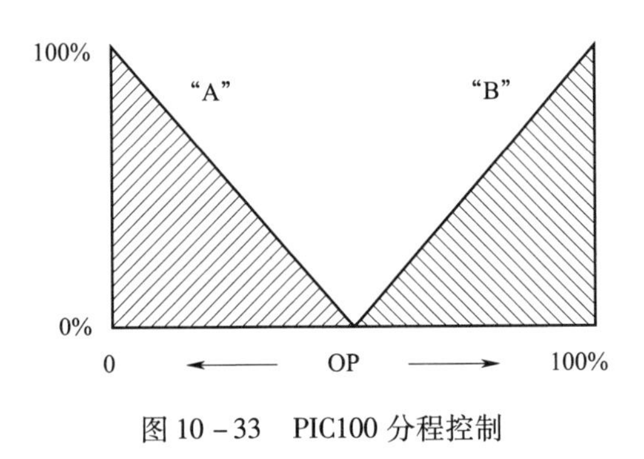

图 10－33　PIC100 分程控制

二、根据实训仿真软件操作说明书完成离心泵单元生产操作控制训练

任务三　精馏系统控制方案

学习目标

1. 熟悉精馏系统的工艺要求及精馏塔的生产控制要点。

2. 通过仿真实训平台，能够读懂精馏单元控制方案，熟练调用 DCS 各个画面，完成相关操作。

任务引入

精馏是在化工等生产过程中广泛应用的一种分离过程。通过精馏可使混合物料中的各组分分离。分离的机理是利用混合物中各组分的挥发度（沸点）不同，也就是在同一温度下，各组分的蒸气分压不同这一性质，使液相中的轻组分（低沸物）和汽相中的重组分（高沸物）互相转移，从而实现分离。一般的精馏装置由精馏塔、再沸器、冷凝冷却器、回流罐及回流泵等设备组成。简单精馏控制如图 10－34 所示。

精馏塔是一个多输入多输出的多变量过程，内在机理较复杂，动态响应迟缓，变量之间相互关联，不同的塔工艺结构差别很大，而工艺对控制提出的要求又较高，所以确定精馏塔的控制方案是一个极为重要的课题。而且从能耗的角度来看，精馏塔是三传一反典型单元操作中能耗最大的设备，因此，精馏塔的节能控制也是十分重要的。

某企业精馏塔单元操作 DCS 如图 10－35 所示，请利用仿真实训平台完成精馏单元生产操作控制训练。

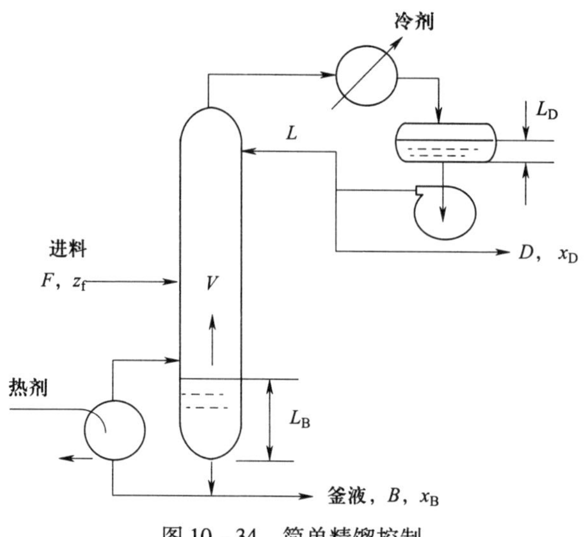

图 10－34　简单精馏控制

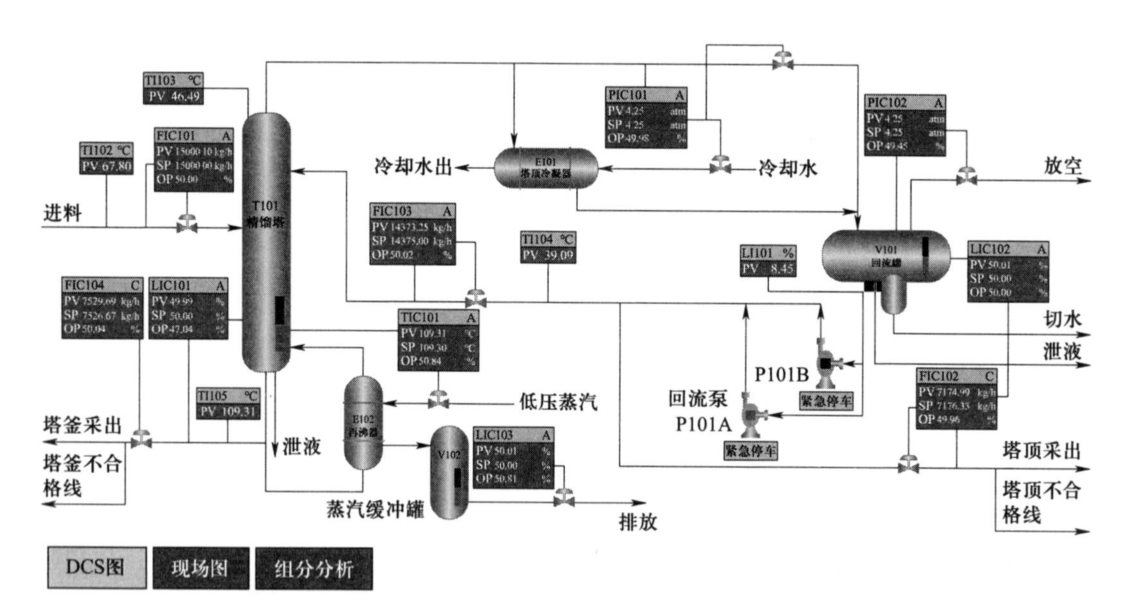

图 10－35　某企业精馏塔单元操作 DCS

相关知识

一、工艺要求

1. 保证质量指标

对于一个正常操作的精馏塔，一般应当使塔顶或塔底产品中的一个产品达到规定的纯度要求，另一个产品的成分亦应保持在规定的范围内。为此，应当取塔顶或塔底的产品质量作被控变量，这样的控制系统称为质量控制系统。

质量控制系统需要能测出产品成分的分析仪表。

2. 保证平稳操作

（1）为了保证塔的平稳操作，必须把进塔之前的主要可控干扰尽可能预先克服，同时尽可能缓和一些不可控的主要干扰。

（2）为了维持塔的物料平衡，必须控制塔顶馏出液和釜底采出量，使其之和等于进料量，而且两个采出量变化要缓慢，以保证塔的平稳操作。

（3）塔内的持液量应保持在规定的范围内。控制塔内压力稳定，对塔的平稳操作是十分必要的。

3. 约束条件

为保证正常操作，需规定某些参数的极限值为约束条件。

4. 节能要求和经济性

在精馏操作中，质量指标、产品回收率和能量消耗均是要控制的目标。其中质量指标是必要条件，在质量指标一定的前提下，应在控制过程中使产品产量尽量高一些，同时能量消耗尽可能低一些。

二、精馏塔的干扰因素

如图 10－36 所示，精馏塔的干扰因素包括进料流量 F 的波动；进料成分 Z_F 的变化；进料温度 T_F 及进料热焓 Q_F 的变化；再沸器加热剂（如蒸汽）加入热量的变化；冷却剂在冷凝器内除去热量的变化；环境温度的变化。

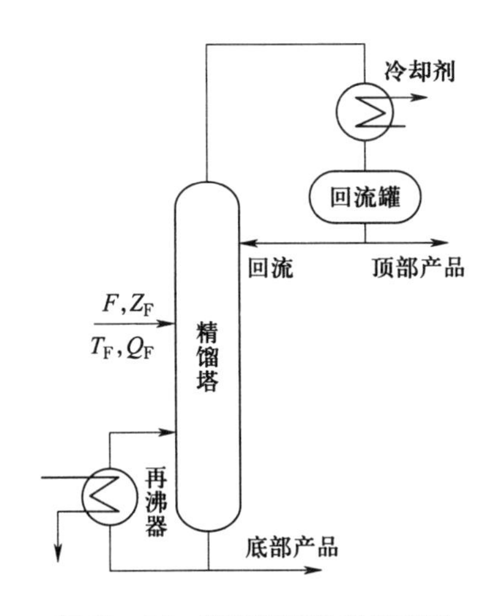

图 10－36　精馏塔的物料流程图

三、精馏塔的控制方案

1. 精馏塔的提馏段温控

如果采用以精馏段温度作为衡量质量指标的间接指标，而以改变回流量作为控制手段的方案，就称为提馏段温控，如图 10－37 所示。

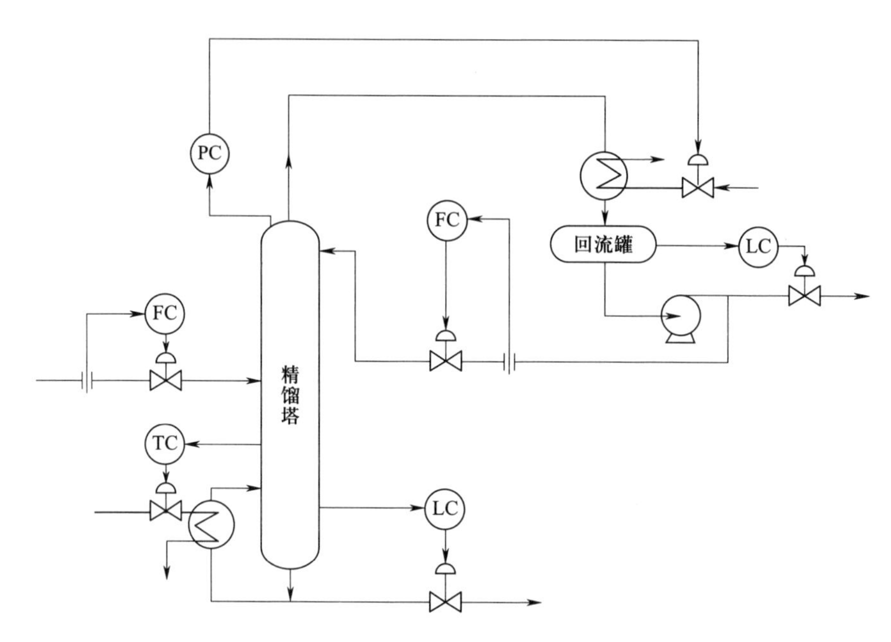

图 10－37　提馏段温控的控制方案示意图

提馏段温控的主要特点与使用场合：

（1）采用了提馏段温度作为间接质量指标，因此它能较直接地反映提馏段产品情况。将提馏段温度恒定后，就能较好地保障塔底产品的质量达到规定值。

（2）当干扰首先进入提馏段时，用提馏段温控就比较及时，动态过程也比较快。

2. 精馏塔的精馏段温控

如果采用以精馏段温度作为衡量质量指标的间接指标，而以改变回流量作为控制方案，就称为精馏段温控，如图 10－38 所示。

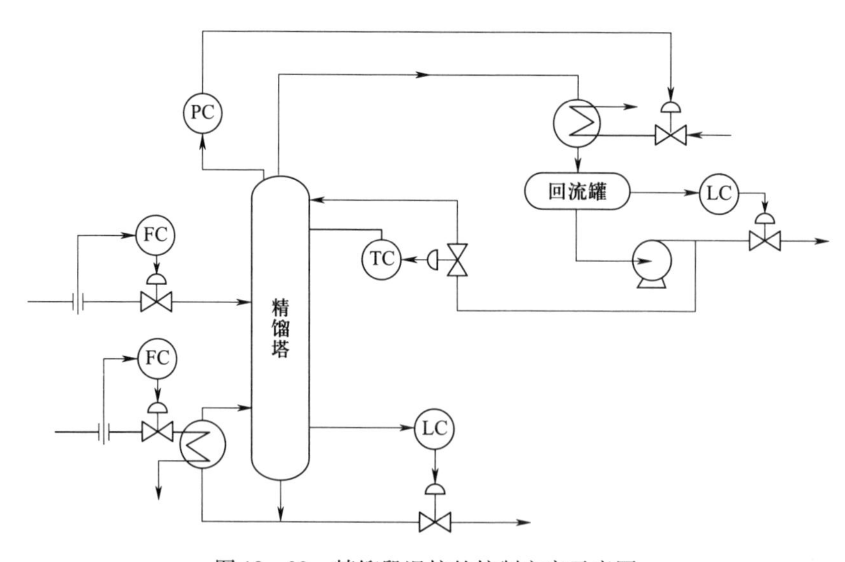

图 10－38　精馏段温控的控制方案示意图

精馏段温控的主要特点与使用场合。

（1）采用了精馏段温度作为间接质量指标，因此它能较直接地反映精馏段的产品情况。当塔顶产品纯度要求比塔底严格时，一般宜采用精馏段温控方案。

（2）如果干扰首先进入精馏段，采用精馏段温控就比较及时。

注意：在采用精馏段温控或提馏段温控时，当分离的产品较纯时，由于塔顶或塔底的温度变化很小，对测温仪表的灵敏度和控制精度都提出了很高的要求，但实际上却很难满足。解决这一问题的方法是将测温元件安装在塔顶以下或塔底以上几块塔板的灵敏板上，以灵敏板的温度作为被控变量。

3. 精馏塔的温差控制及双温差控制

精馏塔中，成分是温度和塔压的函数，当塔压恒定或有较小变化时，温度与成分有一一对应关系。温差控制的原理是以保持塔顶（或塔底）产品纯度不变为前提的，塔压变化对两个塔板上的温度都有影响，且影响有几乎相同的变化，因此，温度差可保持不变。通常选择一个塔板的温度和成分保持基本不变的作为基准温度，例如，选择塔顶（或稍下）或塔底（或稍上）温度。另一点温度选择灵敏板温度。

温差控制的缺点是进料流量变化时，会引起塔内成分变化和塔压压降变化。他们都使温差变化。前者使温差减小，后者使温差增大，使温差与成分呈现非单值函数关系，如图 10－39 所示。

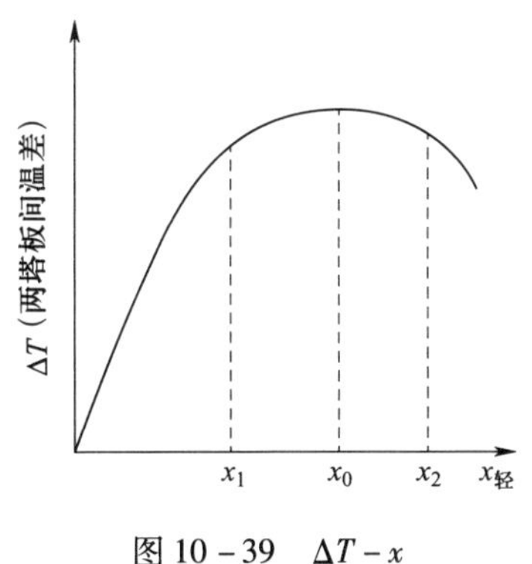

图 10－39　$\Delta T-x$

双温差控制的设计思想是进料对精馏段温差的影响和对提馏段温差的影响相同，因此，可用双温差控制来补偿因进料流量变化造成的对温差的影响。双温差控制就是分别在精馏段及提馏段上选取温差信号，然后将两个温差信号相减，作为控制器的测量信号（即控制系统的被控变量）。如图 10－40 所示。

4. 按产品成分或物性的直接控制方案

能利用成分分析器，例如，红外分析器、色谱仪、密度计、干点和闪点以及初馏点分析器等，分析出塔顶（或塔底）的产品成分并作为被控变量，用回流量（或再沸器加热量）作为控制手段组成成分控制系统，就可以实现按产品成分的直接指标控制。

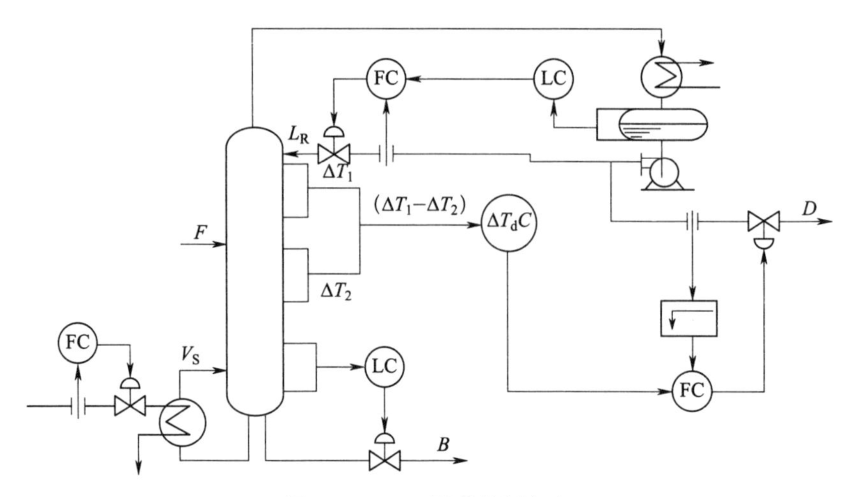

图 10－40　双温差控制方案

任务实施

一、熟悉仿真实训软件

1. 工作原理

精馏是将液体混合物部分汽化，利用其中各组分相对挥发度的不同，通过液相和气相相同的质量传递来实现对混合物的分离。原料液进料热状态有 5 种：低于泡点进料，泡点进料，汽、液混合进料，露点进料，过热蒸汽进料。

（1）精馏段。原料液进料板以上的称精馏段，它的作用是上升蒸汽与回流液之间的传质、传热，逐步增浓气相中的易挥发组分。可以说，塔的上部完成了上升气流的精制。

（2）提馏段。加料板以下的称提馏段，它的作用是在每块塔板下降液体与上升蒸汽的传质、传热，下降的液流中难挥发的组分不断增加，可以说，塔下部完成了下降液流中难挥发组分的提浓。

（3）塔板的功能。提供汽、液直接接触的场所，汽、液在塔板上直接接触，实现了汽、液间的传质和传热。

（4）降液管及板间距的作用。降液管为液体下降的通道，板间距可分离汽、液混合物。

2. 工艺流程

本单元采用加压精馏，在脱丁烷塔中将丁烷从脱丙烷塔釜混合物中分离出来。原料液为脱丙烷塔塔釜的混合液（C3、C4、C5、C6、C7），分离后馏出液为高纯度的碳四产品，残液主要是碳五以上组分。67.8 ℃的原料液在 FIC101 的控制下由精馏塔塔中进料，塔顶蒸汽经换热器 E101 几乎全部冷凝为液体进入回流罐 V101，回流罐的液体由泵 P101A/B 抽出，一部分作为回流，另一部分作为塔顶液相采出。塔底釜液一部分在 FIC104 的调节下作为塔釜采出流出，另一部分经过再沸器 E102 加热回到精馏塔，再沸器的加热量由 TIC101 调节蒸汽的进入量来控制。

3. 复杂控制说明

(1) 分程控制。塔 T101 塔顶压力由 PIC101 和 PIC102 共同控制。其中 PIC101 为分程控制阀，当压力过低时，PIC101 控制塔顶气流不经过塔顶冷凝器直接进入回流罐 V101，PIC101 另一阀门控制塔顶返回的冷凝水量；在高压情况下，PIC102 控制从回流罐采出的气体流量，如图 10－41 所示。

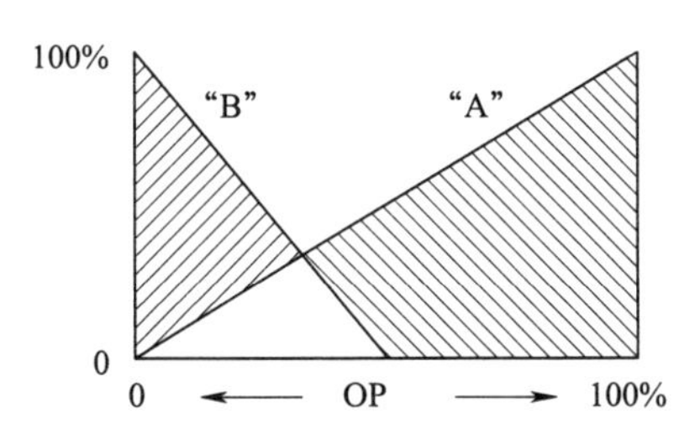

图 10－41　PIC101 分程控制示意图

(2) 串级控制系统。T101 塔釜采出量控制采取串级控制方案：LIC101→FIC104→FV104，以 LIC101 为主回路，FIC104 为副回路构成串级控制系统。

T101 塔顶 C4 去产品罐的流量与 V101 液位构成串级控制，LIC102→FIC102→FV102，以 LIC102 为主回路，FIC102 为副回路构成串级控制系统。

二、根据实训仿真软件操作说明书完成精馏单元生产操作控制训练

思考与练习

简答题

1. 化学反应器控制的目标和要求是什么？
2. 化学反应器常用的控制方案有哪些？
3. 化学反应器被控变量如何选择？可供选择作为操纵变量的有哪些？
4. 化学反应器以温度作为控制指标的控制方案主要有哪几种形式？
5. 离心泵流量控制方案有哪几种形式？
6. 离心泵与往复泵流量控制方案有哪些相同点与不同点？
7. 离心泵与离心式压缩机控制方案有哪些相同点与不同点？
8. 精馏塔控制的要求是什么？
9. 影响精馏塔操作的因素有哪些？它们对精馏操作有什么影响？

参考文献

［1］厉玉鸣，刘慧敏．化工仪表及自动化（化工类专业适用）［M］．6版．北京：化学工业出版社，2020.

［2］杨延西．过程控制与自动化仪表［M］．3版．北京：机械工业出版社，2019.

［3］姜换强．化工仪表及自动化［M］．北京：中国石化出版社，2013.

［4］蔡夕忠．化工自动化［M］．2版．北京：化学工业出版社，2015.

［5］王慧锋，何衍庆．现场总线控制系统原理及应用［M］．北京：化学工业出版社，2006.